露天矿山
数字化生产作业链
理论、技术与实践

陈鑫　王李管　毕林　李宁◎著

Theory, Technology and Practice
of Digital Production Chain in
Open-Pit Mining

 中南大学出版社
www.csupress.com.cn

·长沙·

序 / Preface

　　矿产资源是现代社会经济发展的重要物质基础，是国家发展的重要战略保障，在国民经济发展中占据极其重要的地位。露天开采作为一种大规模、高效率、低成本的矿产资源开采方法，在采矿行业中应用广泛，且一直占据十分重要的地位。在世界范围内，铜矿、钼矿、铝土矿、褐铁矿和锰矿等金属矿山使用露天开采产出矿石量的比例超过 85%，建材类矿山几乎均采用露天开采方式。

　　我国正加快由"制造大国"向"制造强国"转变。作为智能制造的重要基础和核心支撑，数字矿山和智能采矿对于推动我国制造业转型升级、实现制造强国战略具有重要意义。随着人工智能、5G、大数据等技术的发展，运用先进的数字化、信息化与智能化技术对矿山生产作业过程与经营管理流程的优化与改造在矿山企业受到普遍重视。

　　数字化、信息化与智能化技术作为一种辅助支持手段，可应用于资源勘探、规划、设计、计划、生产管理等矿山生命周期的各个阶段，对矿山进行数字化建模、仿真、评估与优化等。自"数字矿山"概念提出以来，在我国矿业领域的科研学者与从业者的共同努力下，以及我国政府部门相关政策与科研项目的引领与支持下，我国矿山数字化、信息化与智能化建设取得了长足进展，形成了一系列的研究与应用成果。虽然从矿体建模、资源评估、设计规划和生产管理等方面对矿山数字化、信息化与智能化建设起到了一定作用，然而最优化理论、运筹学方法和可视化仿真技术在各行各业的不断深入应用，对露天矿山开采的数据体系标准与规范、模型更新与管理、安全高效爆破、优化决策、品位控制、智能调度以及生产过程可视化管理与控制等方面提出了新的需求和挑战。

　　露天矿山数字化生产作业链是利用系统工程理论、最优化方法和作业链协同技术等，以开采环境数字化和开采过程信息化为特质，实现采矿设计、计划、生产、调度和决策等生产作业链全流程的协同优化，是现代矿山信息化发展的新阶段。

　　我国矿业行业目前面临人才、安全和环保三重压力，传统的生产工艺、技术、装备、系统和运营管理模式已经无法满足企业自身发展和国家战略发展的需求。建设"绿色、高效、安全、智能"的数字化生产作业链是露天矿山建设发展的必然趋势。

在过去的几年里,笔者在汲取国内外数十个露天矿山数字化生产作业链建设项目的宝贵经验的基础上,不断总结完善了从露天矿山数字业务模型、露天开采境界优化、露天采矿规划、露天采剥计划优化编制、露天台阶爆破设计、露天配矿、露天矿山卡车调度、露天矿山生产管理、露天矿山可视化集中管控,到露天矿山生产技术协同的较为完整的露天矿山数字化生产作业链体系。笔者在书中结合最新的数字化生产作业链软、硬件产品,针对露天矿山,详细阐述理论的同时,辅以具体的露天矿应用实例以便读者更深入地理解。

本书内容丰富,体现了科学性、系统性、新颖性和实用性。它将会吸引更多矿业学者从事矿山开采数字化、信息化与智能化的研究。本书的出版对露天智慧矿山技术的发展,将起到积极的推动作用。

前言

露天矿山数字化生产作业链综合考虑露天矿山地质、测量、采矿等生产环节的技术特点，借助地质统计学理论、最优化方法、可视化仿真技术和作业链协同技术，构建涵盖数字化开采数据体系标准与规范、资源与开采环境数字化建模及更新、开采规划与设计、生产作业计划编制、安全高效爆破、生产品位控制、智能调度、资源动态管理、生产执行分析、大数据分析以及三维可视化管控等内容的技术协同体系，以数字化、信息化和智能化手段监控和管理采矿生产过程，保障矿山生产安全，降低矿山经营风险，提升矿山综合竞争力。

本书主要面向我国有关高等院校的地质工程、测量工程、采矿工程、岩体工程和安全工程专业的研究人员，同时面向这些高校的自动化工程、信息工程、计算机工程和管理工程的研究人员，也可作为矿山企业技术人员和设计研究院工作人员的参考书籍。本书旨在传授新思想、新方法和新技术，使未来的露天采矿工程师和矿业科研工作者不仅掌握扎实的露天矿山相关理论和专业技术，而且具有更高的视野、更宽的眼界和更远的目光。

本书按露天矿数字业务模型、开采规划、计划、设计、配矿、调度、可视化管控和协同的逻辑顺序进行撰写，共由11章组成，依次为第1章绪论、第2章露天矿数字业务模型、第3章露天矿境界与开采规划优化、第4章露天矿生产计划编制优化、第5章露天矿爆破设计、第6章露天矿配矿与品位异常处理、第7章露天矿卡车动态调度决策、第8章露天矿生产管理、第9章露天矿三维可视化集中管控、第10章露天矿生产技术协同、第11章露天矿山数字化生产作业链案例分析。

本书在专业体系结构、内容取舍、论述方法等方面都做了新的尝试，对撰写人员来说，是一个不小的考验，也是一次挑战。撰写过程中参考了许多同行的教材、专著和论文等文献资料，笔者在此对书中所涉及的知识与成果的所属单位和作者表示衷心的感谢，也在此对在本书撰写过程中进行指导的专家、教授、学者表示衷心的感谢，特别感谢长沙迪迈数码科技股份有限公司、中南大学在本书撰写过程中给予的帮助和支持。本书所涉及的部分研究成果是在国家重点研发计划"深部集约化开采生产过程智能管控技术"（2017YFC0602905）和国家自然科学基金面上基金项目"顾及生态成本的露天矿多尺度开采计划模型与优化方法研究"（42271296）资助下获得的。由于笔者水平有限以及撰写时间仓促，书中难免存在疏漏和不足，恳请广大读者批评指正。

目录 / Contents

第 1 章　绪　论

1.1　露天矿开采现状

　　露天开采作为一种大规模、高效率、低成本的矿山开采方法，在采矿行业中应用广泛，且一直占据十分重要的地位。在世界范围内，铜矿、钼矿、铝土矿、褐铁矿和锰矿等金属矿山使用露天开采产出矿石量的比例为 85% 以上，建材类矿山几乎均采用露天开采方式。

　　在国际上，20 世纪初，美国、加拿大和智利等矿业强国的矿山大多采用地下开采，而截至 20 世纪末，露天开采的矿山比例均已超过 70%。21 世纪初，美国新开发的大型露天矿山总计 159 座，其中露天开采的矿山占 110 座，采用露天地下联合开采的矿山占 29 座。20 世纪 50 年代以来，我国露天开采也有了长足发展，特别是近年来科技发展的日新月异，随着计算机技术、软件技术、通信技术和自动化技术的进步，露天开采技术迎来空前发展，露天开采在效率和规模上迅速增高。我国新建、扩建及在建的大型露天矿山有数十座，包括内蒙古乌努格吐山铜钼矿、江西德兴铜矿、金堆城银矿、西藏玉龙铜矿、福建紫金铜金矿、内蒙古大苏计钢矿、黑龙江多宝山铜矿、河南三道庄银矿、江西永平铜矿、广西平果县露天矿等。2015 年，我国露天矿山采矿量超过 8000 万 t，是 2005 年的 1.92 倍。20 世纪 90 年代中期，德兴铜矿三期扩产，生产能力达到 2970 万 t/a，成为世界 10 万 t/d 特大型露天矿之一，2001 年矿石产量达到 3148 万 t，采剥总量近 7000 万 t；1993 年投产的紫金铜金矿在 1999—2001 年的第四期扩建后全面实行露天开采；栾川钼业露天矿 2000 年生产能力从 5000 t/d 扩大到 30000 t/d；金堆城露天矿产量较 10 年前增长了约 50%。

　　信息科技作为一种辅助支持手段，目前在采矿工业中主要用于设计和计算，国内外许多矿业软件公司相继开发了采矿三维可视化、规划和调度等方面的软件，如国外有英国的 DataMine、澳大利亚 MAPTEK 公司的 Vulcan、加拿大 GEMCOM 公司的 Surpac 和 MineSched 等，国内有长沙迪迈数码科技股份有限公司的 DIMINE、北京三地曼矿业软件科技有限公司的 3DMINE 等。这些软件从矿体建模、资源评估、设计规划和生产管理等方面对矿山信息化建设起到了一定作用，然而随着最优化理论、运筹学方法、可视化仿真技术、软件技术和信息化技术在各行各业的不断深入应用，对露天矿山开采的模型更新、优化决策、品位控制和动态调度等方面提出了新的需求和挑战。

露天矿山数字化生产作业链要求在资源上动态更新空间地质信息；在规划上圈定满足随市场经济变动的最优动态开采境界；在矿岩采剥上制订净现值最大化的开采顺序；在日常生产作业上决策最优爆破后冲线位置满足损失贫化控制要求；在爆破设计上模拟爆破网路起爆顺序及爆破效果分析；在供配矿上实现爆堆品位分布不均匀下的多元素精细化配矿优化；在路径规划上利用卡车 GNSS 轨迹点自动构建道路拓扑网；在运输车流规划上满足完成生产任务前提下总能耗最小化；在卡车调度上实现实时动态自适应决策优化，充分发挥车铲效率；在生产管理上实现日清日结、动态管理；在监管控制中实现三维可视化集中管控和增强现实。

现有的矿业软件和技术手段无法满足露天矿山数字化生产作业链的所有需求，必须在资源动态建模、规划优化、品位控制、动态调度和综合管控等方面进行更加深入的研究，从而降低矿山日常经营成本，提高矿山生产效率和效益。

1.2 露天矿山数字化生产作业链概述

露天矿山数字化生产作业链对于矿山精细化建设和开采而言至关重要，是实现降低矿山日常经营成本、提高矿山生产效率和效益的有效途径，其主要涉及矿山资源价值模型建立、最终境界及分期境界优选、采剥计划优化及风险分析、台阶爆破设计优化、品位分布不均匀下自动配矿优化、矿山道路网自动构建及更新、运输车流规划优化、动态自适应调度决策优化、生产动态管理和三维可视化集中管控，国内外研究学者对此做过大量的研究，并取得了丰硕的成果，但尚未构成体系，与矿山实际需求还有一定差距，不足之处主要体现在以下几个方面：

（1）缺乏一个能够承载不同业务优化需求的矿山资源模型，无法实现矿山资源属性信息与经济信息的有机统一，以及估值资源、推测资源与精确资源的有机融合，阻碍不同层次优化成果在数据流上的延续性。

（2）露天开采几何约束模型通用性和精确性程度不够，难以构建不同高程、不同方位上满足边坡角约束的开采锥模型，同时在向上最佳搜索层数确定方法和开采锥冗余约束去除方法方面有待进一步研究。

（3）露天采剥场模型测量和建模方式落后，难以为后续爆破设计和配矿提供精确可靠的三维实测模型。

（4）露天道路网构建和更新方面缺少行之有效的方法，当前高成本、长周期和低精度的道路网构建无法满足调度实时性的需求。

（5）露天境界优化尚未研究开采界限对最终境界形态的影响，另外，如何通过最大几何境界和改进境界优化算法以减小算法复杂度、提高运行效率也需要进一步深入研究。

（6）通过调节经济影响因子形成嵌套境界，在此基础上缺乏最终境界优选的客观方法，最终境界内的分期境界同样缺乏优化方法。

（7）亟待寻求一种解决大型露天矿山采剥计划优化时，由于价值块数目庞大、决策变量数目较多而无法求解的问题的方法，另外需要进一步探索对优化的采剥计划结果进行风险性和敏感性分析的方法。

（8）二维环境下露天台阶爆破矿岩交界处损失贫化计算烦琐、结果粗糙，后冲线位置选择缺乏科学依据，需要一种高效的决策方法。

（9）露天矿爆破网路起爆顺序仍处于人工指定的阶段，缺乏任意复杂爆破网路的自动解算方法，以及爆破网路模拟和爆破效果分析方法。

（10）亟须一种充分考虑爆堆范围内金属元素品位分布不均匀性的多元素精细化配矿优化方法。

（11）露天矿调度运输中需要研究综合考虑运距和道路条件下的车流规划方法，以实现运输总能耗最小化，降低运输成本。

（12）需要研究一种车铲平衡及车铲失衡等不同调度场景下的卡车动态自适应调度决策方法，充分发挥车铲效率。

（13）岩粉样取样登记工作量大，且难以避免主观或客观的数据录入错误，缺乏在线的、不受人工干预的取样登记方法。

（14）需要搭建一个协同作业平台，通过"业务流程驱动＋业务数据驱动"实现矿山生产技术协同。

第 2 章　露天矿数字业务模型

露天矿数字业务模型是协同优化开采的基础和载体，主要包含露天矿采剥场现状模型和露天矿地质资源模型。其中露天矿采剥场现状模型需要建立高精度的实测模型，同时需根据日常采集的炮孔数据动态更新现状模型；露天矿地质资源模型需要涵盖矿山品位模型、品位控制模型和价值模型，随着日常穿孔坐标测量和岩粉样化验数据的补充，需对露天矿地质资源模型进行实时更新。

本章通过对数字业务模型的深入研究，为后续各章露天矿具体生产环节的优化开采奠定了基础。露天矿采剥场现状模型为采剥计划优化、爆破设计优化、配矿优化和三维可视化集中管控提供了依据，露天矿地质资源模型是境界优化、采剥计划优化、爆破设计优化、配矿优化和生产管理的基础。

2.1　露天矿采剥场现状三维建模

在露天矿采剥场三维建模研究方面，三维激光扫描技术在矿山的广泛应用，使得采剥场现状的获取有了新的途径，三维激光扫描仪探测后以点云的形式表达被测对象的形态，其测量方式属于非接触式的高速激光测量，测距的原理和技术已较为成熟，故测量点云数据的精确性具有保障，但是扫描方式值得进一步探讨。

三维激光等角扫描是现有设备的基本探测方式，该方法具有扫描盲目性和数据采集分布不均匀性等缺点。研究学者提出自适应扫描方式，在各个点扫描测距之前，均增加一次预扫描环节，根据预扫描结果调整径向摆动角度参数和轴向旋转角度参数，再以此参数驱动电机进行扫描。该方法一定程度上避免了扫描盲目性及改善了点云数据均匀性，然而其径向摆动和轴向旋转的控制逻辑需要对应的步进电机反复调整，有损仪器设备，仅理论上可行。

露天矿采剥场三维激光扫描获取的点云数据无法直接应用于工程设计之中，需要进一步研究点云数据建模方法。点云数据建模方法可概括为两大类。一类是直接建模法，可再细分为基于 Delaunay 三角剖分建模法、基于区域生长建模法和基于隐式曲面建模法，Amenta 等提出的 Crust 算法是最典型的基于 Delaunay 三角剖分建模法，该算法运算过程中产生大量中间数据，计算机存储空间消耗大，运算效率低下；Guo 提出的 α-shape 法和 Dey 提出的 Cocone 算法与此基本原理相似，应用中具有一定局限性；Cochen Steiner 提出的贪婪算法是典型的基于区域生长建模法，该算法建模过程中需要设置种子面片和大量的阈值参数，控制过程复杂，且合适的取值有待进一步研究；Bernardini 提出的 Ball-Pivoting 法同样未能避免上述问题，且后续布孔和奇异三角形处理工作量大；Hoppe 提出的零集法属于典型的基于隐式曲面建模法，该方法建模形成的三角网模型无法再插值，从而使其应用受限。另一类点云数据建模方法是间接建模法，谭建荣依据点云数据局部特性，提出基于局部重构整体重建的算法；郑顺义提出的算法与此类似，他将局部邻近点投影到切平面，并在二维下完成建模，最后拼接成整体，该建模思路易产生面片重叠和模型空洞等瑕疵；张帆引入可将三维激光扫描点云投影至球面的思路，提出基于球面的构网算法，再映射回真实坐标下，该方法实现过程复杂，时效性差。

此外，随着无人机倾斜摄影测量技术的发展，该技术也逐步应用于露天矿山的开采现状探测和建模，相比于三维激光扫描测量建模，无人机倾斜摄影测量不但可获取露天开采现状的三维几何信息，还可获得逼真的露天开采现状影像信息，在三维可视化管控中作为虚拟场景的应用，无人机倾斜摄影测量技术越来越受到矿山企业的青睐。

2.1.1　基于等高线及台阶线建模

利用露天矿山开采现状二维图纸建立三维开采现状模型是当前露天矿采剥场现状三维建模的最主要途径，露天矿山开采现状二维图纸如图 2-1 所示。

通过坐标转换使整理好的矿山开采现状二维图纸与矿山三维模型空间坐标系一致，在此基础上，对台阶线、等高线赋高程，如图 2-2 所示，最终利用约束 Delaunay 三角化算法，得到露天矿采剥场现状三维模型，如图 2-3 所示。

2.1.2　三维激光扫描测量建模

2.1.2.1　三维激光等距扫描

1）等角扫描原理

三维激光扫描仪在矿山测量领域的广泛应用，改变了露天矿采剥场现状三维模型获取的手段，以澳大利亚 Maptek 公司生产的 I-Site、加拿大 Optech 公司生产

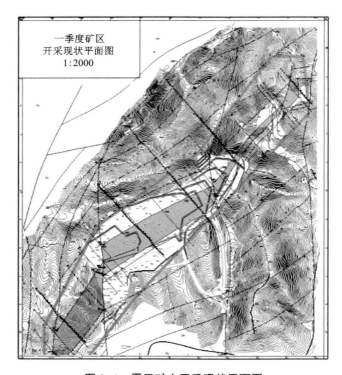

图 2-1　露天矿山开采现状平面图

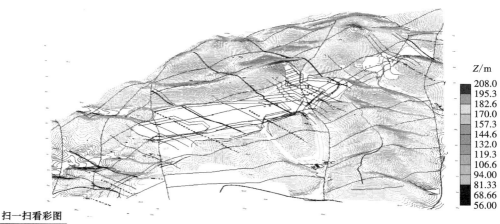

图 2-2　台阶线及等高线赋高程

扫一扫看彩图

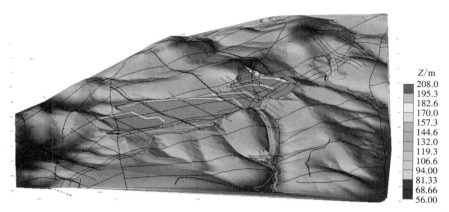

图 2-3　露天矿采剥场现状三维模型

扫一扫看彩图

的 CMS、英国 MDL 公司生产的 C-ALS 和 VS150、FARO 公司生产的 FOCUS 3D 最具代表性，三维激光探测系统可以广泛用于露天矿采剥场、露天矿边坡、矿山储料堆场、井下巷道、地下矿山硐室及地下采空区的精密探测。然而，目前三维激光系统的数据采集均采用传统的扫描方法，如图 2-4 所示，分别通过两个步进电机控制扫描头的径向摆动和轴向旋转，扫描头先在径向角度下进行均匀的轴向旋转，轴向角度取值通常为 0.2° 到 3° 之间的一个固定值 θ，每旋转一次采集一个点数据，扫描头旋转一周后根据径向角度 α 做一次调整，并继续进行轴向旋转，α 取值一般在 0.5° 到 5° 之间，直至扫描过程全部结束。这种径向摆动角度和轴向旋转角度均为固定值的扫描方式称为等角扫描，采用等角扫描将导致近处数据采集过于密集、远处数据采集过于稀疏，从而无法准确获取待测对象的真实形态。

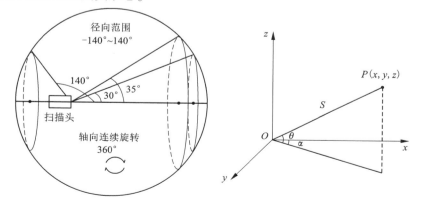

图 2-4　三维激光等角扫描原理图

2）预扫描及基线提取

为避免扫描的盲目性，以扫描头初始方位所在的射线为轴定义 Np 个预扫描剖面，三维激光扫描仪在各剖面上以等角扫描的方式预扫描，获取采剥场的轮廓信息。设初始方位射线与采剥场的交点为 Op，扫描仪在历次预扫描开始前进行归零操作，即从 Op 点开始扫描，在 Np 个预扫描剖面上依次扫描得到 Np 条待测区域的轮廓线。分别计算 Np 条轮廓线的长度，并从中选出最长的轮廓线作为基准轮廓线。将基准轮廓线编号为1，按逆时针方向给其余轮廓线编号为2，3，…，Np，规定第 Np 条轮廓线的下一条轮廓线为基准轮廓线。

3）等距扫描径向及轴向角度解析

在获取待测采剥场轮廓信息和基准轮廓线的基础上，为实现等距扫描，关键要解析出控制三维激光扫描仪运作的径向角度 θ_i 和轴向角度 $\alpha_{i,j}$，如图 2-5 所示。

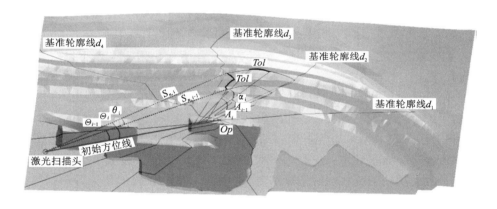

图 2-5　径向角度和轴向角度解析示意图

为解析出径向角度，将基准轮廓线按预期的扫描间距 Tol 均匀等分，从而计算出扫描头径向每次摆动的角度 θ_i，公式如下：

$$\theta_i = \Theta_i - \Theta_{i-1} = \arcsin\frac{R_{n,i}}{S_{n,i}} - \arcsin\frac{R_{n,i-1}}{S_{n,i-1}} \tag{2-1}$$

式中：Θ_i 为扫描头第 i 次径向摆动后发出的射线与初始方位线之间的夹角，$i \geq 1$，$\Theta_0 = 0$；$R_{n,i}$ 为扫描头第 i 次径向摆动后发出的射线与基准轮廓线的交点到初始方位线的垂直距离；$S_{n,i}$ 为扫描头第 i 次径向摆动后发出的射线与基准轮廓线的交点到激光扫描头的距离，其中 $n=1$ 时表示扫描头发出的射线与基准轮廓线相交。

在径向摆动角度 θ_i 下，各轮廓线与下一条轮廓线之间通过迭代过渡插值得到扫描头轴向每次旋转的角度 $\alpha_{i,j}$，公式如下：

$$\alpha_{i,j} = \frac{t_{\text{alter}} \times 360}{2\pi \times r_{n,i,j}} \tag{2-2}$$

式中：t_{alter} 为预期的扫描间距；$r_{n,i,j}$ 为 $R_{n,i}$ 与 $R_{n,i+1}$ 之间第 j 次迭代过渡插值得到的距离值，迭代过渡插值原理如图 2-6 所示。

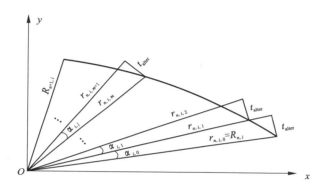

图 2-6 迭代过渡插值原理

4）等距扫描

在采剥场三维激光预扫描、基准轮廓线提取、径向角度和轴向角度解析的基础上，实现采剥场三维激光等距扫描的步骤如下：

（1）对待测区域进行 Np 次轮廓预扫描，得到 Np 条轮廓线；

（2）从 Np 条轮廓线中选出最长的轮廓线作为基准轮廓线；

（3）将基准轮廓线按预期的扫描间距 Tol 均匀等分，从而计算出扫描头径向每次摆动的角度 θ_i；

（4）在径向摆动角度 θ_i 下，各轮廓线与下一条轮廓线之间通过迭代过渡插值得到扫描头轴向每次旋转的角度 $\alpha_{i,j}$；

（5）依次按照各径向摆动角度 θ_i 及该径向摆动角度下轴向旋转角度 $\alpha_{i,j}$ 进行激光扫描，得到待测区域的三维空间数据点。

以某露天矿山 790 m 台阶处采剥场东北方位处的台阶为扫描对象进行试验，分别采用等角扫描和等距扫描进行数据采集，等角扫描与等距扫描试验的具体作业指令细节对比分析如表 2-1 所示，等角扫描与等距扫描效果对比图如图 2-7 所示。

表 2-1　等角扫描与等距扫描对比分析表

	等角扫描	等距扫描
扫描头信息	X 为 521684 m，Y 为 5477060 m，Z 为 790 m，方位角为 47.5°，倾角为−62.5°	
预期扫描间距	1.0 m	
控制指令（仅示出部分数据供参考）	径向摆动角度：始终为 0.2° 轴向旋转角度：始终为 0.5°	径向摆动角度：0.15°，0.18°，0.25°，…，3.5° 轴向旋转角度： 径向 0.5°对应值为 0.5°，0.7°，…，1.3° 径向 0.8°对应值为 1.5°，1.8°，…，2.2° … 径向 2.5°对应值为 3.5°，3.5°，…，4° …
采集点数	41948 个	42076 个

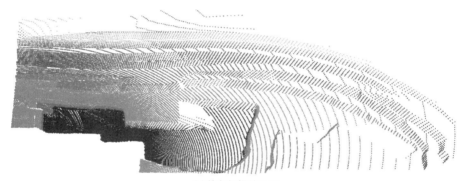

(a) 等角扫描效果图

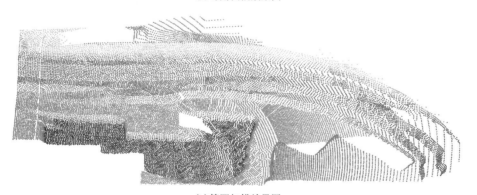

(b) 等距扫描效果图

图 2-7　等角扫描与等距扫描效果对比图

2.1.2.2　三维激光扫描点云数据建模

1）半球面-平面联合投影准则

由扫描头的坐标(p_x^o, p_y^o, p_z^o)及扫描头的初始方位(θ, α)建立激光扫描仪坐标系，N个三维激光扫描数据点的极坐标$P_i^o(\theta_i, \alpha_i, d_i)$是以激光扫描仪坐标系为基础的表示方式，可转化为以大地坐标系为基础的表示方式$P_i^d(\theta_i+\theta, \alpha_i+\alpha, d_i)$。比较$N$个三维激光扫描数据点的$d_i$值，得到扫描数据点到扫描头的最长距离$d_{max}$。

定义半球面投影法则如下：

$$P_i^o(\theta_i, \alpha_i, d_i) \rightarrow P_i^s\left(\frac{\theta_i}{2}, \alpha_i, d_{max}\right) \tag{2-3}$$

首先将极坐标$(\theta_i, \alpha_i, d_i)$中的$d_i$值变换为$d_{max}$，由于$d_{max}$是一个固定值，故数据点$(\theta_i, \alpha_i, d_{max})$在一个球面上；其次将倾角$\theta_i$折半，此时数据点$(\theta_i, \alpha_i, d_{max})$在球面上收缩为一个半球面，从而得到半球面映射数据点$P_i^s\left(\dfrac{\theta_i}{2}, \alpha_i, d_{max}\right)$，如图2-8所示。

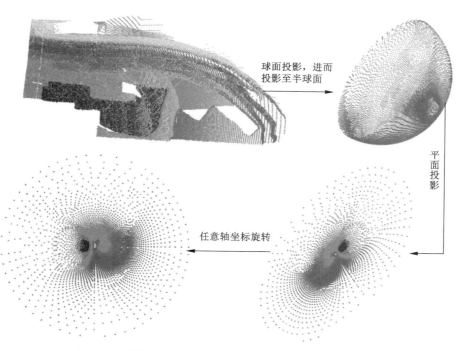

图 2-8　半球面-平面联合投影法则

定义平面投影法则如下：

$$P_i^s\left(\frac{\theta_i}{2},\ \alpha_i,\ d_{max}\right)\rightarrow P_i^p\left(\frac{\theta_i}{2},\ \alpha_i,\ \frac{d_{max}}{\cos\dfrac{\theta_i}{2}}\right) \qquad (2-4)$$

将极坐标$\left(\dfrac{\theta_i}{2},\ \alpha_i,\ d_{max}\right)$中的$d_{max}$变换为$\dfrac{d_{max}}{\cos\dfrac{\theta_i}{2}}$，此时数据点$\left(\dfrac{\theta_i}{2},\ \alpha_i,\right.$

$\left.\dfrac{d_{max}}{\cos\dfrac{\theta_i}{2}}\right)$在一个平面上，从而得到平面映射数据点$P_i^p\left(\dfrac{\theta_i}{2},\ \alpha_i,\ \dfrac{d_{max}}{\cos\dfrac{\theta_i}{2}}\right)$。

三维激光扫描仪器的性质及扫描原理决定θ的取值为$-125°\sim125°$，故

$0.342<\cos\dfrac{\theta_i}{2}\leqslant1$，因此$\dfrac{d_{max}}{\cos\dfrac{\theta_i}{2}}$有界。

2）任意轴坐标旋转

平面映射点$P_i^p\left(\dfrac{\theta_i}{2},\ \alpha_i,\ \dfrac{d_{max}}{\cos\dfrac{\theta_i}{2}}\right)$是以激光扫描仪坐标系为基础的表示方式，

可转化为以大地坐标系为基础的表示方式$\left(\dfrac{\theta_i}{2}+\theta,\ \alpha_i+\alpha,\ \dfrac{d_{max}}{\cos\dfrac{\theta_i}{2}}\right)$。

极坐标系点转化为直角坐标系点的公式如下：

$$\begin{cases} p_{i,x}^r=\dfrac{d_{max}}{\cos\left(\dfrac{\theta_i}{2}\right)}\cos\left(\dfrac{\theta_i}{2}+\theta\right)\cos(\alpha_i+\alpha) \\[4mm] p_{i,y}^r=\dfrac{d_{max}}{\cos\left(\dfrac{\theta_i}{2}\right)}\cos\left(\dfrac{\theta_i}{2}+\theta\right)\sin(\alpha_i+\alpha) \\[4mm] p_{i,z}^r=\dfrac{d_{max}}{\cos\left(\dfrac{\theta_i}{2}\right)}\sin\left(\dfrac{\theta_i}{2}+\theta\right) \end{cases} \qquad (2-5)$$

任意轴旋转的步骤如下：

（1）计算得到P_i^r所在的平面法向量为$(\cos\theta\cos\alpha,\ \cos\theta\sin\alpha,\ \sin\theta)$，$P_i^t$所在的水平面法向量为$(0,\ 0,\ 1)$；

（2）计算得到旋转轴 A 为（$\cos\theta\sin\alpha$，$-\cos\theta\cos\alpha$，0）；

（3）计算得到旋转角 θ_r 为 $\arccos(\sin\theta)$，并定义 $C=\cos\theta_r$，$S=\sin\theta_r$；

（4）进行任意轴旋转：

$$(p_{i,x}^{t}, p_{i,y}^{t}, p_{i,z}^{t}, 1) = (p_{i,x}^{r}, p_{i,y}^{r}, p_{i,z}^{r}, 1) \times$$

$$\begin{pmatrix} C+A_x^2(1-C) & A_xA_y(1-C)-A_zS & A_xA_z(1-C)+A_yS & 0 \\ A_xA_y(1-C)+A_zS & C+A_y^2(1-C) & A_yA_z(1-C)-A_xS & 0 \\ A_xA_z(1-C)-A_yS & A_yA_z(1-C)+A_xS & C+A_z^2(1-C) & 0 \\ 0 & 0 & 0 & 1 \end{pmatrix} \tag{2-6}$$

由于 $A_z=0$，故任意轴旋转公式可简化为：

$$(p_{i,x}^{t}, p_{i,y}^{t}, p_{i,z}^{t}, 1)$$

$$= (p_{i,x}^{r}, p_{i,y}^{r}, p_{i,z}^{r}, 1) \times \begin{pmatrix} C+A_x^2(1-C) & A_xA_y(1-C) & A_yS & 0 \\ A_xA_y(1-C) & C+A_y^2(1-C) & -A_xS & 0 \\ -A_yS & A_xS & C & 0 \\ 0 & 0 & 0 & 1 \end{pmatrix} \tag{2-7}$$

3）水平面 Delaunay 三角剖分

已知水平面 L 上 n 个点的集合 $S=\{P_1, P_2, \cdots, P_n\}$，令 $V(P_i)=\bigcap_{i\neq j} H(P_i, P_j)$，则 $V(P_i)$ 表示比点集 S 中其他点更接近点 P_i 的 $(n-1)$ 个半平面的交集，它所确定的范围可以表示为 1 个少于 $(n-1)$ 条边的凸多边形区域，称 $V(P_i)$ 为与 P_i 关联的 Voronoi 多边形。S 中各点关联的 Voronoi 多边形将 L 划分为 n 个区域，称为点集 S 的 Voronoi 图，记作 $V(S)$，可表示为对水平面 L 的一个凸多边形分割，称 Voronoi 图中的交点为 Voronoi 顶点。

若点集 S 中的两个点 P_i 和 P_j 的 Voronoi 多边形有公共边，则连接点 P_i 和 P_j，依此类推至点集 S 中的所有点，可得到一个连接点 $\{P_i\}$（$i=1, 2, \cdots, n$）的最优三角网格，且具有唯一性，称为点集 S 的 Delaunay 三角剖分，记为 $D(S)$。Delaunay 三角剖分形成的三角网格满足一些重要的准则：①空外接圆准则；②局部性准则；③最小内角最大化准则。

Voronoi 图和 Delaunay 三角剖分互为对偶图，如图 2-9 所示，实心点代表平面点集，细实线代表 Voronoi 图，空心点代表 Voronoi 顶点，粗实线代表 Delaunay 三角剖分形成的三角网格。对水平面上的映射点 Pt_i 进行 Delaunay 三角剖分，如图 2-10 所示。

4）基于半球面-平面联合投影的采剥场现状三维建模

结合三维激光等距扫描所采集的点云数据，在半球面-平面联合投影、任意轴坐标旋转和水平面 Delaunay 三角剖分的基础上，实现采剥场现状三维建模的步骤如下：

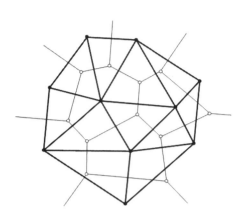

图 2-9 **Voronoi** 图与 **Delaunay** 三角剖分

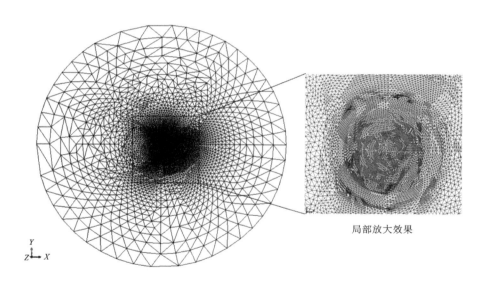

局部放大效果

图 2-10 水平面 **Delaunay** 三角剖分效果图

(1)根据扫描头的坐标(p_x^o, p_y^o, p_z^o)及 N 个三维激光扫描数据点的极坐标 $P_i^o(\theta_i,\ \alpha_i,\ d_i)$,得到扫描数据点到扫描头的最长距离 $d_{\max}$;

(2)通过半球面投影法则将 N 个三维激光扫描数据点投影到半球面上,得到三维激光扫描数据半球面映射点 $P_i^s\left(\dfrac{\theta_i}{2},\ \alpha_i,\ d_{\max}\right)$;

（3）通过平面投影法则将 N 个半球面映射点投影到平面上，得到三维激光扫描数据平面映射点 $P^p_i \left(\dfrac{\theta_i}{2}, \ \alpha_i, \ \dfrac{d_{\max}}{\cos \dfrac{\theta_i}{2}} \right)$；

（4）将 N 个平面映射点转化为直角坐标 $P^r_i(p^r_{i,x}, \ p^r_{i,y}, \ p^r_{i,z})$，并进行任意轴坐标旋转，得到坐标系在水平面上的平面映射点 $P^t_i(p^t_{i,x}, \ p^t_{i,y}, \ p^t_{i,z})$；

（5）对水平面上的映射点 P^t_i 进行 Delaunay 三角剖分，得到 P^t_i 之间的不规则三角网拓扑关系；

（6）将 P^t_i 之间的不规则三角网拓扑关系对应地赋值给 P^o_i，从而得到 P^o_i 之间的不规则三角网拓扑关系，即完成对三维激光扫描数据点的建模。

5）等距扫描分析

为了直观地表达三维激光扫描点云数据均匀性，定义均匀性指数的概念（图 2-11），均匀性指数的计算公式如下：

$$E_i = \frac{\sum\limits_{j=1}^{4} |\,\mathrm{dist}_{j\min, \ i} - t_{\mathrm{alter}}\,|}{4} \tag{2-8}$$

式中：E_i 表示点 P^t_i 的均匀性指数；$\mathrm{dist}_{j\min, \ i}$ 表示点 $P^o_{j\min}$ 与点 P^o_i 之间的距离，$P^o_{j\min}$ 的下标 $j\min$ 表示以 P^t_i 为圆心的搜索圆第 j 象限中距离 P^t_i 最近的点的序号。若某一象限中没有搜索到点，则将 $\mathrm{dist}_{j\min, \ i}$ 设为最大值 $\mathrm{dist}_{\max}$，E_i 值越小代表均匀性越好。

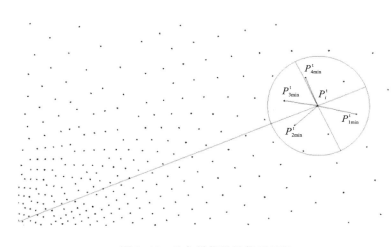

图 2-11　均匀性指数计算原理图

结合矿山采剥场扫描实例分析三维激光等角扫描与等距扫描点云数据的均匀性指数，$dist_{max}$ 取值为 2.5 m，等角扫描与等距扫描点云数据均匀性指数分布如图 2-12 所示，点云数目均在 42200 个左右，随着等距预扫描剖面数的减少，均匀性质量略有下降，等距预扫描剖面数分别为 8 个、4 个及 2 个时，均匀性指数小于 1 的点云比率分别为 90.9%、84.9% 和 74.5%，而等角扫描均匀性指数小于 1 时，点云比率仅为 50.1%，等距扫描结果的均匀性较等角扫描具有明显优势。

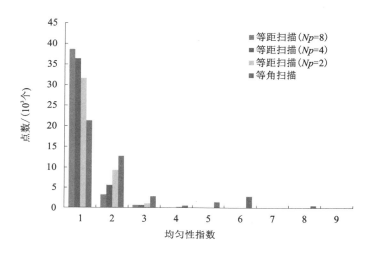

图 2-12　点云数据均匀性指数分布图

在对采剥场点云数据建模试验中，得到不同扫描方式及不同建模算法的建模效果图，等角扫描点云数据基于半球面-平面联合投影算法的建模效果如图 2-13(a) 所示，等距扫描点云数据基于半球面-平面联合投影算法的建模效果如图 2-13(b) 所示。试验过程中，根据不同扫描间距得到不同点数的点云数据建模耗时变化如图 2-14 所示。

2.1.3　无人机倾斜摄影测量建模

无人机倾斜摄影测量技术是近年来航测领域逐渐发展起来的新技术，相对于传统航测采集的垂直摄影数据，其通过新增多个不同角度镜头，获取具有一定倾斜角度的倾斜影像。应用无人机倾斜摄影测量技术，可同时获得同一位置多个不同角度的、具有高分辨率的影像，可采集丰富的地物侧面纹理及位置信息，基于详尽的航测数据，进行影像预处理、区域联合平差、多视影像匹配等一系列操作，批量建立高质量、高精度的三维 GIS 模型。

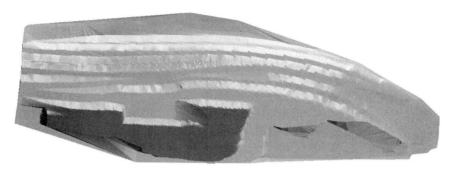

(a)等角扫描点云数据基于半球面-平面联合投影算法的建模效果图

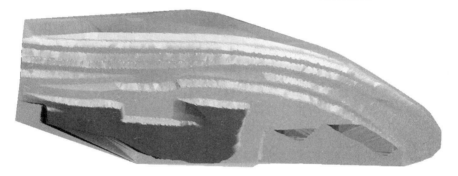

(b)等距扫描点云数据基于半球面-平面联合投影算法的建模效果图

图 2-13 不同扫描方法及建模算法效果图

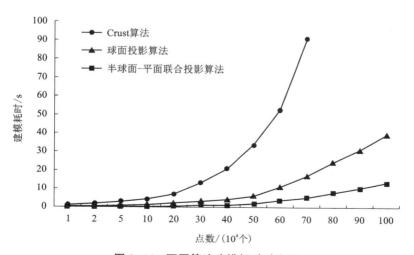

图 2-14 不同算法建模耗时对比图

2.1.3.1 外业航拍

1）航测范围确定

规划航线之前，在航线规划软件中确定项目航测范围，了解航测地貌后，进行合理的飞行架次划分，优化航拍方案，提升作业效率。

2）航线规划及参数设定

倾斜航测的飞行参数包括高度、速度、拍摄间隔、航向间距、旁向间距等，不同的参数设置会对航测的精度、效率等产生影响。航测作业前，综合考虑飞控距离、电池消耗、地形地貌、建筑物分布、测量精度等因素，使用地面站软件进行航线规划和参数设定，使飞行高度、地面分辨率及物理像元尺寸满足三角比例关系。

3）无人机航测作业

地面站设置及无人机组装完成后，即可开始航测作业。无人机将依据指定的航线及参数设置，自动完成航拍任务，操作人员观察无人机位置及地面站实时飞行参数即可，每天可完成 $2\sim3~km^2$ 的航测任务。

倾斜航测采集的数据包括各拍摄点的多角度影像信息和对应的 POS 数据，如图 2-15 所示。影像信息由五镜头相机获取，无人机搭载相机以恒定速度对地面进行等距拍照，采集到具有 70% 重叠率的照片；POS 数据由飞控系统在相机拍照时生成，与照片一一对应，赋予照片丰富的信息，包括经纬度、高度、海拔、飞行方向、飞行姿态等。

图 2-15　无人机倾斜摄影测量外业

2.1.3.2　内业航拍数据处理

采用三维实景建模软件 ContextCapture、Pix4D 等完成航测的后期 GIS 数据处理。三维实景建模软件是基于影像自动化进行三维模型构建的并行软件系统,软件建模对象为静态物体,辅以相机传感器属性、照片位置姿态参数、控制点等信息,在进行空中三角测量计算、模型重建计算后,输出相应 GIS 成果,以供浏览或后期加工。常见的输出格式包括 OSGB、OBJ、S3C、3MX 等。

1)POS 数据整合

飞控系统生成的 POS 数据包含后期处理所不需要的信息,且格式也不符合后期处理软件的使用要求,不能直接用于后期数据处理工作。原始 POS 数据进行筛选、分类处理后,才能用于后期处理软件。

2)空间三角测量计算

在空间三角测量运算过程中,信息面板上会显示空间三角测量丢失照片的数量。如果丢失照片过多,可以取消此次空间三角测量运算,删除这个空间三角测量区块,选择不同的设置重新执行空中三角测量。

如果输入照片的重叠率不够或者某些设置不正确(比如像方坐标系等),那么空中三角测量操作也有可能失败。

3)三维重建计算

由于拍摄范围大,影像数据多,完成重建所需的计算机内存往往有上百 G,普通计算机无法一次性完成重建计算,应根据计算机性能重建框架,调整重建范围及瓦片大小,将原框架分为若干个大小相同的数据切块,分块进行重建计算。

4)数据集群处理

集群处理可按如下操作进行:搭建局域网,将一台计算机作为服务器,局域网内其他计算机作为节点连接至服务器组成群组,任务提交后,服务器统一分配子任务至各节点。节点完成子任务后,将处理结果返回至服务器,并接受新的子任务直至任务完成。

相对于单机进行数据处理,集群处理有更高的可靠性和容错率,当群组中一个节点计算机出现故障时,原本分配至此节点的子任务将自动分配至其他节点进行计算;同时集群处理也能降低成本,庞大的 GIS 数据量,对于单机的储存空间和数据处理速度都提出极大考验,将普通的计算机进行集群则可有效降低硬件成本,发挥与高性能计算机相当的运算能力。

5)模型精修及单体化处理

基于 ContextCapture 建立的三维 GIS 模型,存在由于错误的影像匹配或者较差的几何姿态造成建筑变形(纹理拉花、结构扭曲、破面缺面等)、有悬浮物、丢失部件等情况。通过单体化软件对模型进行精修重建,使地物要素完整,以利于后期三维 GIS 应用。智慧互联平台需实现对片区内的部分建筑进行单独的选中、赋予属性、查询属性、数据管理等操作，因此需对倾斜模型进行单体化处理。我们通过利用建筑物、道路、树木等对应的矢量面，对倾斜摄影模型进行切割，把连续的三角面片网从物理上分割开，从而实现单体化。

以某露天矿山实际开采现状为试验对象，利用无人机倾斜摄影测量技术进行露天矿开采现状的测量，建立的开采现状模型效果如图 2-16 所示，在此模型的基础上，可实现坐标查询、方量计算(图 2-17)等。

图 2-16　露天矿开采现状无人机倾斜摄影测量建模效果图

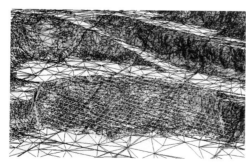

图 2-17　基于无人机倾斜摄影测量模型的矿山方量计算

2.2　露天矿采剥场现状三维模型更新

露天矿开采过程中,矿山需要配备专门的测量技术人员,频繁地对露天开采现状进行测量和建模,其中涉及的外业测量工作和内业建模工作都比较烦琐,开采现状三维模型更新工作量大。与此同时,露天矿山开采中对爆破的炮孔孔口坐标进行了精确的测量,如图 2-18 所示,针对上述现象,亟须一种利用实测的炮孔孔口坐标完成露天矿山开采现状三维模型更新的方法,以减少露天矿山开采现状三维模型更新工作量。

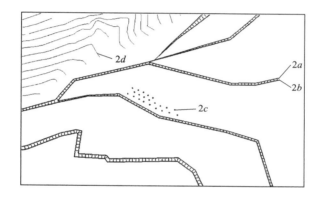

2a—台阶坡顶线;2b—台阶坡底线;2c—实测炮孔;2d—等高线。

图 2-18　露天开采现状等高线、台阶线和实测炮孔的示意图

2.2.1　三维现状模型更新原理

利用实测的炮孔孔口坐标完成露天矿山开采现状三维模型更新的方法,包括以下步骤:

(1)根据实测的炮孔孔口坐标创建爆堆顶面线框、爆堆底面线框。根据实测的炮孔孔口坐标及爆破安全距离和缓冲距离,利用二维 α-Shape 法创建爆堆顶面线框;根据台阶高度和台阶剖面角,利用线框偏移法创建爆堆底面线框。

(2)处理爆堆顶面线框与台阶坡顶线的交点。在本步骤中,需先判断爆堆顶面线框与台阶坡顶线是否有交点,若有交点,则将交点插入爆堆顶面线框中;若无交点,则不做处理。

（3）将爆堆顶面线框与台阶坡顶线重组完成台阶坡顶线的更新。计算爆堆顶面线框中的各点与台阶坡顶线的最短距离，并在距离小于容差的点集中取出首、尾点，以此首、尾点为连接点，将爆堆顶面线框与台阶坡顶线重组，完成台阶坡顶线的更新；设爆堆顶面线框中的点为 $\{M_1, M_2, \cdots, M_m\}$，由于爆堆顶面线框是闭合线框，故 M_m 和 M_1 相连；计算爆堆顶面线框中的各点与台阶坡顶线的最短距离，在距离小于容差的点集中取出首、尾点，分别设为 M_i 和 M_j，点 M_i 和 M_j 到台阶坡顶线的最短距离处对应的点分别设为 P_i 和 P_j；将 P_i 和 P_j 插入台阶坡顶线中，设台阶坡顶线中的点为 $\{P_1, P_2, \cdots, P_i, \cdots, P_j, \cdots, P_m\}$，舍弃 P_i 和 P_j 之间的点，从而将台阶坡顶线中的点分为两段，即 $\{P_1, P_2, \cdots, P_i\}$ 和 $\{P_j, \cdots, P_m\}$；同时，点 M_i 和 M_j 将爆堆顶面线框分为两段，设为 $\{M_i, \cdots, M_j\}$ 和 $\{M_j, \cdots, M_m,$ $M_1, \cdots, M_i\}$；判断 $\{M_i, \cdots, M_j\}$ 和 $\{M_j, \cdots, M_m, M_1, \cdots, M_i\}$ 中哪一段位于台阶非自由面，若 $\{M_i, \cdots, M_j\}$ 位于台阶非自由面，则将爆堆顶面线框与台阶坡顶线重组为 $\{P_1, P_2, \cdots, P_i, M_j, \cdots, M_m, M_1, \cdots, M_i, P_j, \cdots, P_m\}$；若 $\{M_j, \cdots, M_m,$ $M_1, \cdots, M_i\}$ 位于台阶非自由面，则将爆堆顶面线框与台阶坡顶线重组为 $\{P_1,$ $P_2, \cdots, P_i, M_i, \cdots, M_j, P_j, \cdots, P_m\}$。

（4）依照上两个步骤的原理，完成台阶坡底线的更新。

（5）更新后的台阶坡顶、底线间通过三维 Triangulation 方法重构三角网，实现露天矿山开采现状三维模型的更新。

2.2.2 三维现状模型更新过程

以某露天矿山三维现状模型更新实际情况为例，某次爆破安全距离为 2 m，缓存距离为 4 m，根据实测的炮孔孔口坐标及爆破安全距离和缓冲距离，利用二维 α-Shape 法创建爆堆顶面线框，如图 2-19 所示；台阶高度为 12m，台阶剖面角为 80°，根据台阶高度和台阶剖面角，利用线框偏移法创建爆堆底面线框，如图 2-20 所示。

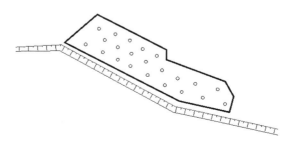

图 2-19 根据实测的炮孔孔口坐标创建的爆堆顶面线框

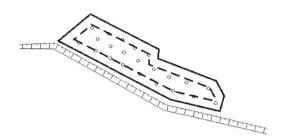

图 2-20　根据台阶高度和台阶剖面角创建的爆堆底面线框

爆堆顶面线框与台阶坡顶线无交点，不做处理。爆堆顶面线框中的点为 $\{M_1, M_2, \cdots, M_8\}$，由于爆堆顶面线框是闭合线框，故 M_8 和 M_1 相连；计算爆堆顶面线框中的各点与台阶坡顶线的最短距离，容差为 4 m，在距离小于容差的点集 $\{M_5, M_6, M_7\}$ 中取出首、尾点，分别设为 M_5 和 M_7，点 M_5 和 M_7 到台阶坡顶线的最短距离处对应的点分别设为 P_i 和 P_j，如图 2-21 所示。

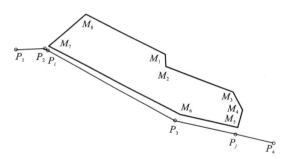

图 2-21　爆堆顶面线框与台阶坡顶线重组过程

将 P_i 和 P_j 插入台阶坡顶线中，设台阶坡顶线中的点为 $\{P_1, P_2, P_i, P_3, P_j, P_4\}$，舍弃 P_i 和 P_j 之间的点 P_3，从而将台阶坡顶线中的点分为两段，即 $\{P_1, P_2, P_i\}$ 和 $\{P_j, P_4\}$；同时，点 M_5 和 M_7 将爆堆顶面线框分为两段，设为 $\{M_5, M_6, M_7\}$ 和 $\{M_7, M_8, M_1, \cdots, M_5\}$；$\{M_7, M_8, M_1, \cdots, M_5\}$ 位于台阶非自由面，故将爆堆顶面线框与台阶坡顶线重组为 $\{P_1, P_2, P_i, M_7, M_8, M_1, \cdots, M_5, P_j, P_4\}$，如图 2-22 所示。

依上述原理，将爆堆底面线框视为爆堆顶面线框，将台阶坡底线视为台阶坡顶线，实现爆堆底面线框与台阶坡底线重组，如图 2-23 所示，更新后的露天矿开采现状台阶坡顶底线效果如图 2-24 所示。

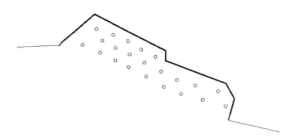

图 2-22　爆堆顶面线框与台阶坡顶线重组结果

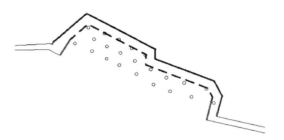

图 2-23　爆堆底面线框与台阶坡底线重组结果

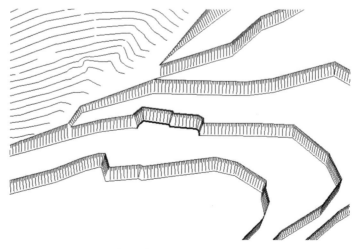

图 2-24　更新后的露天矿开采现状台阶线效果图

通过三维 Triangulation 方法，重构台阶坡顶、底线间的三角网，如图 2-25 所示，更新后的露天矿开采现状三维模型效果如图 2-26 所示。

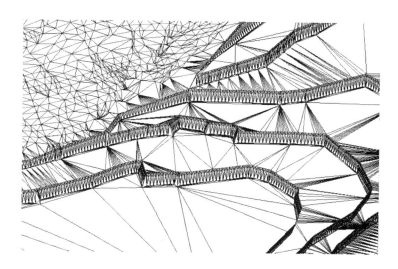

图 2-25 台阶坡顶、底线间重构三角网示意图

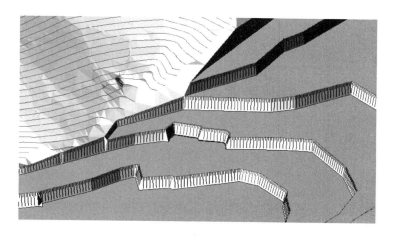

图 2-26 更新后的露天矿开采现状三维模型效果图

2.3 露天矿地质资源三维建模

露天矿开采中矿体的品位分布、形态特性和储量信息的全面掌握是优化开采的基础和前提。显然，若要进行矿山优化开采，首先必须实现矿床的数字化和可视化，从数字化和可视化层面对矿山资源进行表达的模型主要分为两类：矢量模型和栅格模型。

矢量模型，即基于表面表示的模型，主要侧重于建模对象的表面建模，可用封闭的表面来描述空间对象的形态。矢量模型的主要优点是模型显示和数据更新简单，且模型数据量较少，不足之处是缺少内部属性记录而难以进行真三维建模和应用，同时空间查询与分析较难实现。

栅格模型，即基于体元表示的模型，既考虑建模对象的整体和边界形态，又兼顾三维空间实体的内部属性。栅格模型的主要优点是易于进行空间分析和操作，其缺点是数据量大、存储空间消耗大、计算速度慢。

为了充分发挥矢量模型和栅格模型的优越性，也有学者尝试研究将两者结合，从而构建一种兼容两者优点的混合模型。本书重点研究矿山优化开采，模型内部属性信息至关重要，故在栅格模型的基础上，从业务层面提出基于品位模型、品位控制模型和价值模型的矿山资源模型。

2.3.1 地质数据库

地质数据库又称钻孔数据库，钻孔数据库承载了矿山地质勘探和生产勘探的详细信息，钻孔数据库是进行地质解译、品位推估、储量计算与管理以及后续采矿设计的重要基础。矿山的钻孔数据信息主要包含钻孔的孔口坐标信息、钻孔的样品信息、钻孔的测斜信息，其中钻孔的测斜信息对大部分矿山来说只是对地质勘探的钻孔进行测斜，生产勘探的钻孔一般不进行测斜，即生产勘探的钻孔一般为直孔。

2.3.1.1 基础数据表格的准备

矿山地质数据主要保存在平面图、剖面图、柱状图及勘探报告附表等中，在建立地质数据库之前，需要对矿山提供的这些工程地质数据进行分析整理，按照"孔口文件""测斜文件""样品文件""岩性文件"等格式进行录入。

1）地质数据文件的格式

对地质数据进行整理分析时，要将原始的地质信息按照表2-2至表2-5的格式要求分别进行整理。

表 2-2　孔口文件包含的信息

列编号	列代表的意义	说明
1	钻孔名称（BHID）	1. 此文件中包含的是关于钻孔开口信息方面的内容； 2. 各列的编排顺序并无严格限制，但这样组织比较符合习惯； 3. 文件中除了这些必有内容外，还可添加其他内容，如钻孔类型（钻探或坑探）等
2	钻孔开口东坐标（X）	
3	钻孔开口北坐标（Y）	
4	钻孔开口标高（Z）	
5	钻孔深度	
6	勘探线号	
…	…	

表 2-3　测斜文件包含的信息

列编号	列代表的意义	说明
1	钻孔名称（BHID）	1. 此文件中包含的是关于钻孔测斜信息方面的内容； 2. 各列的编排顺序并无严格限制，但这样组织比较符合习惯
2	测斜起点与钻孔口的距离	
3	方位角	
4	倾角	
…	…	

表 2-4　样品文件包含的信息

列编号	列代表的意义	说明
1	钻孔名称（BHID）	1. 此文件中包含的是关于钻孔取样信息方面的内容； 2. 各列的编排顺序并无严格限制，但这样组织比较符合习惯； 3. 该文件第四列以后的内容根据所研究矿床含有的有用元素的情况填写
2	取样段起点距孔口的距离（FROM）	
3	取样段终点距孔口的距离（TO）	
4	元素 1 品位（Cu）	
5	元素 2 品位（Fe）	
6	元素 3 品位（Au）	
7	元素 4 品位（Ag）	
…	…	

表 2-5　岩性文件包含的信息

列编号	列代表的意义	说明
1	钻孔名称(BHID)	1. 此文件中包含的是关于钻孔取样信息方面的内容;
2	取样段起点距孔口的距离(FROM)	
3	取样段终点距孔口的距离(TO)	2. 各列的编排顺序并无严格限制,但这样组织比较符合习惯
4	岩性代码	
5	岩性描述	
…	…	

2)数据文本文件生成

在建立地质数据库之前,必须对矿山的地质数据分别按照上述格式在EXCEL文本中进行整理分析,最终形成如表2-6至表2-9所示的表格。

表 2-6　钻孔开口信息表(部分)

钻孔名	X	Y	Z	孔深/m	勘探线号
CK110	3329636	38589974	43.08	253.4	11
CK22	3329622	38590008	46.97	164.84	2
CK76	3329620	38590015	47.88	358.19	7
CK102	3329627	38589994	43.33	349.06	10
CK226	3329544	38590203	40.94	456.58	22
CK247	3329716	38589827	28.88	330.56	24

表 2-7　地质工程测斜信息表(部分)

钻孔名	测斜深度/m	方位角/(°)	倾角/(°)
CK110	0	292	-90
CK110	253.4	292	-90
CK22	0	292	-70
CK22	164.84	292	-70
CK76	0	292	-90
CK76	50	292	-89.57
CK76	100	292	-88.9

表 2-8　地质工程样品信息表(部分)

钻孔	样号	从	至	样长/m	$w(Cu)$/%	$w(TFe)$/%	$w(SiO_2)$/%
CK102	11	252.68	253.82	1.14	0.92	36.9	1
CK102	12	253.82	254.47	0.65	1.07	28.1	1
CK102	13	254.47	255.96	1.49	0.87	40.94	1
CK102	14	255.96	256.92	0.96	2.09	23.22	1
CK102	15	256.92	258.11	1.19	1.17	34.94	1
CK102	16	258.11	259.67	1.56	1.78	9.3	0.5
CK102	17	259.67	262.52	2.85	0.5	13.09	0.5
CK102	18	262.52	265.86	3.34	0.26	9.94	0.5
CK102	19	265.86	268.61	2.75	0.99	12.74	0.5
CK102	20	268.61	270.79	2.18	0.48	17.45	0.5

表 2-9　地质工程岩性信息表(部分)

钻孔	从	至	岩性描述
CK110	0	22.7	磁铁矿矿石
CK110	22.7	33.9	斜长岩
CK110	33.9	41.52	花岗闪长斑岩
CK110	41.52	95.01	斜长岩
CK110	95.01	163.43	白云质大理岩
CK22	0	5	残坡积
CK22	5	41.05	花岗闪长斑岩
CK22	41.05	63.69	矽卡岩化斜长岩
CK22	63.69	67.51	白云质大理岩

2.3.1.2　钻孔数据库建立

当孔口表、测斜表、样品表、岩性表 4 个数据表文件整理好后,就可以建立钻孔数据库,步骤分为以下几步:

1)原始数据表格导入

设置字段类型的选项中,工程名称、勘探线号、工程类型、样号、岩性名称等均用字符串，开孔日期和终孔日期采用日期型字段类型，其他涉及数字的字段（如钻孔坐标和样品品位信息）选择双精度型。

2）钻孔数据校验

在创建钻孔数据库之前对需要导入的钻孔文件进行检查，软件将通过错误报告返回数据的错误信息。

校验功能主要检查如下内容：

（1）测斜长度是否超过钻孔总深度；

（2）样品段是否重叠；

（3）"从"是否小于"至"。

钻孔校验后，系统自动输出校验报告，并在输出窗口显示，根据报告文件错误类型的提示，在核对过原始数据后，对导入的钻孔数据进行修改，直到没有错误为止。

3）生成钻孔数据库

利用软件创建钻孔数据库的功能，调入各关联数据表，设置好相应字段，即可快速完成地质数据库的创建。

地质工作产生的钻孔数据表除了以上 4 个基本表外，还有很多表，比如地质钻孔基本信息表、钻孔回次表、钻孔孔深校正及弯曲度测量表和钻孔结构数据表等。在创建钻孔数据库时，展开"扩展表"设置框，选择"添加"，依次添加所需的各个钻孔数据表，使数据表结构和扩展表能一一对应。

2.3.2 品位模型

矿块品位模型是以地质勘探数据为主，结合地质勘探数据、生产勘探数据、地质编录数据和生产炮孔取样化验数据对采场内矿块进行即时品位估值，形成渐进明确的品位信息的矿块集合。矿块品位模型会随着生产开采不断地更新及细化。结合某露天矿山实际情况，具体数据来源如下：

（1）地质勘探数据。以某露天矿山实际为例，其原始地质勘探数据的主要用途是便于掌握矿床整体的成矿规律，其勘探网度为 100 m×100 m，最大深度1300 m，单个样品长度 2~6 m，如图 2-27 所示。

（2）生产勘探数据。对于在生产过程中未进一步掌握的矿体形态，可在矿床内部及边缘布置生产勘探孔，勘探间距是地质勘探间距的一半，即 50 m×50 m，主要目的是对原有工程钻孔进行加密，勘探深度为 30 m，单个样品长度 3 m，以进一步准确掌握矿床边缘形态及产状，如图 2-28 所示。

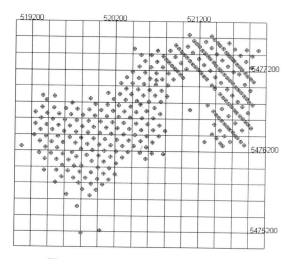

图 2-27　地质勘探钻孔勘探线分布图

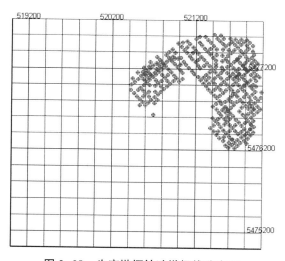

图 2-28　生产勘探钻孔勘探线分布图

（3）生产炮孔取样化验数据。露天台阶爆破时在爆破区域内部布置炮孔，孔网参数为 6 m×4.5 m，炮孔深度为台阶高度+15 m，另外加钻 2 m 超深，矿体内部隔孔取样，矿岩交界处加密取样，矿化异常区需分层取样，如图 2-29 所示。

品位模型通过融合矿山地质勘探数据、生产勘探数据、地质编录数据、钻孔及岩粉数据，实现矿山资源从粗略地质模型到精细品位数据的综合显示，形成动

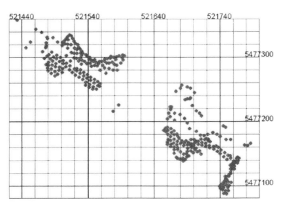

图 2-29   生产炮孔取样数据分布图

态可视化矿床属性模型，对矿体空间分布和矿体与勘探工程的空间关系有逐步清晰的了解，为矿山价值模型构建提供基础地质数据，为矿山爆破设计及配矿提供科学依据，同时对品位控制模型提供数据支持。

品位模型具体构建步骤如下：

（1）三维实体模型的建立。利用勘探线剖面对单个工程进行地质解译，严格按照工业指标估算资源储量，并结合矿区矿石类型、产状、蚀变、矿化特征等进行矿体的圈定和外推，把矿区内相邻剖面的地质解译线依次连接，形成矿体实体模型。

（2）创建品位模型，模型单元块尺寸为 4 m×6 m×15 m。

（3）统计分析。利用矿体的赋存形态及断层分布，对矿体进行原始样统计分析，研究品位数据的分布规律。

（4）组合品位。将工程中的样品段按品位进行组合，考虑最小可采厚度和夹石剔除厚度。在各个工程中，从第一个样品开始，搜索符合条件的样品段，并将这些样品段组合成一个新的样品段。

（5）特高品位处理。在计算变异函数和品位估算之前必须对特高品位进行处理，如不进行处理会造成变异函数跳动较大，影响拟合。处理特高品位宜采用统计学的方法，用品位累计分布曲线中 97.5% 分位数所对应的值替代特高品位。

（6）品位试验变异函数及理论曲线的拟合。利用组合样文件计算矿体的试验变异函数，并用球状模型的理论曲线进行拟合。按照估值搜索椭球体的概念，每个矿体应给出主轴、次轴和最小轴三个方向的变异函数。

（7）结构分析。计算变异函数并进行结构分析，确定搜索椭球体及结构参数，最后利用交叉验证方法获取最佳的结构参数。

2.4　露天矿地质资源三维模型更新

2.4.1　品位控制模型

品位控制模型是在品位模型的基础上，参考上层矿岩界线和品位等信息，向下推断两个台阶标高的地质情况，作为爆破矿岩交界处损失贫化控制与矿岩爆破设计基础地质数据，同时以品位控制模型为基础对价值模型定期更新。

品位控制模型为爆破矿岩交界处损失贫化控制提供数据支持，为采矿爆破设计提供地质依据。品位系统随时、不断地更新，为价值模型定期更新提供了最新、最准确的基础数据。

2.4.2　品位预测模型

品位预测模型是指利用矿山早期的地质勘探数据建立的用于模拟非均匀矿体的空间分布模型，它由大小不等且非重叠的长方体块构成，每个长方体块包含该块所在位置矿体的各种元素品位信息和一些其他属性。由于早期的地质勘探钻孔之间相距较远，因此品位预测模型只能大致体现矿体的赋存情况，品位预测模型中的元素品位信息往往与实际有差别。对于露天矿山而言，在编制采剥计划时，一定希望能够具有较准确的品位预测模型，通常的做法是通过加密勘探实现，但该方法成本较高。与此同时，露天矿山开采中通常对爆破的炮孔孔口坐标进行了精确的测量，也对炮孔岩粉样进行了取样化验。针对上述现象，亟须一种利用实测的炮孔孔口坐标及岩粉样化验信息完成露天矿山品位预测模型更新的方法，以在进一步准确获取品位模型信息的同时，降低生产成本。

利用实测的炮孔孔口坐标及岩粉样化验信息，完成露天矿山品位预测模型更新的方法，包括以下步骤：

（1）根据炮孔的所属爆堆属性，将炮孔划分成若干组，依次处理每一组炮孔；炮孔的属性信息包括炮孔所属矿区、所属台阶、所属爆堆、孔深、超深、化验编码、分组编码、矿种类型和元素品位化验信息，将炮孔所属爆堆信息相同的炮孔分成一组。

（2）根据第一组炮孔孔口坐标创建爆堆顶面范围线框；根据该组实测的炮孔孔口坐标及爆破安全距离和缓冲距离，利用二维 α-Shape 法创建爆堆顶面范围线框。

（3）将爆堆顶面范围线框移动复制，得到爆堆底面范围线框，根据两个爆堆范围线框创建品位模型的更新范围；根据矿体方位角和倾角及用户设置的更新深度，将爆堆顶面范围线框按照上述参数移动复制，得到爆堆底面范围线框；在爆堆顶面范围线框与爆堆底面范围线框之间构建三角网，将所有的三角网合并形成更新范围。其中，用户设置的更新深度一般为 2 倍台阶高度，目的是既更新炮孔所属台阶的品位预测模型，也推测更新下一台阶的品位预测模型，为矿山采剥计划编制提供更准确的品位预测模型。

（4）更新范围内的品位预测模型以炮孔岩粉样化验信息为样品点进行品位更新；更新范围内的品位预测模型以炮孔岩粉样化验信息为样品点，利用距离幂次反比法或克里格估值法等地质统计学方法，计算更新后的品位值；根据用户设置的阈值，若更新后的品位值与当前品位值之差小于阈值，则用更新后的品位值覆盖当前品位值；若更新后的品位值与当前品位值之差大于阈值，则弹出提示对话框，提示用户选择取消或全部覆盖。

（5）依上述三个步骤的相同原理完成其他各组炮孔对品位预测模型的更新。

以某露天矿山为例，先后进行了三次穿孔爆破作业，根据炮孔所属爆堆信息将炮孔数据分成三组，第一组炮孔所属矿区为 N 矿区，所属台阶为 085～100 台阶，所属爆堆为 N201812-08513；第二组炮孔所属矿区为 N 矿区，所属台阶为 100～115 台阶，所属爆堆为 N201812-10008；第三组炮孔所属矿区为 N 矿区，所属台阶为 100～115 台阶，所属爆堆为 N201812-10009。图 2-30 为露天开采现状台阶线和三组实测炮孔的示意图。

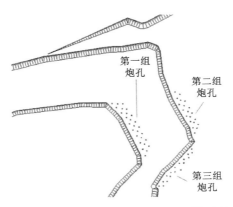

图 2-30　露天开采现状台阶线和三组实测炮孔的示意图

首先处理第一组炮孔，该组爆破安全距离为 2 m，缓存距离为 4 m，根据实测的炮孔孔口坐标及爆破安全距离和缓冲距离，利用二维 α-Shape 法创建爆堆顶面线框，如图 2-31 所示。

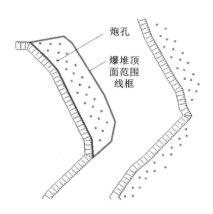

图 2-31　根据实测的炮孔孔口坐标创建的爆堆顶面线框

矿体方位角为 165°12′27″，倾角为 −71°36′05″，更新深度设置为 30 m，如图 2-32 所示，将爆堆顶面范围线框按照上述参数移动复制，得到爆堆底面范围线框；在爆堆顶面范围线框与爆堆底面范围线框之间构建三角网，将所有的三角网合并形成更新范围，如图 2-33 所示。

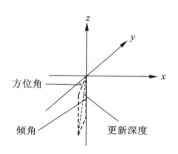

图 2-32　矿体方位角、倾角及更新深度参数示意图

更新范围内的品位预测模型以炮孔岩粉样化验信息为样品点，利用距离幂次反比法或克里格估值法等地质统计学方法，计算更新后的品位值；根据用户设置的阈值，若更新后的品位值与当前的品位值之差小于阈值，则用更新后的品位值覆盖当前品位值；若更新后的品位值与当前的品位值之差大于阈值，则弹出提示

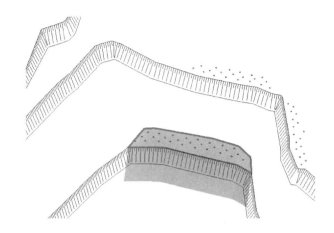

图 2-33 品位预测模型更新范围效果图

对话框，提示用户选择取消或全部覆盖。品位预测模型更新前的效果如图 2-34 所示，品位预测模型根据第一组炮孔孔口坐标及岩粉样化验信息更新后的效果如图 2-35 所示。

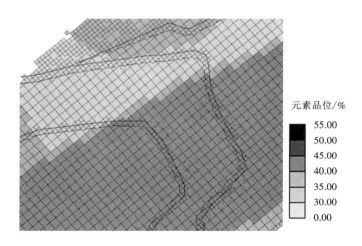

图 2-34 品位预测模型更新前的效果图

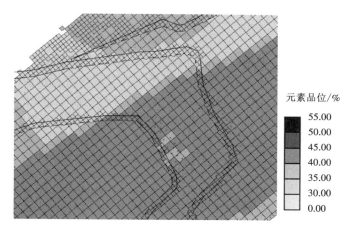

图 2-35　品位预测模型根据第一组炮孔更新后的效果图

依上述三个步骤的相同原理完成其他两组炮孔对品位预测模型的更新，更新后的效果如图 2-36 所示。

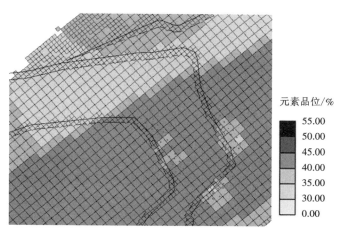

图 2-36　品位预测模型根据三组炮孔更新后的效果图

2.4.3　价值模型

价值模型是在品位控制模型的基础上，引入原矿价格、精矿价格、金属价格、矿石开采成本、废石剥离成本、采矿损失率、采矿贫化率、选矿成本、选矿回收率、冶炼成本、冶炼回收率、复垦成本和销售成本等经济参数，计算出各最小开采单元块的净利润，从而构成的价值块集合。价值模型为矿山的境界优化和采剥计划优化提供了基础。

品位控制模型所依据的块段模型存储通常采用八叉树结构，由尺寸不等的长方体块组成，属于变块，不能直接用作境界优化，因为块段模型中最小块尺寸与细分级数有关，一般很小，而在采矿作业中是按台阶高度进行采剥作业的，尺寸过小的矿块既影响境界优化及采剥计划优化的效率，也不符合矿山生产要求，所以必须组合块段模型的块体形成采矿单元，即价值模型的最小单元。价值模型由尺寸统一的采矿单元构成，每一块的特征属性是假设将其采出并处理后带来的经济净价值，称为价值块。

构建价值模型的第一步是确定开采单元的尺寸，垂直方向尺寸一般参考台阶高度，或者等于台阶高度，或者等于台阶高度的整数倍；水平方向尺寸一般参考采矿设备的作业范围，尺寸过小将影响境界优化及采剥计划优化的效率，相应地，尺寸过大，损失贫化所造成的误差将增大，境界优化及采剥计划优化的精确性也将难以保证，故开采单元的尺寸需要结合矿山实际情况统筹。

以块段模型中最小尺寸的块为基础块，在 X、Y、Z 三个方向上组合任意一个基础块作为价值模型的单元块，基础块尺寸为(x, y, z)，价值块尺寸为(ax, by, cz)，其中 a、b、$c \in N^*$，表示 X、Y、Z 方向上组合基础块的倍数。在块段模型中的矿块组合构建价值模型最小单元的过程中，在价值模型边界处可能会存在缺失或不足，此时需通过扩展虚拟基础块来满足边界处价值块的尺寸要求，此时的虚拟块没有属性信息。

价值模型中各最小单元的经济净价值计算方法根据矿山最终销售产品的类型分为以下三类：

（1）最终产品为原矿的计算方法。

$$v_{unit}^{raw} = v_{unit}^{ore} - c_{unit}^{ore} \tag{2-9}$$

$$v_{unit}^{ore} = \sum_{i \in N} \frac{v_i^{block} w_i^{block} \eta^{mining} s^{raw}}{1 + \rho^{mining}} \tag{2-10}$$

$$c_{unit}^{ore} = \sum_{i \in N} v_i^{block} w_i^{block} c^{ore} \tag{2-11}$$

若 v_{unit}^{raw} 最终计算结果为正，即当前价值块开采能带来收益，此时 v_{unit}^{raw} 为当前价值块的经济净价值；若 v_{unit}^{raw} 最终计算结果为负，即当前价值块开采不能带来收益，此时需要调整价值块计算方法如下：

$$v_{unit}^{raw} = -c_{unit}^{rock} \tag{2-12}$$

$$c_{unit}^{rock} = \sum_{i \in N} v_i^{block} w_i^{block} c^{rock} \tag{2-13}$$

（2）最终产品为精矿的计算方法。

$$v_{\text{unit}}^{\text{concentrate}} = v_{\text{unit}}^{\text{ore}'} - c_{\text{unit}}^{\text{ore}} - c_{\text{unit}}^{\text{processing}} \tag{2-14}$$

$$v_{\text{unit}}^{\text{ore}'} = \sum_{i \in N} \frac{v_i^{\text{block}} w_i^{\text{block}} g_i^{\text{block}} \eta^{\text{mining}} \eta^{\text{processing}} s^{\text{concentrate}}}{(1 + \rho^{\text{mining}}) g^{\text{concentrate}}} \tag{2-15}$$

$$c_{\text{unit}}^{\text{ore}} = \sum_{i \in N} v_i^{\text{block}} w_i^{\text{block}} c^{\text{ore}} \tag{2-16}$$

$$c_{\text{unit}}^{\text{processing}} = \sum_{i \in N} \frac{v_i^{\text{block}} w_i^{\text{block}} \eta^{\text{mining}} c^{\text{processing}}}{1 - \rho^{\text{mining}}} \tag{2-17}$$

若 $v_{\text{unit}}^{\text{concentrate}}$ 最终计算结果为正，即当前价值块开采能带来收益，此时 $v_{\text{unit}}^{\text{concentrate}}$ 为当前价值块的经济净价值；若 $v_{\text{unit}}^{\text{concentrate}}$ 最终计算结果为负，即当前价值块开采不能带来收益，此时需要调整价值块计算方法如下：

$$v_{\text{unit}}^{\text{concentrate}} = -c_{\text{unit}}^{\text{ore}} \tag{2-18}$$

$$c_{\text{unit}}^{\text{rock}} = \sum_{i \in N} v_i^{\text{block}} w_i^{\text{block}} c^{\text{rock}} \tag{2-19}$$

（3）最终产品为金属的计算方法。

$$v_{\text{unit}}^{\text{metal}} = v_{\text{unit}}^{\text{ore}''} - c_{\text{unit}}^{\text{ore}} - c_{\text{unit}}^{\text{processing}} \tag{2-20}$$

$$v_{\text{unit}}^{\text{ore}''} = \sum_{i \in N} \frac{v_i^{\text{block}} w_i^{\text{block}} g_i^{\text{block}} \eta^{\text{mining}} \eta^{\text{processing}} \eta^{\text{smelting}} (s^{\text{smelting}} - c^{\text{smelting}})}{1 + \rho^{\text{mining}}} \tag{2-21}$$

$$c_{\text{unit}}^{\text{ore}} = \sum_{i \in N} v_i^{\text{block}} w_i^{\text{block}} c^{\text{ore}} \tag{2-22}$$

$$c_{\text{unit}}^{\text{processing}} = \sum_{i \in N} \frac{v_i^{\text{block}} w_i^{\text{block}} \eta^{\text{mine}} c^{\text{processing}}}{1 - \rho^{\text{mining}}} \tag{2-23}$$

若 $v_{\text{unit}}^{\text{metal}}$ 最终计算结果为正，即当前价值块开采能带来收益，此时 $v_{\text{unit}}^{\text{metal}}$ 为当前价值块的经济净价值；若 $v_{\text{unit}}^{\text{metal}}$ 最终计算结果为负，即当前价值块开采不能带来收益，此时需要调整价值块计算方法如下。

$$v_{\text{unit}}^{\text{metal}} = -c_{\text{unit}}^{\text{ore}} \tag{2-24}$$

$$c_{\text{unit}}^{\text{rock}} = \sum_{i \in N} v_i^{\text{block}} w_i^{\text{block}} c^{\text{rock}} \tag{2-25}$$

式中：$v_{\text{unit}}^{\text{raw}}$、$v_{\text{unit}}^{\text{concentrate}}$、$v_{\text{unit}}^{\text{metal}}$ 分别为矿山最终销售产品为原矿、精矿或金属时价值块的经济净价值；$v_{\text{unit}}^{\text{ore}}$、$v_{\text{unit}}^{\text{ore}'}$、$v_{\text{unit}}^{\text{ore}''}$ 分别为矿山最终销售产品为原矿、精矿或金属时价值块的销售收入；$c_{\text{unit}}^{\text{ore}}$、$c_{\text{unit}}^{\text{processing}}$ 分别为价值块作为矿石开采时的采矿成本、选矿成本，$c_{\text{unit}}^{\text{rock}}$ 为价值块作为废石剥离时的剥离成本；N 为价值块中所包含的品位控制模型矿块的数目；v_i^{block}、w_i^{block} 分别为价值块中所包含的品位控制模型矿块的体积、体重(本书中指密度)；η^{mining}、$\eta^{\text{processing}}$、η^{smelting} 分别为采矿回收率、选矿回收率、冶炼回收率；ρ^{mining} 为采矿贫化率；s^{raw}、$s^{\text{concentrate}}$、s^{smelting} 分别为原矿、精矿和金属的单位售价；c^{ore}、c^{rock}、$c^{\text{processing}}$、c^{smelting} 分别为矿石开采、废石剥离、选矿的单

位成本、冶炼的单位成本；g_i^{block}、$g^{concentrate}$ 分别为价值块中所包含的品位控制模型矿块的品位、精矿品位。

2.4.4 矿岩界线自动区分

露天矿山开采时，将矿山在垂直方向上划分成多个台阶，在各个台阶上进行穿孔、装药、爆破作业形成爆堆，用于铲装和运输。为了更加明晰地掌握台阶上矿岩的分布情况，在穿孔后，会对炮孔进行孔口坐标测量和取岩粉样化验，获取炮孔的 X、Y、Z 坐标，岩性，元素品位等信息，进而根据炮孔的岩性信息，重新对台阶的矿岩分布情况进行圈定，以利于指导后期的精细化生产和贫损指标控制。

露天矿山目前进行矿岩界线圈定的方法是人工圈定法，圈定过程耗时耗力、操作烦琐、受技术人员经验影响较大，从而导致的结果为：矿岩界线圈定成果图无法及时提供，或无法及时更新，进而爆破和铲装时存在盲目性，矿山开采损失率和贫化率难以控制。

露天矿山矿岩界线自动圈定方法，包括以下步骤：

(1)设定矿岩界线圈定影响距离参数和调整距离参数。设矿山爆破设计孔间距为 a，排间距为 b，影响距离参数 y 初始值为 $(a+b)$，调整距离参数 t 初始值为 $(a+b)/3$，影响距离参数和调整距离参数均可重新设置。

(2)根据岩粉样的 X、Y、Z 属性，自动确定需要圈定矿岩界线的范围线框，并形成 Voronoi 图。设 n 个岩粉样的 X、Y、Z 属性构成的点集为 $\{P_1, P_2, \cdots, P_n\}$，利用二维 α-Shape 法创建点集 $\{P_1, P_2, \cdots, P_n\}$ 的外轮廓 S_1，将 S_1 向外偏移 $(a+b)/2$，构成需要圈定矿岩界线的范围线框 S_2，并利用点集 $\{P_1, P_2, \cdots, P_n\}$ 对 S_2 进行 Voronoi 图划分，构成 Voronoi 图单元集合 $\{V_1, V_2, \cdots, V_n\}$。

(3)根据影响距离参数和调整距离参数自动调整 Voronoi 图。对于集合 $\{V_1, V_2, \cdots, V_n\}$ 中的任意 Voronoi 图单元 V_i，设 V_i 为 $\{c_{i,1}, c_{i,2}, c_{i,3}, \cdots, c_{i,m}, c_{i,1}\}$，自动调整 Voronoi 图的过程为：计算 V_i 中长度大于 y 的边的个数 x，若 $x \neq 2$，则 V_i 不需要调整；否则，根据长度大于 y 的 2 条边的相邻关系，分两种情况进行调整。第一种情况，2 条边相邻，设交点为 $c_{i,j}$，即 $\{c_{i,1}, c_{i,2}, c_{i,3}, \cdots, c_{i,j-1}, c_{i,j}, c_{i,j+1}, \cdots, c_{i,m}, c_{i,1}\}$，设边 $c_{i,j-1}c_{i,j}$ 中到点 $c_{i,j-1}$ 的距离为 t 的点为 $c_{i,o}$，设边 $c_{i,j}c_{i,j+1}$ 中到点 $c_{i,j+1}$ 的距离为 t 的点为 $c_{i,q}$，则将 V_i 调整为 $\{c_{i,1}, c_{i,2}, c_{i,3}, \cdots, c_{i,j-1}, c_{i,o}, c_{i,q}, c_{i,j+1}, \cdots, c_{i,m}, c_{i,1}\}$；第二种情况，2 条边不相邻，设长度大于 y 的 2 条边为 $c_{i,j}, c_{i,k}$ 和 $c_{i,l}, c_{i,h}$，即 $\{c_{i,1}, c_{i,2}, c_{i,3}, \cdots, c_{i,j}, c_{i,k}, c_{i,k+1}, \cdots, c_{i,i-1}, c_{i,l}, c_{i,h}, \cdots, c_{i,m}, c_{i,1}\}$，则 $c_{i,j}, c_{i,k}$ 和 $c_{i,l}, c_{i,h}$ 将 V_i 分为 2 段，即 $\{c_{i,1}, c_{i,2}, c_{i,3}, \cdots, c_{i,j}, c_{i,h}, \cdots, c_{i,m}, c_{i,1}\}$ 和 $\{c_{i,k}, c_{i,k+1}, \cdots, c_{i,i-1}, c_{i,l}\}$，设 P_i 到 $\{c_{i,1}, c_{i,2}, c_{i,3}, \cdots, c_{i,j}, c_{i,h}, \cdots, c_{i,m}, c_{i,1}\}$ 中的各边的最短垂直距离为 e_1，P_i 到 $\{c_{i,k}, c_{i,k+1}, \cdots$

$\cdots$, $c_{i, i-1}$, $c_{i, l}$} 中的各边的最短垂直距离为 e_2, 当 $e_1 \geqslant e_2$ 时, 设边 $c_{i, j} c_{i, k}$ 中到点 $c_{i, k}$ 的距离为 t 的点为 $c_{i, o}$, 设边 $c_{i, l} c_{i, h}$ 中到点 $c_{i, l}$ 的距离为 t 的点为 $c_{i, q}$, 则将 V_i 调整为 {$c_{i, o}$, $c_{i, k}$, $c_{i, k+1}$, $\cdots$, $c_{i, i-1}$, $c_{i, l}$, $c_{i, q}$, $c_{i, o}$}, 当 $e_1 < e_2$ 时, 设边 $c_{i, j} c_{i, k}$ 中到点 $c_{i, j}$ 的距离为 t 的点为 $c_{i, o}$, 设边 $c_{i, l} c_{i, h}$ 中到点 $c_{i, h}$ 的距离为 t 的点为 $c_{i, q}$, 则将 V_i 调整为 {$c_{i, 1}$, $c_{i, 2}$, $c_{i, 3}$, $\cdots$, $c_{i, j}$, $c_{i, o}$, $c_{i, q}$, $c_{i, h}$, $\cdots$, $c_{i, m}$, $c_{i, 1}$}。

（4）根据岩粉样的岩性属性, 自动提取出矿岩界线, 将调整后 Voronoi 图单元对应的岩粉样的岩性属性一样的点进行合并, 并提取出边界线, 得到矿岩界线。

以某露天矿山为试验, 该矿山爆破设计孔间距为 4.5 m, 排间距为 6 m, 影响距离参数 y 初始值为 10.5 m, 调整距离参数 t 初始值为 3.5 m, 不做调整。

岩粉样分布情况如图 2-37 所示, 利用二维 α-Shape 法创建岩粉样的外轮廓, 并向外偏移 5.25 m, 构成需要圈定矿岩界线的范围线框, 如图 2-38 所示, 对需要圈定矿岩界线的范围线框进行 Voronoi 图划分, 划分结果如图 2-39 所示。

炮孔岩粉样编号
X 坐标值
Y 坐标值
Z 坐标值
岩性

扫一扫看彩图

图 2-37　露天矿山台阶上的炮孔岩粉样坐标示意图

对 Voronoi 图各单元进行调整, 对于 Voronoi 图单元 V_1, V_1 中长度大于 10.5 m 的边的个数为 0, 故 V_1 不需要调整; 对于 Voronoi 图单元 V_2, V_2 中长度大于 10.5 m 的边的个数为 2, 故 V_2 需要调整, V_2 中 2 条长度大于 10.5 m 的边相邻, 按第一种情况调整, 交点为 $c_{1, 5}$, 即 {$c_{1, 1}$, $c_{1, 2}$, $c_{1, 3}$, $c_{1, 4}$, $c_{1, 5}$, $c_{1, 6}$, $c_{1, 7}$, $c_{1, 1}$}, 将 V_2 调整为 {$c_{1, 1}$, $c_{1, 2}$, $c_{1, 3}$, $c_{1, 4}$, $c_{1, 6}$, $c_{1, 7}$, $c_{1, 1}$}, 如图 2-40 所示; 对于 Voronoi 图单元 V_3, V_3 中长度大于 10.5 m 的边的个数为 2, 故 V_3 需要调整, V_3 中 2 条长度大于 10.5 m 的边不相邻, 按第二种情况调整, 两条边为 $c_{2, 4}$, $c_{2, 5}$ 和 $c_{2, 7}$, $c_{2, 8}$, 即 {$c_{2, 1}$, $c_{2, 2}$, $c_{2, 3}$, $c_{2, 4}$, $c_{2, 5}$, $c_{2, 6}$, $c_{2, 7}$, $c_{2, 8}$, $c_{2, 9}$, $c_{2, 1}$}, $c_{2, 4}$, $c_{2, 5}$ 和 $c_{2, 7}$, $c_{2, 8}$

图 2-38   需要圈定矿岩界线的范围线框示意图

图 2-39   对需要圈定矿岩界线的范围线框进行 Voronoi 图划分的示意图

将 V_3 分为 2 段，即 $\{c_{2,1}, c_{2,2}, c_{2,3}, c_{2,4}, c_{2,8}, c_{2,9}, c_{2,1}\}$ 和 $\{c_{2,5}, c_{2,6}, c_{2,7}\}$，$P_2$ 到 $\{c_{2,1}, c_{2,2}, c_{2,3}, c_{2,4}, c_{2,8}, c_{2,9}, c_{2,1}\}$ 中的各边的最短垂直距离小于 P_2 到 $\{c_{2,5}, c_{2,6}, c_{2,7}\}$ 中的各边的最短垂直距离，将 V_3 调整为 $\{c_{2,1}, c_{2,2}, c_{2,3}, c_{2,4},$

$c_{2,o}$，$c_{2,q}$，$c_{2,8}$，$c_{2,9}$，$c_{2,1}$ }，如图 2-41 所示；Voronoi 图各单元均调整后的效果如图 2-42 所示。

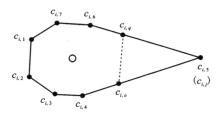

图 2-40　按第一种情况进行 Voronoi 图单元调整的示意图

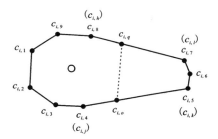

图 2-41　按第二种情况进行 Voronoi 图单元调整的示意图

图 2-42　Voronoi 图调整后的示意图

岩粉样的岩性属性包含斑岩、褐铁矿、碳酸盐岩和黄铁矿及少量未知岩性，根据岩粉样的岩性属性，将调整后的 Voronoi 图单元对应的岩粉样的岩性属性一样的点进行合并，并提取出边界线得到矿岩界线，如图 2-43 所示。

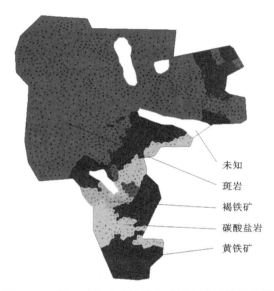

图 2-43　露天矿山矿岩界线自动圈定成果的示意图

第 3 章　露天矿境界与开采规划优化

露天矿境界优化是露天矿设计的关键与核心，露天矿山数字业务模型中的价值模型和开采几何约束模型为实现境界优化奠定了基础，本章重点围绕境界优化、最终境界优选和分期境界优选展开研究，研究成果将是后续露天矿采剥计划优化的重要依据。

影响露天矿境界优化算法效率的最主要因素是价值模型中价值块的数目，首先研究如何通过最大几何境界减小价值模型的规模，其次露天矿境界优化浮动圆锥法、LG 图论法、线性规划法和网络最大流法各有其不足之处，故应探索一种新的露天矿境界优化算法。对于境界优化中技术经济参数的不确定性，研究如何生成嵌套境界，如何在嵌套境界中优选最终境界，如何在最终境界内优选分期境界。

1965 年，Pana 首次在第五届 APCOM 会议上提出求解露天矿最优境界的浮动圆锥法，使得露天矿境界从手工设计阶段迈入计算机优化阶段；伴随着计算机技术和软件技术的不断发展，浮动圆锥法也得到了不断改进，1972 年，Marino 和 Slama 提出了改进的浮动圆锥法，该方法将子区域搜索和评价思想推广到全局最优；不久之后，Phillips 在此基础上又提出了采用逐水平搜索的方式改进浮动圆锥法的搜索过程，即在从上至下各个水平中先找到一个正锥，然后向周围辐射扩大锥体，达到最优后再向下继续延伸；1979 年，Lemieux 提出应用浮动圆锥法求解露天最优境界的正锥算法和负锥算法，并系统、详细地描述了两种算法的具体应用流程和步骤，然而，实际应用中浮动圆锥法存在开采非营利块集合和遗漏开采营利块集合等缺陷，限制了其在工程中的使用。

在浮动圆锥法研究发展的同一时期，很多学者另辟蹊径，从图论学的角度研究露天矿境界优化算法。1965 年，Helmut Leerchs 和 Ingo F. Grossman 首次提出将图论学方法应用于露天矿境界优化，后来的学者将其称为 LG 图论法。LG 图论法具有严格的数学逻辑，在给定品位模型、经济参数和技术参数的基础上，LG 图论法可以求解出开采经济净价值最大的露天矿境界。由于 LG 图论法计算量大，该方法并没有较好地推广应用于矿山实际设计中；19 世纪 80 年代以来，随着计算机运算速度、计算机存储技术和软件技术的突飞猛进，LG 图论法得到越来越广泛的应用，并成为露天矿境界优化的经典算法。

1972 年，Robinson 和 Prenn 提出了改进的 LG 图论法，首先随机寻找一个初始的正闭包，然后不断加入周围的正闭包使得该初始闭包不断增长，直至该闭包不再迭代增长，从而得到最大闭包，该方法在一定程度上减小了 LG 图论法的时间复杂度，提高了 LG 图论法的求解速度。1976 年，Chen 将可变边坡角几何约束模型融入 LG 图论法中，使得露天矿境界优化算法得到的最优境界在空间几何形态上更加贴合实际，满足边坡角拟合的精确性及保障最终优化结果的安全性，然而，这一调整极大增加了 LG 图论法求解过程中内存消耗和复杂度。

1969 年，Meyer 提出将线性规划法应用于露天矿境界优化，该方法的价值模型构建方式有所不同，其思路为在垂直方向上不再细分，仅在水平方向上进行划分，从而构建价值条柱，价值条柱开采的深度与其相邻价值条柱开采深度之间应满足露天开采几何约束，最优境界的确定即求解各价值条柱开采的深度。价值条柱的数目远小于其他方法中价值块的数目，故线性规划法理论上效率更优，然而，为构架基于线性规划的境界优化数学模型，需构建各价值条柱的经济净价值与开采深度的分段线性函数，对于金属矿山品位空间分布的差异性，分段线性函数构造困难且拟合精确性较差。

1993 年，Yegulap 提出将网络最大流法应用于露天矿境界优化，将价值模型中的正价值块抽象为正节点集合、负价值块抽象为负节点集合，同时分别定义网络的一个虚发点和一个虚收点，使用弧将虚发点与负节点集合连接并指向各负节点，正节点集合与虚收点连接并指向收点，此类弧的容量等于正、负节点经济净价值的绝对值。另外使用弧将各正节点与所有限制该节点的负节点连接，并指向该正节点，此类弧的容量为正无穷大。采用网络最大流方法求解上述构建的露天矿境界优化网络，网络分割后得到所有与收点连接的节点对应的价值块构成了最优开采境界。然而由于网络最大流法数学逻辑上的复杂程度，以及现有商业软件大多采用 LG 图论法求解露天最优境界，网络最大流法的发展受到了限制，该方法求解露天最优境界的优势和潜能有待进一步挖掘。

3.1 露天开采几何约束模型

露天开采优化中，几何约束模型是最主要的制约，为了保持边坡的稳定性，几何约束模型决定了价值块的开采顺序，最初的研究中边坡角约束通常是基于价值块构造的 1:5、1:9 或 1:5:9 几何约束模型[2]，即要开采某价值块，根据 1:5 模型，其上一层的 5 个价值块必须优先开采，其向上搜索层数为 1 层；根据 1:9 模型，其上一层的 9 个价值块必须优先开采，其向上搜索层数同样为 1 层；

根据 1∶5∶9 模型，其上一层的 5 个价值块必须优先开采，再上一层的 9 个价值块也必须优先开采，其向上搜索层数为 2 层。这些类型的几何约束模型优点是构建方法简单、效率高，其缺点在于构造的边坡角依赖于价值块的尺寸。

为了解决变动边坡角的露天开采几何约束模型构建问题，研究学者提出一种多边坡角几何约束模型，该模型可以在东、南、西、北四个方位角上分别指定不同的边坡角，从而形成四个固定的方位区间，各区间内通过椭圆弧连接形成一个渐变的边坡角几何约束模型，但椭圆弧插值拟合模型只能模拟四个固定方位区间中的边坡角变化情况，无法描述任意方位区间内的边坡角变化情况，难以适应矿山复杂地质情况。

椭圆弧拟合模型解决了任意方位区间边坡角的拟合问题，但其最主要的问题是，相邻的方位区间在交界处，最大允许边坡角出现突变现象，无法平滑地在不同的最大允许边坡角之间过渡，与现实差异较大，难以在实际的工程中应用。

研究学者提出一种通用性的样条插值拟合模型，该方法在数学意义上逻辑缜密，然而从工程意义的角度分析，其具有一定的局限性，尤其当已知点数目较少时，往往会产生较大的偏差。

露天开采优化中将矿床所在的空间离散成形态规则的价值块，若需要开采价值块 b，为满足边坡角要求，一系列价值块组成的集合 B 必须优先开采完，则 B 称为价值块 b 的前驱块。如图 3–1 所示，对于立方体价值块，在边坡角为 45° 的情况下，若要开采块 1，则集合 $B = \{2, 3, 4, 5, 6\}$ 所包含的价值块必须优先开采，价值块 1 与集合 B 所表示的关系则称为露天开采几何约束。

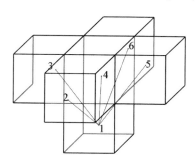

图 3–1　露天开采几何约束前驱块示意图

在露天开采优化之前，必须构建价值块与价值块之间的优先关系，将每个价值块用块的中心点来表示，利用边坡角约束来确定其空间的几何约束。为了更加快速地构建露天开采几何约束关系，在几何约束构建过程中往往考虑向上最大搜索层数，最终拟合出来的边坡角精确度不仅与块的尺寸有关，而且与向上搜索的层数有关，向上搜索层数越多，几何约束模型越精确，同时效率越低，向上搜索层数较少时，几何约束模型精度往往难以表达实际情况。搜索完成的前驱块是存在冗余的，也会严重影响境界优化的速度，需研究去除冗余的算法。

结合某露天矿山实际情况，将价值模型在高程上划分为330~540 m 高程区间和540~900 m 高程区间，在方位上划分为 26°~163°方位区间、163°~219°方位区间、219°~343°方位区间和 343°~26°（+360°）方位区间。330~540 m 高程区间，其方位角 26°处的最大允许边坡角为 46°，方位角 163°处的最大允许边坡角为43°，方位角 219°处的最大允许边坡角为 42°，方位角 343°处的最大允许边坡角为44°；540~900 m 高程区间，其方位角 26°处的最大允许边坡角为 45°，方位角163°处的最大允许边坡角为 42°，方位角 219°处的最大允许边坡角为 43°，方位角343°处的最大允许边坡角为 43°。

3.1.1　1∶5∶9 模型

露天开采几何约束模型是露天开采最主要的制约，为了保持边坡的稳定性，露天开采几何约束模型决定了价值块的开采顺序，最初的研究中边坡角约束通常是基于价值块构造的 1∶5、1∶9 或 1∶5∶9 几何约束模型，即要开采某价值块，如图 3-2 所示，根据 1∶5 模型，其上一层的 5 个价值块必须优先开采，向上搜索层数为 1 层；根据 1∶9 模型，其上一层的 9 个价值块必须优先开采，向上搜索层数同样为 1 层；根据 1∶5∶9 模型，其上一层的 5 个价值块必须优先开采，再上一层的 9 个价值块也必须优先开采，其向上搜索层数为 2 层。这些类型的几何约束模型优点是构建方法简单、效率高，其缺点在于构造的边坡角依赖于价值块的尺寸，如价值块体态为立方体、边坡角在 45°到 55°之间时，采用 1∶5 模型；边坡角在 35° 和 45° 之间时，采用 1∶9 模型；边坡角近似为 45°时，采用1∶5∶9 模型。

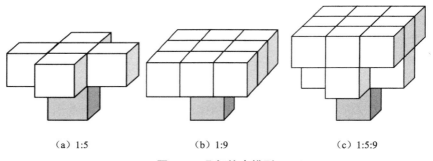

　　（a）1:5　　　　　　　（b）1:9　　　　　　　（c）1:5:9

图 3-2　几何约束模型

在露天开采几何约束模型中，为了满足特定的边坡角约束，需要在构建价值模型时设置相应的价值块尺寸，这与要求的台阶高度之间的关系不相符合，难以指导实际生产，同时还将造成品位估计的误差，对最终境界价值的可信度或置信度评估造成一定的困难。在边坡角随高程和方位变化的情况下，1∶5、1∶9 或1∶5∶9 将无法构建符合实际的露天开采几何约束模型。

3.1.2　椭圆弧插值拟合模型

为了解决变动边坡角的露天开采几何约束模型构建问题，研究学者提出一种多边坡角几何约束模型，该模型可以在东、南、西、北四个方位角上分别指定不同的边坡角，从而形成四个固定的方位区间，各区间内通过椭圆弧连接形成一个渐变的边坡角几何约束模型，如图 3-3 所示。

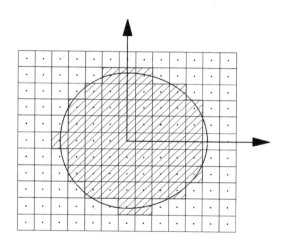

图 3-3　椭圆弧插值拟合几何约束模型

设 $\{\alpha_1, \alpha_2, \alpha_3, \alpha_4\}$ 表示东、南、西、北四个方位角，相应地，$\{\beta_1, \beta_2, \beta_3, \beta_4\}$ 表示东、南、西、北四个方位角处的最大允许边坡角，则方位区间 (α_i, α_{i+1}) 中任意方位角 α_j 处椭圆弧插值得到的最大允许边坡角 β_j 为：

$$\beta_j = \text{arccot}\left(\frac{\cot\beta_i \cot\beta_{i+1}}{\sqrt{\cot^2\beta_{i+1}\cos^2\alpha_j + \cot^2\beta_i\sin^2\alpha_j}}\right) \tag{3-1}$$

椭圆弧插值拟合模型只能模拟四个固定方位区间中的边坡角变化情况，无法描述任意方位区间内的边坡角变化情况，难以适应矿山复杂地质情况。

3.1.3 圆弧拟合模型

圆弧拟合模型解决了任意方位区间边坡角的拟合问题，设 $\{\alpha_1, \alpha_2, \cdots, \alpha_n\}$ 表示任意 n 个方位区间，各方位区间对应的最大允许边坡角为 $\{\beta_1, \beta_2, \cdots, \beta_n\}$，各方位区间分别以对应的最大允许边坡角构建圆弧，最后连接各相应圆弧拟合出边坡角几何约束模型，如图 3-4 所示。

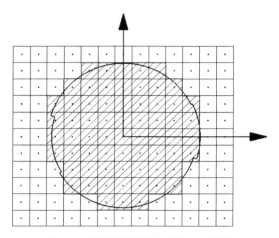

图 3-4   圆弧插值拟合几何约束模型

圆弧拟合模型最主要的问题是，相邻的方位区间在交界处，最大允许边坡角出现突变现象，无法平滑地在不同的最大允许边坡角之间过渡，与现实差异较大，难以在实际的工程中应用。

3.1.4 样条插值拟合模型

设 $\{\alpha_1, \alpha_2, \cdots, \alpha_n\}$ 表示任意 n 个方位角，各方位角处对应的最大允许边坡角为 $\{\beta_1, \beta_2, \cdots, \beta_n\}$，为了应用三次样条插值，增加一个已知的方位角及对应的最大允许边坡角信息 α_{n+1} 与 β_{n+1}，且令 $\alpha_{n+1} = \alpha_1$，$\beta_{n+1} = \beta_1$，构建三阶样条函数如下：

$$s(\alpha_j) = \begin{cases} s_1(\alpha_j), & \alpha_j \in [\alpha_1, \alpha_2] \\ s_2(\alpha_j), & \alpha_j \in [\alpha_2, \alpha_3] \\ \quad\cdots \\ s_n(\alpha_j), & \alpha_j \in [\alpha_n, \alpha_{n+1}] \end{cases} \tag{3-2}$$

根据三次样条插值的性质，需要满足如下条件：

（1）插值特性，即 $s(\alpha_i) = \beta_i$；

（2）样条连续特性，即 $s_{i-1}(\alpha_i) = s_i(\alpha_i)$；

（3）两次连续可导特性，即 $s'_{i-1}(\alpha_i) = s'_i(\alpha_i)$，$s''_{i-1}(\alpha_i) = s''_i(\alpha_i)$。

三次多项式确定曲线形状时需要满足四个条件，故组成 $s(\alpha_j)$ 的 n 个三次多项式需要 $4n$ 个条件才能确定最终拟合的插值模型形状。由上述分析可知仅给出了 $(4n-2)$ 个条件，即还有另外两个自由条件，根据不同的因素可以使用不同的条件，从而构成具有特殊含义的三次样条插值曲线，如钳位三次样条、自然三次样条和周期性三次样条等。

根据露天开采几何约束模型构建的实际工程意义，需要在方位角 α_{n+1} 处，即 α_1 处，既均匀地过渡至方位角 α_n 处，又均匀地过渡至方位角 α_2 处，故使用周期性三次样条进行插值拟合，相应地添加如下条件：

（1）$s(\alpha_1) = s(\alpha_{n+1})$；

（2）$s'(\alpha_1) = s'(\alpha_{n+1})$；

（3）$s''(\alpha_1) = s''(\alpha_{n+1})$。

求解上述周期性三次样条插值分段函数，从而拟合出边坡角几何约束模型，如图 3-5 所示，该方法在数学意义上逻辑缜密，然而从工程意义的角度分析，具有一定的局限性，尤其当已知点数目较少时，往往产生较大的偏差。

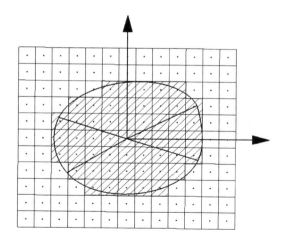

图 3-5 样条插值拟合几何约束模型

3.1.5　角度反比插值拟合模型

角度反比插值拟合模型是一种考虑工程实际的任意方位最大允许边坡角插值拟合，该方法主要借鉴地质统计学原理中的距离幂次反比估值方法，假定任意方位角处的最大允许边坡角主要与其所在的方位区间的两个已知的最大允许边坡角相关，且其相关性以该方位角与两个已知方位角之间的夹角的反比作为权重，通过插值得到任意方位角处的最大允许边坡角，并拟合形成一个渐变的边坡角几何约束模型，如图 3-6 所示。

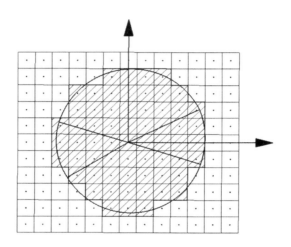

图 3-6　角度反比插值拟合模型

设 $\{\alpha_1, \alpha_2, \cdots, \alpha_n\}$ 表示任意 n 个方位角，各方位角处对应的最大允许边坡角为 $\{\beta_1, \beta_2, \cdots, \beta_n\}$，则方位区间 (α_i, α_{i+1}) 中任意方位角 α_j 处角度反比插值得到的最大允许边坡角 β_j 为：

$$\beta_j = \operatorname{arccot}\left[\frac{(\alpha_j - \alpha_i)\cot\beta_{i+1} + (\alpha_{i+1} - \alpha_j)\cot\beta_i}{\alpha_{i+1} - \alpha_i}\right] \tag{3-3}$$

角度反比插值拟合模型实现了变动边坡角的露天开采几何约束模型构建，同时解决了圆弧拟合与样条插值拟合在工程中的不实用性问题，为露天矿境界优化的精确几何约束关系提供了保障，在此基础上，将详细介绍基于角度反比插值拟合模型的开采锥快速构建方法、向上最佳搜索层数确定方法以及开采锥之间的冗余约束去除方法。

3.1.6　开采锥快速构建

以价值块的中心点来表示整个价值块,从中心点引出的边坡轮廓线形成的倒锥称为开采锥,其中 ijk 坐标系为相对坐标系,其反映的是价值块的相对位置,是价值块在价值模型中的索引号,如图 3-7 所示;xyz 坐标系为笛卡尔坐标系,反映的是价值块的真实坐标。

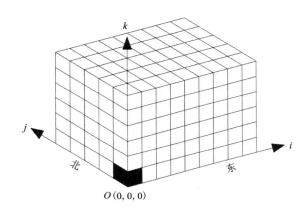

图 3-7　价值块空间坐标系

以 k 水平的基础价值块(i_7, j_1, k_1)为例,设价值块的单元尺寸为$(d_x^{unit}, d_y^{unit}, d_z^{unit})$,判断任意价值块$(i, j, k)$是否在基础价值块露天开采几何约束构成的开采锥内的方法如下:

步骤 1:基础价值块上覆至任意价值块(i, j, k)处共有 t 个高程区间,对应 z 方向上的索引分别为$(k_1, k_2), (k_2, k_3), \cdots, (k_{t-1}, k_t)$,根据角度反比插值拟合模型求得价值块$(i, j, k)$所在方位角处,其上覆 t 个高程区间内的最大允许边坡角为$(\beta_1, \beta_2, \cdots, \beta_t)$。

步骤 2:计算出第 k_t 层任意价值块(i, j, k)在水平方向上与基础价值块(i_7, j_1, k_1)的临界距离为 d_{max}:

$$d_{max} = \sum_{i=1, 2, \cdots, t-1} (k_{i+1} - k_i) d_z^{unit} \cot \beta_i \tag{3-4}$$

步骤 3:计算出第 k_t 层任意价值块(i, j, k)在水平方向上距离基础价值块(i_7, j_1, k_1)的实际距离为 d_{actual}:

$$d_{actual} = \sqrt{(i-i_7)^2 (d_x^{unit})^2 + (j-j_1)^2 (d_y^{unit})^2} \tag{3-5}$$

步骤4：判断实际 d_{actual} 与临界 d_{max} 的大小，若 $d_{actual} \leq d_{max}$，则价值块 (i, j, k) 在基础价值块 (i_7, j_1, k_1) 的开采锥内，否则，价值块 (i, j, k) 在基础价值块 (i_7, j_1, k_1) 的开采锥外。

按照上述搜索方法得到基础价值块 (i_7, j_1, k_1) 的开采锥如图3-8(a)所示，相应的基础价值块 (i_7, j_1, k_2)、(i_7, j_1, k_3)、(i_7, j_1, k_4)、(i_7, j_1, k_5) 和 (i_7, j_1, k_6) 所对应的开采锥分别如图3-8(b)~图3-8(f)所示，不难发现，系列开采锥中的约束存在大量冗余现象，将通过开采锥冗余约束去除方法解决该问题。

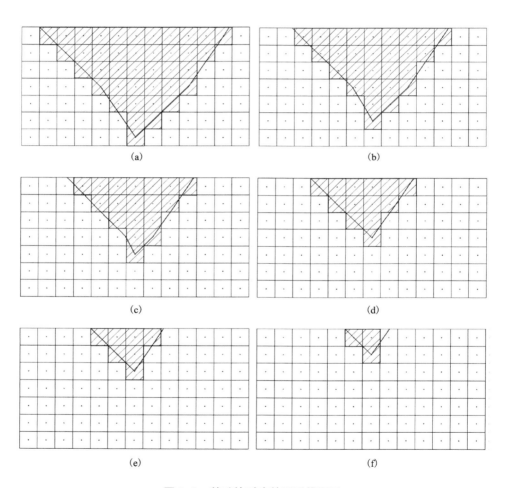

图3-8 基础块对应的开采锥图示

3.1.7　向上最佳搜索层数

开采价值块 b 时,为满足边坡角要求,必须优先开采完一系列价值块组成的集合 B,集合 B 即以价值块 b 作为基础价值块,根据露天开采几何约束模型所确定的开采锥。为确保开采锥能最大限度地逼近露天开采几何约束模型,需要判断基础价值块上覆所有层中的价值块是否在开采锥内,但在实际的矿山价值模型中,层数较多,从而导致效率较低。相比于 1:5:9 模型,其向上搜索层数最多为两层,然而,较少的向上搜索层数无法满足角度反比插值拟合模型的精度要求,因此需要探究是否存在合适的向上最佳搜索层数,既满足露天开采几何约束模型精度要求,又能较大幅度地提高构建开采锥的效率。

以某向上搜索层数与露天开采几何约束的逼近程度(图 3-9)为例进行说明,设价值块的单元尺寸为 $(d_x^{\text{unit}}, d_y^{\text{unit}}, d_z^{\text{unit}})$,图中黑色实线为最大允许边坡角 28.5°,当向上搜索层数为 1 层时,如图 3-9 中玫红色实线所示,根据约束关系向上迭代拟合如图中玫红色虚线所示,最终得到向上搜索层数为 1 层时的最大允许边坡角拟合结果为 45°;同样的思路,向上搜索层数为 2 层时的最大允许边坡角拟合如图中绿色虚线所示,拟合结果为 33.7°,向上搜索层数为 3 层时的最大允许边坡角拟合如图中蓝色虚线所示,拟合结果为 30.1°,向上搜索层数为 4 层时的最大允许边坡角拟合如图中红色虚线所示,拟合结果为 29.7°。

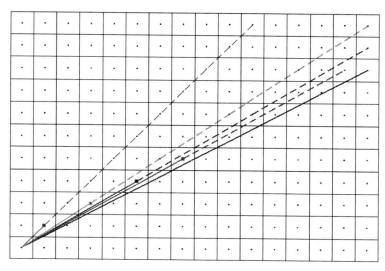

扫一扫看彩图

图 3-9　某向上搜索层数与露天开采几何约束的逼近程度示意图

矿山设计时给出的各高程各方位最大允许边坡角均为理论值，工程应用实际中一般均有一定的允许浮动范围，向上最佳搜索层数的主要目标旨在寻求逼近偏差在浮动范围内的最小向上搜索层数，为定性地表达向上最佳搜索层数 L_{opt}，分析可得向上最佳搜索层数与价值块 z 方向的尺寸 d_z^{unit} 成反比关系，与价值块 x 方向和 y 方向的尺寸最大值 $\max(d_x^{unit}, d_y^{unit})$ 成正比关系，相关性系数使用 k 表示，其表达式如下：

$$L_{opt} = ceil\left[\frac{\max(d_x^{unit}, d_y^{unit})}{d_z^{unit}}k\right] \tag{3-6}$$

式中：ceil 函数表示计算出来的浮点数向正无穷方向取整，为确定相关性系数 k 的取值，在合理取值范围内随机模拟出价值块三个方向的取值和最大允许边坡角，并统计分析 k 取不同值时，拟合出的开采锥边坡角与理论值的最大偏差，如图 3-10 所示。

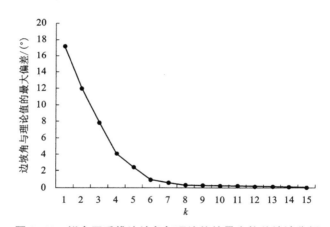

图 3-10 拟合开采锥边坡角与理论值的最大偏差统计分析

由统计分析曲线可得，随着 k 值的增大，边坡角偏差近似成指数关系下降，k 取值从 1 增加至 7 时，边坡角偏差由 17.25° 降至 0.61°，k 取值从 8 增加至 15 时，边坡角偏差由 0.32° 降至 0.03°，矿山实际应用中最大允许边坡角浮动范围为 ±0.5°，故系数 k 取值为 8，相应地向上最佳搜索层数表达式如下：

$$L_{opt} = ceil\left[\frac{\max(d_x^{unit}, d_y^{unit})}{d_z^{unit}}\times 8\right] \tag{3-7}$$

3.1.8　开采锥冗余约束去除

图 3-8 中，开采价值块 (i_7, j_1, k_1)，为满足边坡角要求，该基础价值块构建的开采锥 $B_{7,1,1}$ 为：

$$B_{7,1,1} = \begin{cases} (i_7, j_1, k_2), (i_8, j_1, k_2), \\ (i_6, j_1, k_3), \cdots, (i_9, j_1, k_3), \\ (i_5, j_1, k_4), \cdots, (i_{10}, j_1, k_4), \\ \cdots, \\ (i_2, j_1, k_7), \cdots, (i_{13}, j_1, k_7) \end{cases} \tag{3-8}$$

根据基础价值块与开采锥之间开采优先级之间的关系，若开采 (i_7, j_1, k_1)，需要优先开采 (i_7, j_1, k_2) 等价值块，而以 (i_7, j_1, k_2) 作为基础价值块时，相应地又可以构建开采锥 $B_{7,1,2}$ 为：

$$B_{7,1,2} = \begin{cases} (i_7, j_1, k_3), (i_8, j_1, k_3), \\ (i_6, j_1, k_4), \cdots, (i_9, j_1, k_4), \\ (i_5, j_1, k_5), \cdots, (i_{10}, j_1, k_5), \\ \cdots, \\ (i_3, j_1, k_7), \cdots, (i_{12}, j_1, k_7) \end{cases} \tag{3-9}$$

显然，开采锥之间的约束关系存在大量冗余，价值块 (i_7, j_1, k_1) 中的价值块集合 $B_{7,1,2}$ 可由价值块 (i_7, j_1, k_2) 进行约束，价值块 (i_7, j_1, k_1) 中的价值块集合 $B_{8,1,2}$ 可由价值块 (i_8, j_1, k_2) 进行约束，依此类推，价值块 (i_7, j_1, k_2) 对应的开采锥约束可简化为 $B'_{7,1,1}$：

$$B'_{7,1,1} = B_{7,1,1} - \begin{cases} B_{7,1,2} \cup B_{8,1,2}, \\ B_{6,1,3} \cup B_{7,1,3} \cup \cdots \cup B_{9,1,3}, \\ B_{5,1,4} \cup B_{6,1,4} \cup \cdots \cup B_{10,1,4}, \\ \cdots, \\ B_{2,1,7} \cup B_{3,1,7} \cup \cdots \cup B_{13,1,7} \end{cases} \tag{3-10}$$

图 3-8 所示的开采锥模型简化后如图 3-11 所示，去除冗余后的几何约束关系变得相对简单，开采锥冗余约束去除对境界优化算法效率的提升至为关键。

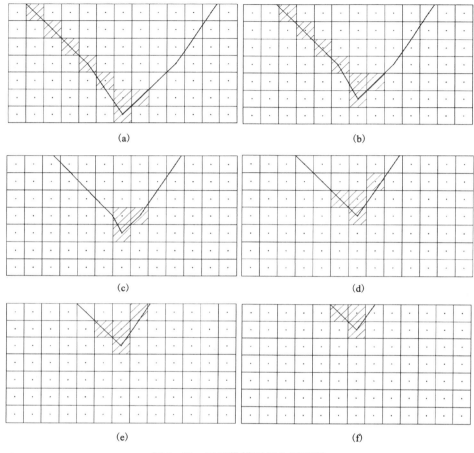

图 3-11 开采锥模型简化示意图

3.2 露天矿境界优化算法

3.2.1 最大几何境界确定

　　以价值模型为基础的露天矿境界优化算法，对算法效率影响最主要的因素是价值模型中价值块的数目。显然，价值块数目越多，需要计算的时间越长，存储空间越大。在大多数情况下，价值模型所覆盖的范围要比可能的最大境界范围大，以包容最优境界和满足不同用途的需求。最大几何境界是指假定价值模型中的正价值块的价值均为正无穷大，从而将所有正价值块均采出所形成的几何境界。

另外，在地表常常存在某些开采界线，如未获得开采权的地界、不允许改道的河流和道路、需要保护的重要建筑物和场地等，如果在矿区存在这些开采界线，就限制了境界的可能位置和大小，寻求最优境界只能在这些开采界线范围内进行。把地表的开采界线垂直向下延伸到价值模型的最底层，就形成了一个三维几何体，称为允许设计空间。

如图 3-12 所示，GHLK 所构成的区域为价值模型范围，J 为地表开采范围上的一点，从而构成允许设计空间 GHIJ，为了采出所有的正价值模型，根据露天开采几何约束模型构建各正价值块的开采锥，最终求得最大几何境界如区域 ABCDEF 所示。显然，最大几何境界所包含的价值块数目只是整个价值模型中价值块总数的一小部分。

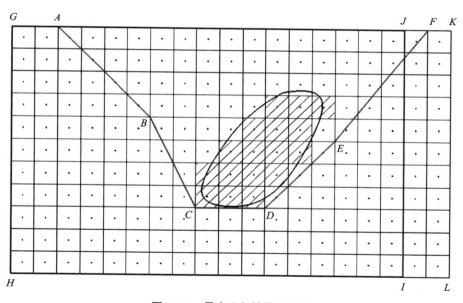

图 3-12　最大几何境界示意图

最大几何境界算法步骤如下：

(1)遍历价值模型中正价值块，得到正价值块在高程方向上的分布，从下往上依次遍历各层中的正价值块。

(2)任意取出当前层中某正价值块，根据露天开采几何约束模型，得到该正价值块的开采锥中所包含的所有上覆价值块，并标记在最大几何境界范围内。

（3）判断当前层中是否有未被标记的正价值块，若有，继续执行步骤（2）；若无，则将当前层上移一层，执行步骤（2）。

（4）判断所有的正价值块是否均被标记在最大几何境界范围内，若否，继续执行步骤（2）；若是，则算法终止。

使用境界优化算法时，对于最大几何境界以外的块可以当作空气块予以去除，故最大几何境界可有效提高后续境界优化算法的运算速度，以及减少运算过程中的存储空间消耗。同时，为了保证最大几何境界在允许设计空间内，将允许设计空间范围外的价值块经济净价值设置为负无穷大。

3.2.2 境界优化算法概述

确定最终开采境界是为了圈定一个使整个矿床经济效益最大化的露天采场界线，下面介绍几种常用的方法。

1）浮动圆锥法

利用浮动圆锥法求解最优境界时，以正价值块为顶点，根据露天开采几何约束模型构造一个开采锥，判断开采锥中的价值块全部采出是否营利，若营利，则该开采锥所包含的价值块在最终境界范围内，予以开采；若不营利，则该开采锥所包含的价值块不在最终境界范围内，不予开采。然后将开采锥顶点移动到另一个正价值块，依此判断，遍历价值模型中的所有正价值块，重复上述搜索和判定过程，最终所有鉴定为予以开采的锥集合构成了最优境界。

一般情况下，开采锥内的正价值块盈利之和大于负价值块的成本之和即符合开采条件，直至完成遍历过程形成最优开采境界，但某些特殊情况下上述方法得到的并不一定是最优境界，如若单独以 A 价值块构造开采锥，分析结果为不可采，单独以 B 价值块构造开采锥，分析结果同样为不可采，但此时若将 A 价值块和 B 价值块看作一个整体，分析结果可采；另外，若先以 A 价值块构造开采锥时，分析结果为不可采，但若改变采顺序，先以 B 价值块构造开采锥，再将开采锥顶点移动至 A 价值块，此时 A 价值块可能又变为可采，因此浮动圆锥法在实际应用中存在很大的随机性和局限性。

2）LG 图论法

利用 Lerchs-Grossmann（LG）图论法求解最优境界时，将价值模型中的价值块抽象为图中的节点，节点之间的露天开采几何约束通过弧相连。如图 3-13（a）所示价值模型，由 6 个价值块组成，该价值模型构成的 LG 图如图 3-13（b）所示，图 3-13（c）和 3-13（d）均是图 3-13（b）的子图，其中图 3-13（c）满足露天开采几何约束，即可构成可行开采境界，同理可得图 3-13（d）不能构成可行开采境界。

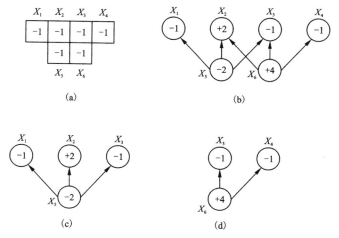

图 3-13　方块模型图和子图

LG 图论法求解露天最优境界的思路为寻找图的最大可行开采境界，寻找的过程是通过对原始图的迭代进行正则化和构建新的图，最大可行开采境界即最终得到的最优境界。目前，LG 图论法由于具有严格的数学逻辑，且开发实现复杂度相对较低，是各露天规划商业软件中的典型算法。

3）线性规划法

利用线性规划法求解最优境界时，价值模型构建方式有所不同，其思路为在垂直方向上不再细分，仅在水平方向上进行划分，从而构建价值条柱，价值条柱开采的深度与其相邻价值条柱开采深度之间应满足露天开采几何约束，最优境界的确定即求解各价值条柱开采的深度。

线性规划法中价值条柱的数目远小于其他方法中价值块的数目，故线性规划法理论上效率更优，然而，为构架基于线性规划的境界优化数学模型，需构建各价值条柱的经济净价值与开采深度的分段线性函数，由于金属矿山品位空间分布的差异性，分段线性函数构造困难且拟合精确性较差。

4）网络最大流法

利用网络最大流法求解最优境界时，将价值模型中的正价值块抽象为正节点集合，负价值块抽象为负节点集合，同时分别定义网络的一个虚发点和一个虚收点，使用弧将虚发点与负节点集合连接，并指向各负节点，正节点集合与虚收点连接，并指向收点；此类弧的容量等于正、负节点经济净价值的绝对值。另外使用弧将各正节点与所有限制该节点的负节点连接，并指向该正节点，此类弧的容量为正无穷大。采用网络最大流方法求解上述构建的露天矿境界优化网络，网络分割后得到所有与收点连接的节点对应的价值块构成了最优开采境界。

3.2.3 改进的网络最大流法

3.2.3.1 网络的基本概念

1) 网络与流

设有向图 $G=(V, A, C)$，其中 V 表示节点的集合，v_s 为 V 中的发点，v_t 为 V 中的收点，其余为中间节点，A 表示弧的集合。对于每一个弧 $(v_i, v_j) \in A$，对应有一个弧的容量 $c_{ij} \geq 0$，并称 $G=(V, A, C)$ 为网络，网络上的流量是指定义在弧 (v_i, v_j) 上的函数 $f_{ij} \geq 0$。

2) 可行流与最大流

网络中的流量在实际应用中具有两个基本条件，首先，各弧上的流量必定不大于该弧上的容量；其次，中间节点的流量必定为零值，因此发点的净流出流量必定等于收点的净流入流量，该流量即网络的总流量。

满足以下约束条件的流 f 称为网络的可行流。

(1) 容量限制约束。

对于任意的弧 $(v_i, v_j) \in A$，满足：

$$0 \leq f_{ij} \leq c_{ij} \tag{3-11}$$

(2) 流量平衡约束。

对于任意中间节点 $i(i \neq s, t)$，满足流出流量等于流入流量：

$$\sum_{(v_s, v_i) \in A} f_{ij} - \sum_{(v_s, v_i) \in A} f_{ji} = 0 \tag{3-12}$$

对于发点 v_s，满足其净流出流量等于网络的总流量：

$$\sum_{(v_s, v_j) \in A} f_{sj} - \sum_{(v_j, v_s) \in A} f_{js} = v(f) \tag{3-13}$$

对于收点 v_t，满足其净流入流量等于网络的总流量：

$$\sum_{(v_t, v_j) \in A} f_{ij} - \sum_{(v_j, v_t) \in A} f_{jt} = -v(f) \tag{3-14}$$

式中：$v(f)$ 表示网络的总流量，即可行流的流量。当网络中所有弧上的流量均为 0 时，网络的流称为零流，显而易见，零流同样是可行流，故网络中的可行流是必然存在的。

最大流问题就是求解网络的一个可行流 $\{f_{ij}\}$，使网络的总流量 $v(f)$ 最大化。网络最大流问题是一种特殊的线性规划问题，利用图论的方法是求解网络最大流问题的基本思路。

3) 增广链

假定 $\{f_{ij}\}$ 是网络 $G=(V, A, C)$ 的一个可行流，将网络 $G=(V, A, C)$ 中满足条

件 $f_{ij}=c_{ij}$ 的弧称为饱和弧,满足条件 $f_{ij}<c_{ij}$ 的弧称为非饱和弧,满足条件 $f_{ij}=0$ 的弧称为零弧,满足条件 $f_{ij}>0$ 的弧称为非零弧。

若 μ 是网络 $G=(V,A,C)$ 由发点 v_s 出发,经过网络中的若干中间节点,回到收点 v_t 处的一条链路,其中链路的方向为 $v_s \rightarrow v_t$,则网络 $G=(V,A,C)$ 中与该方向相同的弧称为前向弧,记为 μ^+,与该方向相反的弧称为后向弧,记为 μ^-。

设 $\{f_{ij}\}$ 是网络 $G=(V,A,C)$ 的一个可行流,μ 是网络 $G=(V,A,C)$ 由发点 v_s 出发,经过网络中的若干中间节点,回到收点 v_t 处的一条链路,若 μ 满足如下约束关系,则称 μ 为网络 $G=(V,A,C)$ 关于可行流 $\{f_{ij}\}$ 的增广链。

(1)对于任意的弧 $(v_i,v_j) \in \mu^+$,满足:

$$0 \leqslant f_{ij} < c_{ij} \tag{3-15}$$

(2)对于任意的弧 $(v_i,v_j) \in \mu^-$,满足:

$$0 < f_{ij} \leqslant c_{ij} \tag{3-16}$$

4)截集与截量

给定网络 $G=(V,A,C)$,将节点集合 V 分割为两个非空节点结合 V_1 和 $\overline{V}_1$,其中 $v_s \in V_1$,$v_t \in \overline{V}_1$,则将弧集 $(V_1,\overline{V}_1)$ 称为分割网络 $G=(V,A,C)$ 中发点 v_s 和收点 v_t 的截集。截集 $(V_1,\overline{V}_1)$ 中所有弧的容量之和称为截集的截量,截量使用 $c(V_1,\overline{V}_1)$ 表示。

发点 v_s 至收点 v_t 的路径必定经过截集 $(V_1,\overline{V}_1)$,任一可行流的流量不会超过截集的容量。故若某可行流的流量等于截集的容量,则该可行流必为最大流。进一步分析可以得到寻找最大流的一般思路:对于给定的初始可行流,判断是否存在增广链,若存在,调整流量得到新的可行流,并继续判断;若不存在,则该可行流即为最大流。

通过网络最大流法求解境界优化问题的基本思路为:将价值模型中的各价值块虚拟为网络中的节点,增加两个虚拟的节点作为发点和收点,通过露天开采几何约束模型构建各节点之间弧的关系形成网络,通过求解网络最大流的方法得到最大流,同时得到一个最小截集,该最小截集中所包含的节点对应的价值块集合即为最终求得的最优境界。

3.2.3.2　境界优化网络构建

将价值模型中的价值块抽象为网络 $G=(V,A,C)$ 中的节点集合 $V=\{v_i\}$,对应的经济净价值集合为 $\{e_i\}$,同时在节点集合 V 中增加两个虚拟节点作为发点 v_s 和收点 v_t。

依据价值块经济净价值的大小将价值模型分成两部分,经济净价值小于零,

即亏损的价值块记作集合 $A=\{v_i\,|\,e_i<0\}$，经济净价值大于等于零，即可以获得利润的价值块记作集合 $B=\{v_i\,|\,e_i\geq 0\}$，构建的网络图中包含三类弧，如图 3-14 所示。

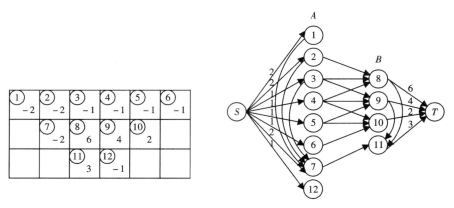

图 3-14　境界优化最大流网络图

（1）若 $v_i\in A$，对应第一类弧 (v_i,v_i)，该类弧的容量为 $|e_i|$；

（2）若 $v_i\in B$，对应第二类弧 (v_s,v_i)，该类弧的容量为 e_i；

（3）若 v_i 是 v_j 的前驱价值块，对应第三类弧 (v_i,v_j)，该类弧的容量为正无穷大。

所有负价值块与发点相连，并且指向负价值块，负价值块对应的经济净价值的绝对值为该弧的容量；所有正价值块与收点相连，并且指向收点，正价值块对应的经济净价值为该弧的容量；根据露天开采几何约束模型构建价值块之间的连接关系，任意块与所有前驱开采价值块相连，并且指向该开采价值块，相应的弧的容量为无穷大。

3.2.3.3　境界优化网络最大流求解算法概述

求解网络最大流的算法主要分为两大类：增广链（augmenting path，AP）算法和推进重标号（push relabel，PR）算法。在求解大型复杂网络的最大流问题时，由于推进重标号算法复杂度较高、效率较低，且内存消耗较大，故往往无法适用，本节主要在分析增广链算法的基础上，研究一种适用于露天矿境界优化的网络最大流求解算法。

所有增广链算法的基础均是基于 Ford-Fulkerson 方法，各算法的区别就在于寻找增广路径的方法不同，首先，可以寻找从发点到收点的最短路径，此类算法主要包括最短增广链（shortest augmenting path，SAP）算法、Edmonds-Karp 算法和

Dinic 算法等，另外也可以寻找从发点到收点的流量最大的路径，此类算法主要包括最大容量路径(maximum capacity path，MCP)算法和容量缩放(capacity scaling，CS)算法等。

1)Ford-Fulkerson 方法

给定有向网络 $G(V,E)$，以及发点 v_s 和收点 v_t，Ford-Fulkerson 方法步骤如下：

(1)将各弧的流量 f_{ij} 初始化为 0；

(2)在网络中寻找出一条增广链 p；

(3)沿增广链 p 增广流量 f_{ij}；

(4)判断网络中是否依然存在增广链，若存在，继续执行(2)；若不存在，算法终止。

设有向网络 $G(V,E)$ 中弧 e_{ij} 的容量为 c_{ij}，假定当前流量为 f_{ij}^*，则弧 e_{ij} 的剩余容量为 $r_{ij}=c_{ij}-f_{ij}^*$，网络中所有剩余容量 $r_{ij}>0$ 的弧构成残量网络 G_f，增广链即残量网络 G_f 中从发点 v_s 至收点 v_t 的路径。

2)SAP 算法

SAP 算法是增广链算法中每次寻找最短增广链的一类算法，SAP 算法步骤如下：

(1)将各弧的流量 f_{ij} 初始化为 0；

(2)判断残量网络 G_f 中是否存在增广链 p，若存在，执行下一步；若不存在，算法终止；

(3)在残量网络 G_f 中寻找一条路径最短的增广链 p；

(4)计算出增广链 p 中剩余容量最小的弧，对应的剩余容量为 r_{ij}；

(5)沿增广链 p 增广值为 r_{ij} 的流量

(6)更新残量网络 G_f，继续执行(2)。

3)Edmonds-Karp 算法

Edmonds-Karp 算法是指在 SAP 算法在残量网络 G_f 中使用广度优先搜索(breadth first search，BFS)策略寻找最短路径的算法，算法每次用 BFS 寻找从发点 v_s 和收点 v_t 的最短路径作为增广路径，然后增广流量 r_{ij} 并修改残量网络 G_f，直到不存在新的增广路径。

由于 BFS 要搜索全部小于最短距离的分支路径之后才能找到收点，因此频繁地使用 BFS 效率较低，Edmonds-Karp 算法的时间复杂度为 $O(VE^2)$。

4)Dinic 算法

BFS 寻找收点太慢，而深度优先搜索(depth first search，DFS)又不能保证找到最短路径。Dinic 算法结合了 BFS 与 DFS 的优势，采用构造分层网络的方法可以较快找到最短增广路径。

首先定义分层网络 $AN(f)$，在分层网络中，只保留满足条件 $d(i)+1=d(j)$ 的边，在残量网络 G_f 中从发点 v_s 开始进行 BFS，于是各节点在 BFS 树中会得到一个距离发点 v_s 的距离函数 $d()$，直接从发点 v_s 出发可直接到达的节点距离为 1，从发点 v_s 出发经过某一个节点可到达的节点距离为 2，依此类推，称所有具有相同距离的节点位于同一分层，在分层网络中的任意路径就成为到达此顶点的最短路径。

Dinic 算法每次使用一遍 BFS 构建分层网络 $AN(f)$，然后在 $AN(f)$ 中使用一遍 DFS 找到所有到收点 v_t 的增广路径；之后重新构造 $AN(f)$，若收点 v_t 不在 $AN(f)$ 中，则算法结束。

5）MCP 算法

MCP 算法每次寻找增广路径时并不是采用 BFS 寻找最短路径，而是采用 Dijkstra 寻找容量最大的路径，显而易见，该算法与 SAP 类算法相比，可更快逼近最大流，从而降低增广操作的次数。

BFS 的时间复杂度为 $O(E)$，而 Dijkstra 的时间复杂度为 $O(V^2)$，因此 MCP 算法与 SAP 类算法相比，效率相对低下。

6）CS 算法

CS 算法采用二分查找的思想，寻找增广路径时不必局限于寻找最大容量，而是找到一个可接受的较大值即可，一方面有效降低寻找增广路径时的复杂度，另一方面增广操作次数也不会增加太多。CS 算法时间复杂度为 $O(E^2 \lg V)$，CS 算法效率稍优于 MCP 算法，但与 SAP 类算法相比，效率依然相对低下。

3.2.3.4 改进的最短增广链算法

SAP 类算法在寻找增广路径时需先进行 BFS，其时间复杂度最坏情况下为 $O(E)$，从而 SAP 类算法的时间复杂度最坏情况下达到 $O(VE^2)$。为了避免这种情况，提出了改进的 SAP 算法（improved shortest augmenting path，ISAP），充分利用了距离标号的作用，在遍历的同时顺便构建了新的分层网络，若节点无出弧，当即对该节点距离进行重新标号，而非像 Dinic 算法那样到最后才进行 BFS，由于每轮寻找之间不必再进行整个残量网络的 BFS 操作，极大提高了运行效率。

与 Dinic 算法不同，ISAP 中的距离标号是每个顶点到达收点的距离。同样也不需显式构造分层网络，只要保存每个顶点的距离标号即可。算法开始时采用一遍反向 BFS 初始化所有顶点距离收点的距离标号，之后从发点开始，进行如下三种操作：

（1）当前节点 v_i 为收点时，沿着增广链继续增广；

（2）当前节点 v_i 满足 $d(i)+1=d(j)$ 的出弧，即 (v_i, v_j) 为允许弧时，前进一步；

（3）当前节点 v_i 无满足条件的出弧时，重新标号并回退一步。

当发点 v_s 的距离标号 $d(v_s)$ 大于分层数时整个循环终止。对节点 v_i 的重新标号操作可概括为 $d(j) = \min\{d(i)\} + 1$，其中 (v_i, v_j) 属于残量网络 G_f。具体算法步骤如下：

（1）将各弧的流量 f_{ij} 初始化为 0；

（2）从收点开始进行一遍反向 BFS，求得所有节点的起始距离标号 $d(v_i)$；

（3）判断发点 v_s 的距离标号 $d(v_s)$ 是否小于分层数，若是，则执行下一步；若否，则算法终止；

（4）判断当前节点 v_i 是否为收点，若是，则计算出增广链 p 中剩余容量最小的弧，对应的剩余容量为 r_{ij}，并沿增广链 p 增广 r_{ij}，同时更新残量网络 G_f；若否，则继续；

（5）判断残量网络 G_f 中是否包含一条从当前节点 v_i 出发的允许弧，若存在，前进一步，当前节点更改为 v_j；若否，重新标号并回退一步；

（6）返回执行（3）。

为进一步说明改进的最短增广链算法求解最优境界的过程，以图 3-14 所示境界优化最大流网络图为例，基于 ISAP 的境界优化最大流网络求解过程如图 3-15 所示，并得到境界优化结果如图 3-16 所示。

概括地说，ISAP 算法就是不停地寻找最短增广路径，找到之后当即增广，如果遇到死路就回退，直到发现发点和收点不连通，算法结束。原图存在两种子图，一个是残量网络图，另一个是允许弧组成的图。残量网络保证可增广，允许弧保证最短路径。在寻找增广链的过程中，一直是在残量网络中沿着允许弧寻找，因此，允许弧应该是属于残量网络的，而非原图的。换句话说，沿着允许弧寻找的是残量网络中的最短路径。当沿着残量网络找到一条增广链，并沿着该增广链增广后，残量网络必定会变化，因此允许弧的集合要进行相应的更新。ISAP 算法改进的地方之一就是，没有必要马上更新允许弧的集合。这是因为，去掉一条边只可能令路径变得更长，而如果增广之前的残量网络存在另一条最短路径，并且在增广后的残量网络中仍存在，那么这条路径毫无疑问是最短的。所以，ISAP 算法的做法是继续增广，直到遇到死路，才执行回退操作。

另外，ISAP 算法在进行露天矿境界优化网络实际应用中，还可以从以下方面进行优化。

1）邻接表优化

对于大型复杂的露天矿境界优化网络，节点较多可能导致内存消耗严重，数据结构设计时可考虑以链表的形式存储各弧的发点和收点，统计记录其对应的容量，而不存储各弧本身的信息，当需要检索某弧时，通过查找该弧发点位置，在链表中迅速得到该弧的信息，从而加快效率并大量节省计算机内存空间。

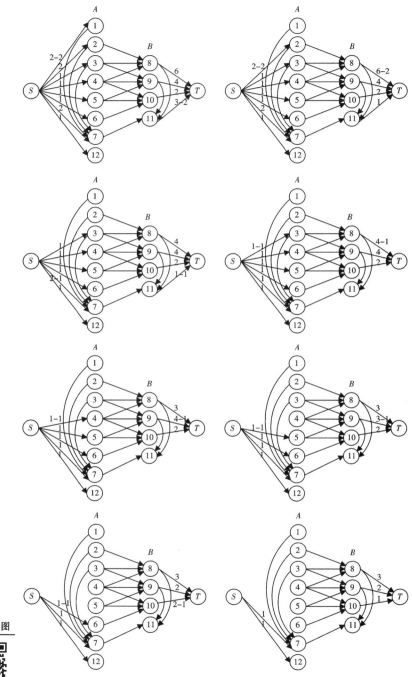

图 3-15　改进的最短增广链算法求解最优境界过程图示

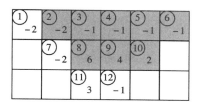

图 3-16　改进的最短增广链算法求解最优境界结果图示

2）GAP 优化

GAP 优化是指 ISAP 算法进入回退环节后，发点和收点之间的连通性消失，但如果 v_u 是最后一个与收点 v_t 距离为 $d(v_u)$ 的节点，说明此时发点和收点也已经不连通了。这是因为，虽然节点 v_u 和收点 v_t 已经不连通，但算法前进时寻找的是最短路径，其他节点此时到收点 v_t 的距离一定大于 $d(v_u)$，因此其他节点要增广到收点 v_t，必然要经过一个与收点 v_t 距离为 $d(v_u)$ 的节点，即如果某次重标号时出现距离断层，那么此时迭代已经可以终止并输出最大流。

3）当前弧优化

为了使每次寻找增广链的时间趋于平均时间复杂度 $O(E)$，采用对每个节点保存当前弧的方法：初始时当前弧是邻接表的第一条弧；在邻接表中查找时从当前弧开始查找，找到了一条允许弧，就把该弧设为当前弧；改变距离标号时，把当前弧重新设为邻接表的第一条弧。

3.2.4　嵌套境界生成

嵌套境界是指通过改变境界优化中金属价格、采矿成本、选矿成本、冶炼成本和回收率等经济参数，并分别通过境界优化算法求解所产生的一系列相互包含的露天矿境界，嵌套境界最重要的特性是其内侧的境界矿石综合净价值比外侧的境界矿石综合净价值高。

某露天矿山实际生产中的主要经济参数如表 3-1 所示。

表 3-1　境界优化主要经济参数

	Cu	Mo	岩石
金属价格/（元·t⁻¹）	46000	185000	—
采矿回收率/%	97	97	—

续表3-1

	Cu	Mo	岩石
采矿贫化率/%	3	3	—
入选品位/%	>0	>0	—
生产综合成本/(元·t^{-1})	79.36	79.36	9.65
选矿回收率/%	84	75	—

结合某露天矿山实际情况，境界优化中的主要不确定因素是金属价格和选矿回收率，嵌套境界生产过程中，Cu金属价格取值为5.1万元/t、4.6万元/t、4.1万元/t和3.6万元/t，Mo金属价格取值为40万元/t、30万元/t、25万元/t、21.5万元/t、18.5万元/t和15.5万元/t，Cu元素的选矿回收率取值为86%和84%，Mo元素的选矿回收率为79%、70%、65%、60%和55%。各因素对其经济价值的影响均为正相关，对上述各参数取值排列形成如表3-2所示的14套嵌套境界经济参数。

表3-2 嵌套境界经济因子

嵌套境界名称	Cu价格/(元·t^{-1})	Mo价格/(元·t^{-1})	Cu回收率/%	Mo回收率/%
Pit 1	36000	155000	84	55
Pit 2	41000	155000	84	55
Pit 3	41000	155000	84	60
Pit 4	41000	155000	84	65
Pit 5	46000	155000	84	65
Pit 6	46000	185000	84	65
Pit 7	46000	185000	84	70
Pit 8	46000	215000	84	70
Pit 9	46000	250000	84	70
Pit 10	51000	250000	84	70
Pit 11	51000	300000	84	70
Pit 12	51000	300000	84	79
Pit 13	51000	400000	84	79
Pit 14	51000	400000	86	79

　　采用本章矿山资源模型中建立的矿山价值模型，在露天开采几何约束模型的限制下，运用 ISAP 算法求解出上述嵌套境界经济因子下的各最优境界，嵌套境界复合模型和复合剖面分别如图 3-17 和图 3-18 所示，各最优境界三维模型如图 3-19 所示。

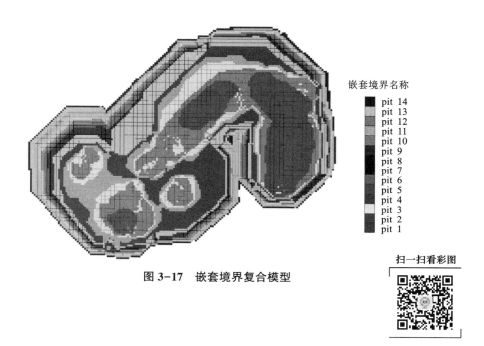

嵌套境界名称

- pit 14
- pit 13
- pit 12
- pit 11
- pit 10
- pit 9
- pit 8
- pit 7
- pit 6
- pit 5
- pit 4
- pit 3
- pit 2
- pit 1

图 3-17　嵌套境界复合模型

扫一扫看彩图

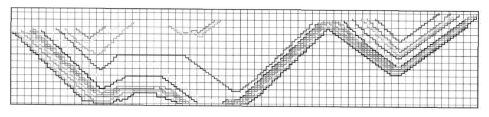

图 3-18　嵌套境界复合剖面

　　统计分析各最优境界中的矿石量、岩石量、净经济价值、Cu 元素平均品位、Mo 元素平均品位和境界剥采比等信息，结果如表 3-3 和图 3-20、图 3-21 所示。

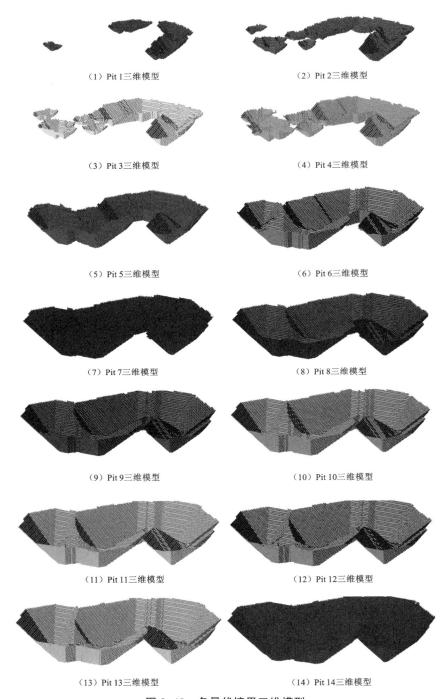

（1）Pit 1三维模型　　　　　　　　　　（2）Pit 2三维模型

（3）Pit 3三维模型　　　　　　　　　　（4）Pit 4三维模型

（5）Pit 5三维模型　　　　　　　　　　（6）Pit 6三维模型

（7）Pit 7三维模型　　　　　　　　　　（8）Pit 8三维模型

（9）Pit 9三维模型　　　　　　　　　　（10）Pit 10三维模型

（11）Pit 11三维模型　　　　　　　　　（12）Pit 12三维模型

（13）Pit 13三维模型　　　　　　　　　（14）Pit 14三维模型

图 3-19　各最优境界三维模型

表 3-3　嵌套境界对比分析

	矿石量 /(10^8 t)	岩石量 /(10^8 t)	净价值 /(10^8元)	Cu 平均 品位/%	Mo 平均 品位/%	境界 剥采比
Pit 1	1.65	0.69	18.71	0.276	0.0352	0.42
Pit 2	3.63	1.70	62.98	0.261	0.0348	0.47
Pit 3	5.07	2.65	98.04	0.249	0.0346	0.52
Pit 4	6.62	3.73	143.99	0.245	0.0342	0.56
Pit 5	11.19	8.24	210.06	0.238	0.0337	0.74
Pit 6	14.14	13.52	297.29	0.231	0.0335	0.96
Pit 7	15.45	15.69	397.96	0.222	0.0335	1.02
Pit 8	16.42	17.90	505.34	0.219	0.0332	1.09
Pit 9	16.91	19.35	616.80	0.217	0.0332	1.14
Pit 10	17.30	20.51	660.78	0.203	0.0331	1.19
Pit 11	17.84	22.41	724.18	0.186	0.0330	1.26
Pit 12	18.20	23.87	750.27	0.181	0.0330	1.31
Pit 13	18.65	26.31	786.91	0.175	0.0299	1.41
Pit 14	18.80	27.28	791.94	0.169	0.0298	1.45

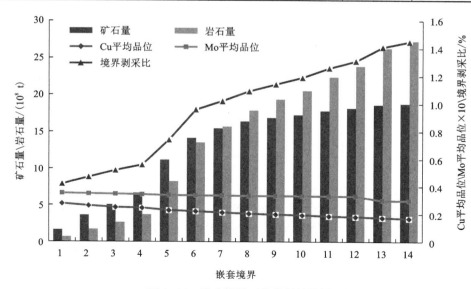

图 3-20　嵌套境界对比分析统计图

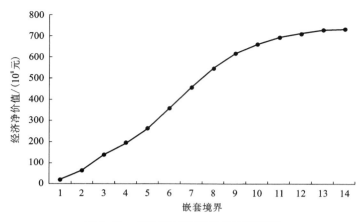

图 3-21　嵌套境界经济净价值趋势图

为进一步分析不同境界优化算法的求解精度和时间复杂度，在境界优化过程中以 Pit 9 的技术经济参数为例，通过改变价值块的尺寸，统计不同价值块数目情况下的最优境界净价值和求解耗时，如表 3-4 所示。

表 3-4　境界优化算法对比分析

价值块数目	浮动圆锥法		LG 图论法		基于改进的 SAP 算法的网络最大流法	
	净价值/(10^8元)	求解耗时/s	净价值/(10^8元)	求解耗时/s	净价值/(10^8元)	求解耗时/s
394800	507.75	202	599.84	23	599.84	17
789600	573.15	3181	616.80	77	616.80	24
1579200	—	—	621.33	284	621.33	53
3158400	—	—	624.07	1099	624.07	155
6316800	—	—	—	—	624.26	521

统计结果表明，在求解成功的条件下，由于 LG 图论法和基于改进的 SAP 算法的网络最大流法具有严格的数学逻辑意义，故求解得到的最优境界经济净价值相同，而浮动圆锥法由于存在开采非营利块集合和遗漏开采营利块集合等缺陷，其求解得到的最优境界经济净价值小于 LG 图论法和基于改进的 SAP 算法的网络最大流法；统计过程中以 1 h 作为求解时间上限，求解耗时超过 1 h 则视为无解，基于改进的 SAP 算法的网络最大流求解速度明显优于浮动圆锥法和 LG 图论法，且当价值块数目较多时算法效率优越性更加明显。

3.3　最终境界优选

信息论中，熵是对不确定性的一种度量，熵的值与信息量的大小成正比关系。因此，可通过计算待选方案中各因素的熵值以评判方案的无序程度和随机程度，熵值越大，则该因素对待选方法综合评价的影响越高。

嵌套境界中 Cu 金属价格、Mo 金属价格、Cu 元素选矿回收率、Mo 元素选矿回收率和境界经济净价值五项因素对最终境界优选构成影响，通过计算各因素的熵值，得到各因素的权重，为在嵌套境界中优选出最终境界提供依据。

3.3.1　境界优选实现过程

（1）构建原始指标数据矩阵：

$$A = \begin{pmatrix} X_{11} & \cdots & X_{1n} \\ \vdots & & \vdots \\ X_{m1} & \cdots & X_{mn} \end{pmatrix}_{m \times n} \tag{3-17}$$

式中：X_{ij} 为第 i 个嵌套境界第 j 个因素的取值。

（2）数据矩阵元素归一化处理。

步骤 1：趋利因素归一化处理方式。

$$X'_{ij} = \frac{X_{ij} - \min(X_{1j}, X_{2j}, \cdots, X_{nj})}{\max(X_{1j}, X_{2j}, \cdots, X_{nj}) - \min(X_{1j}, X_{2j}, \cdots, X_{nj})} + 1$$
$$(i = 1, 2, \cdots, n; \; j = 1, 2, \cdots, m) \tag{3-18}$$

步骤 2：趋弊因素归一化处理方式。

$$X'_{ij} = \frac{\max(X_{1j}, X_{2j}, \cdots, X_{nj}) - X_{ij}}{\max(X_{1j}, X_{2j}, \cdots, X_{nj}) - \min(X_{1j}, X_{2j}, \cdots, X_{nj})} + 1$$
$$(i = 1, 2, \cdots, n; \; j = 1, 2, \cdots, m) \tag{3-19}$$

步骤 3：计算第 j 项因素下第 i 个嵌套境界占该因素的比重。

$$P_{ij} = \frac{X_{ij}}{\sum_{i=1}^{n} X_{ij}} \quad (j = 1, 2, \cdots, m) \tag{3-20}$$

步骤 4：计算第 j 项因素的熵值。

$$e_j = -\frac{1}{\ln m} \sum_{i=1}^{n} P_{ij} \lg(P_{ij}) \tag{3-21}$$

步骤 5：计算第 j 项因素的差异系数。

$$g_j = 1 - e_j \tag{3-22}$$

步骤6：求权数。

$$W_j = \frac{g_j}{\sum\limits_{j=1}^{m} g_j} \quad (j = 1, 2, \cdots, m) \tag{3-23}$$

步骤7：计算各嵌套境界的综合得分。

$$S_i = \sum\limits_{j=1}^{m} W_j P_{ij} \quad (i = 1, 2, \cdots, n) \tag{3-24}$$

3.3.2　求解分析及最优境界选择

对14套嵌套境界方案中Cu金属价格、Mo金属价格、Cu元素选矿回收率、Mo元素选矿回收率和境界经济净价值五项评价指标进行分析，其中Cu金属价格、Mo金属价格、Cu元素选矿回收率和Mo元素选矿回收率是消极因素，矿山企业无法预知金属价格的走势，需要在不提高金属价格和选矿回收率的条件下，尽量实现经济效益最大化，而境界经济净价值是积极因素，对矿山企业是有利的，是企业生产发展追求的目标，对各项数据进行标准化处理后，运用熵值法求解，得到的嵌套境界中各境界综合得分分布情况如图3-22所示。

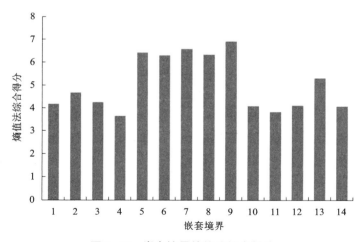

图3-22　嵌套境界熵值法综合得分

根据熵值法求解结果可知，综合得分最高的是嵌套境界中第9个境界，优选为矿山最终境界，对应的主要技术经济参数为：Cu金属价格46000元/t、Mo金属价格250000元/t、Cu元素选矿回收率84%、Mo元素选矿回收率70%、矿山采选综合成本 79.36 元/t、岩石剥离成本 9.65 元/t。该方案境界内矿岩总量 36.26 亿 t、矿石总量 16.91 亿 t、岩石总量 19.35 亿 t、Cu 元素平均品位 0.201%、Mo 元素平均品位 0.332%、境界剥采比 1.14、经济净价值 616.80 亿元。按照日生产能力80000 t 矿石计算,矿山服务年限为 57.91 年。

3.4　分期境界优选

3.4.1　数学模型构建

集合:

P: 嵌套境界的集合。

C: 分期境界的集合。

索引:

p: 嵌套境界的索引。

c: 分期境界的索引。

参数:

o_p: 第 p 个嵌套境界内的矿石量。

r_p: 第 p 个嵌套境界内的岩石量。

λ_p: 第 p 个嵌套境界的境界剥采比。

m: 嵌套境界的数目。

n: 分期境界的数目。

k_o: 分期境界内矿石量增量偏差权系数。

k_r: 分期境界内岩石量增量偏差权系数。

k_λ: 分期境界内境界剥采比增量偏差权系数。

决策变量:

$x_p = \{0, 1\}$: 二进制变量,若嵌套坑 p 属于分期境界则为 1, 否则为 0。

e_p^+、e_p^-: 分期境界矿石量增量正负偏差变量。

f_p^+、f_p^-: 分期境界岩石量增量正负偏差变量。

g_p^+、g_p^-: 分期境界剥采比增量正负偏差变量。

目标函数:

$$\min \sum_{p \in P} \left[\frac{k_o}{o_n}(e_p^+ + e_p^-) + \frac{k_r}{r_n}(f_p^+ + f_p^-) + \frac{k_\lambda}{\lambda_n}(g_p^+ + g_p^-) \right] \qquad (3-25)$$

约束条件:

（1）分期境界内矿石量增量均衡。

$$\sum_{p=2,\cdots,l} (o_p x_p - o_{p-1} x_{p-1}) - \frac{o_n}{n} \sum_{p=2,\cdots,l} x_p - e_p^+ + e_p^- = 0 \quad (\forall l = 2, \cdots, m)$$

$$(3-26)$$

（2）分期境界内岩石量增量均衡。

$$\sum_{p=2,\cdots,l} (r_p x_p - r_{p-1} x_{p-1}) - \frac{r_n}{n} \sum_{p=2,\cdots,l} x_p - f_p^+ + f_p^- = 0 \quad (\forall l = 2, \cdots, m)$$

$$(3-27)$$

（3）分期境界内境界剥采比增量均衡。

$$\sum_{p=2,\cdots,l} (\lambda_p x_p - \lambda_{p-1} x_{p-1}) - \frac{\lambda_n - \lambda_1}{n-1} \sum_{p=2,\cdots,l} x_p - g_p^+ + g_p^- = 0 \quad (\forall l = 2, \cdots, m)$$

$$(3-28)$$

（4）分期境界数目要求。

$$\sum_{p \in P} x_p = n \qquad (3-29)$$

（5）增量正负偏差变量非负性。

$$e_p^+ \geq 0, \ e_p^- \geq 0, \ f_p^+ \geq 0, \ f_p^- \geq 0, \ g_p^+ \geq 0, \ g_p^- \geq 0 \qquad (3-30)$$

分期境界优选数学模型目标函数是为了使各分期境界内的矿石量、岩石量及剥采比增量保持相对均衡，各增量正负偏差变量前的系数表示各因素归一化处理后的权重系数。约束条件（1）是为了满足分期境界内矿石量增量均衡性，分期境界之间的实际矿石量增量与目标矿石量增量存在一定的偏差，通过分期境界矿石量增量正负偏差变量表示其偏差值；约束条件（2）是为了满足分期境界内岩石量增量均衡性，分期境界之间的实际岩石量增量与目标岩石量增量存在一定的偏差，通过分期境界岩石量增量正负偏差变量表示其偏差值；约束条件（3）是为了满足分期境界内境界剥采比增量均衡性，分期境界之间的实际境界剥采比增量与目标境界剥采比增量存在一定的偏差，通过分期境界剥采比增量正负偏差变量表示其偏差值；约束条件（4）保证了最终得到的分期境界数目与目标分期境界数目相同；约束条件（5）实现了各增量正负偏差变量的非负性，目标规划中目标函数决定了正负偏差变量两者有且仅有一个大于零，或者两者均等于零。

3.4.2　求解及分析

结合某露天矿山实际数据生成的 14 个嵌套境界及优选出的最终境界（即第 9 个嵌套境界），如表 3-5 所示，从最终境界内部的 8 个嵌套境界中优选出 3 个分期境界，将矿山境界共划分为 4 个分期。

表 3-5　最终境界内部嵌套境界基本信息

序号	矿石量/(10^8 t)	岩石量/(10^8 t)	境界剥采比
Pit 1	1.65	0.69	0.42
Pit 2	3.63	1.70	0.47
Pit 3	5.07	2.65	0.52
Pit 4	6.62	3.73	0.56
Pit 5	11.19	8.24	0.74
Pit 6	14.14	13.52	0.96
Pit 7	15.45	15.69	1.02
Pit 8	16.42	17.90	1.09
Pit 9	16.91	19.35	1.14

数学模型主要参数取值如下：分期境界内矿石量增量偏差权系数 k_o 取值为 2.0，分期境界内岩石量增量偏差权系数 k_r 取值为 1.0，分期境界内境界剥采比增量偏差权系数 k_λ 取值为 0.5。求解数学模型得到分期境界依次为第 2 个嵌套境界、第 4 个嵌套境界、第 5 个嵌套境界和第 9 个嵌套境界，分期境界三维复合模型和剖面图分别如图 3-23 和图 3-24 所示，分期境界三维模型如图 3-25 所示，分期境界内矿石量、岩石量和境界剥采比增量统计分析如表 3-6 及图 3-26 所示。

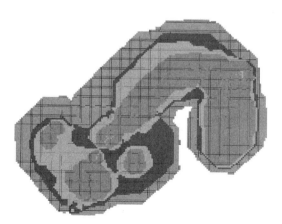

扫一扫看彩图

图 3-23　分期境界三维复合模型

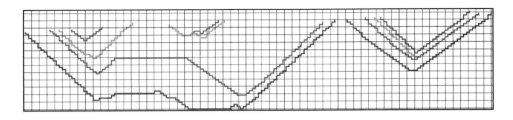

图 3-24　分期境界剖面图

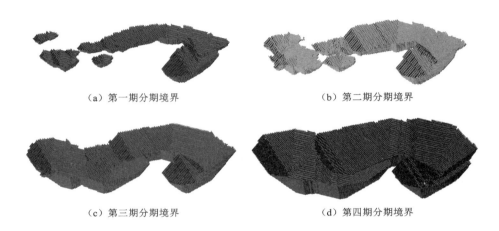

（a）第一期分期境界　　　　　　　　　　（b）第二期分期境界

（c）第三期分期境界　　　　　　　　　　（d）第四期分期境界

图 3-25　分期境界三维模型

表 3-6　分期境界信息统计分析

分期境界	矿石量 /(10^8 t)	岩石量 /(10^8 t)	境界剥采比	矿石量增量 /(10^8 t)	岩石量增量 /(10^8 t)	境界剥采比增量
分期境界 1	3.63	1.70	0.47	3.63	1.70	0.05
分期境界 2	6.62	3.73	0.56	2.99	2.03	0.09
分期境界 3	11.19	8.24	0.74	4.57	4.51	0.18
分期境界 4	16.91	19.35	1.14	5.72	11.11	0.40

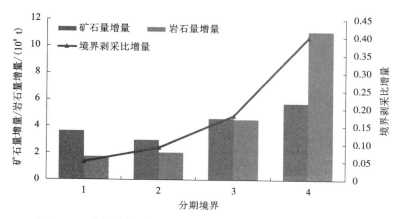

图 3-26　分期境界矿石量、岩石量和境界剥采比增量统计分析

第4章　露天矿生产计划编制优化

露天矿山采剥计划在露天矿境界优化的基础上进行了优化和编制，为矿山生产经营提供了宏观的指导，是后续露天矿爆破设计优化和配矿优化的基础。

采剥计划优化算法中的主要技术瓶颈是价值块的数目过多时导致采剥计划优化数学模型中的决策数据较多而无法求解。为此，首先研究减少决策变量数目的方法，并在此基础上构建相应的采剥计划优化数学模型；其次，对于采剥计划中金属价值波动性对计划的影响，研究如何通过几何布朗运动模型对计划风险性进行分析；最后，对于采剥计划中具有的不确定性技术经济因素，研究如何通过蒙特卡洛模拟对各因素的敏感性进行评价。

露天矿采剥计划的编制是露天矿设计和开采的最重要的环节之一，其结果的优劣直接影响着矿山的总体经济效益。采剥计划的目标是根据矿山的生产能力和剥采比等约束条件确定技术上可行、经济上最优的矿岩采剥顺序，具体到价值块的层面就是决定矿块的开采顺序使得矿山获得最大的累计净现值。

整数规划或者混合整数规划是求解采剥计划优化问题的基本思路，然而，随着矿山开采精细化要求越来越高，构建的价值块尺寸逐步减小，导致矿山最终境界内用于编制计划的价值块数目太多，构建整数规划或者混合整数规划模型时相应的决策变量数目剧增，最终导致数学模型无法求解。国内外学者针对这一问题做了大量的研究，1968 年，Dantzig 提出将模型分解成主要问题和子问题，子问题求解成功之后，主要问题就会相对简单；1985 年，Dagdelen 提出利用拉格朗日分解法求解整数规划问题。

Boland 利用线性规划方法编制生产计划，线性规划模型以电铲作业点的产量为决策变量，以生产能力为约束，以挖掘和运输费用最低为目标函数。王青等以剥采比最大境界为基础，得到一系列地质最优境界和对应境界的地质最优开采体序列，使用动态规划法得到每个境界的生产计划。Gaupp 将矿块在同一台阶上进行聚合，并将聚合后的矿块称为原子，然后在原子的基础上利用 LG 图论法产生嵌套坑，形成嵌套坑以后，利用动态规划的方法进行生产规划的求解。Chicoisne 构建了生产规划问题的混合整数规划模型，利用 4D 松弛法转化生产规划数学模型，模型转化后再利用图论或者网络的方法进行求解，之后通过考虑生产能力约束松弛进一步转化模型以减少间隙问题的影响，在拉格朗日问题中提高了次梯度方法的效率，从而显著地提高了最优解的求解效率。

2005 年，Ramazan 提出基础树算法，利用线性规划的方法将矿块聚合成基础树，在基础树的基础上构建整数规划模型并进行求解，通过将矿块聚合成基础树，可以显著减少决策变量和约束的个数。黄俊歆等提出了一种基于成本流的露天矿开采锥模型，利用线性规划的方法将节点组合成开采锥并形成倒圆锥以减少求解混合整数规划变量和约束的个数。Tabesh 等利用两阶段聚合理论解决露天矿计划编制问题，提出相似指数的概念，将岩石类型相似、矿石品位和矿块距离相近的矿块聚合，再在聚合矿块的基础上利用混合整数规划进行问题的求解。Khan 等提出一种基于蚁群优化算法的元启发式近优方法，该方法将约束作为偏离目标的一组处罚与目标函数合并在一起，有利于解决多目标和复杂约束的计划问题。

4.1　价值块聚合

4.1.1　聚合算法

给定元素集合 D，D 中各元素具有 n 个属性，所谓聚合，是指将集合 D 划分为 k 个子集，且各子集内部元素属性相似度尽可能高，而子集之间元素属性差异性尽可能大，将这样的子集记为簇。

设 D 是含 m 个元素的数据集合，通过 k-means 聚合算法对集合 D 进行聚类划分形成 k 个簇的步骤如下：

（1）随机初始化 k 个簇的中心；

（2）将集合中的元素按照距离邻近原则划分至 k 个簇中；

（3）重新计算簇的中心；

（4）判断簇的中心是否发生变化，若发生变化，则继续执行步骤（2）和步骤（3）；若不发生变化，则迭代结束，得到 k 个簇。

利用 k-means 聚合算法划分簇时，元素间的相似性计算方法为，假设给定的数据集 X：

$$X = \{x_m \mid m = 1, 2, \cdots, n\} \tag{4-1}$$

设 X 中的元素具有 d 个属性，元素 $x_i = (x_{i1}, x_{i2}, \cdots, x_{id})$ 和 $x_j = (x_{j1}, x_{j2}, \cdots, x_{jd})$ 之间的相似性 $d(x_i, x_j)$ 的计算方法为：

$$d(x_i, x_j) = \sqrt{\sum_{k=1}^{d} (x_{ik} - x_{jk})^2} \tag{4-2}$$

k-means 聚合算法使用误差平方和准则函数来评价聚合性能,设 X 包含 k 个簇 X_1, X_2, $\cdots$, X_k,各簇中的样本数量分别为 n_1, n_2, $\cdots$, n_k,各簇的中心分别为 m_1, m_2, $\cdots$, m_k,则误差平方和准则函数公式为:

$$E = \sum_{i=1}^{k} \sum_{p \in X_i} \| p - m_i \|^2 \tag{4-3}$$

4.1.2 聚合结果

根据 k-means 算法的理论基础,对各分期境界之间同一台阶上的价值块进行聚合,从而减少采剥计划数学模型中决策变量的数目。某露天矿山分期境界 1 与分期境界 2 之间在 710 m 台阶高度处共有 822 个价值块,以价值块质心距离、Cu 元素品位和 Mo 元素品位作为聚类属性,簇值设置为 60,价值块聚合结果如图 4-1 所示。

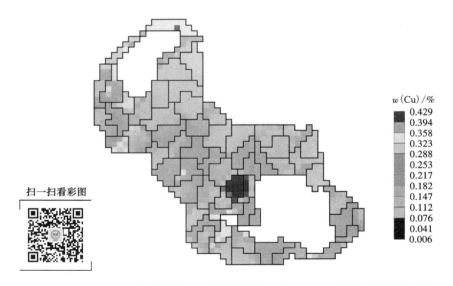

图 4-1　分期境界 1 与分期境界 2 之间 710 m 台阶价值块聚合结果

4.2　采剥计划数学模型构建

4.2.1　数学模型构建

集合：

C：分期境界的集合。

T：计划周期的集合。

B：台阶的集合。

A：价值簇的集合。

E：金属元素的集合。

索引：

c：分期境界的索引。

t：计划周期的索引。

b：台阶的索引。

a：价值簇的索引。

e：金属元素的索引。

参数：

o_a：价值簇 a 的矿石量。

r_a：价值簇 a 的岩石量。

$g_{a,e}$：价值簇 a 中元素 e 的品位。

v_a：价值簇 a 的经济净价值。

i：经济价值贴现率。

$\overline{M}_t$、$\underline{M}_t$、M_t：采矿能力。

$\overline{O}_t$、$\underline{O}_t$、O_t：矿石处理能力。

$\overline{g}_{t,e}$、$\underline{g}_{t,e}$：e 的品位波动范围。

N_b：同时开采的最多台阶数。

N_B、N_C：台阶、分期境界总数。

N_C：露天矿分期境界总数。

$\overline{N}_c$、$\underline{N}_c$：不同分期之间的台阶开采超前的最多和最少台阶数。

$\overline{\lambda}_t$、$\underline{\lambda}_t$：矿山在周期 t 时剥采比上、下限。

决策变量：

$x_{a,t} = \{0, 1\}$：二进制变量，若价值簇 a 在周期 t 时开采则为 1，否则为 0。

目标函数：

$$\max \sum_{t \in T} \sum_{a \in A} v_a x_{a,t} (1 + i)^{-t} \tag{4-4}$$

约束条件：

（1）矿山采矿能力约束。

$$\underline{M_t} \leqslant \sum_{a \in A} (o_a + r_a) x_{a,t} \leqslant \overline{M_t}, \ \forall t \in T \tag{4-5}$$

（2）矿山选矿处理能力约束。

$$\underline{O_t} \leqslant \sum_{a \in A} o_a x_{a,t} \leqslant \overline{O_t}, \ \forall t \in T \tag{4-6}$$

（3）各周期内金属元素品位波动约束。

$$\underline{g_{t,e}} \leqslant \frac{\sum\limits_{a \in A} o_a x_{a,t}}{O_t} \leqslant \overline{g_{t,e}}, \ \forall t \in T, \ \forall e \in E \tag{4-7}$$

（4）采剥计划中同时开采的台阶数约束。

$$x_{a,t} \leqslant \sum_{a' \in B_{i-N_b}} x_{a',t}, \ \forall t \in T, \ \forall a \in B_i, \ \forall i \in \{1+N_b, \cdots, N_B\} \tag{4-8}$$

（5）同一分期境界内上下台阶采剥顺序约束。

$$\sum_{a' \in C_{i+1}} x_{a',t} \leqslant x_{a,t}, \ \forall t \in T, \ \forall a \in C_i, \ \forall i \in \{1, \cdots, N_B-1\} \tag{4-9}$$

（6）不同分期之间的台阶开采超前性约束。

$$x_{a,t} \leqslant \sum_{a' \in B_{i-\overline{N_c}} \cap C_{j-1}} x_{a',t}, \ \forall t \in T, \ \forall a \in B_i \cap C_j, \ \forall i \in \{1+\overline{N_c}, \cdots, N_B\},$$

$$\forall j \in \{2, \cdots, N_C\} \tag{4-10}$$

$$\sum_{a' \in B_{i+\underline{N_c}} \cap C_{j+1}} x_{a',t} \leqslant x_{a,t}, \ \forall t \in T, \ \forall a \in B_i \cap C_j, \ \forall i \in \{1, \cdots, N_B-\underline{N_c}\},$$

$$\forall j \in \{1, \cdots, N_C-1\} \tag{4-11}$$

（7）各周期内剥采比范围约束。

$$\sum_{a \in A} o_a x_{a,t} \underline{\lambda_t} \leqslant \sum_{a \in A} r_a x_{a,t} \leqslant \sum_{a \in A} o_a x_{a,t} \overline{\lambda_t}, \ \forall t \in T \tag{4-12}$$

（8）决策变量逻辑约束。

$$\sum_{t \in T} x_{a,t} \leqslant 1, \ \forall a \in A \tag{4-13}$$

采剥计划数学模型的目标函数是实现计划周期内净现值的最大化，价值簇在不同时期的贴现价值通过贴现率 i 表达。约束条件（1）保证在各个计划周期内矿石和岩石的采剥总量在矿山的开采生产能力范围内，以满足均衡生产的要求；约束条件(2)保证在各个计划周期内矿石的开采量在选厂、选矿能力范围内,以满足选厂供矿均衡的要求;约束条件(3)保证在各个计划周期内各元素的品位在给定的波动范围内,以满足矿石配矿的需求;约束条件(4)实现矿山开采过程中同时作业的台阶数在给定的范围内,以满足生产的组织和集中管理等方面的需求;约束条件(5)是露天生产工艺的基本需求,同分期境界内,上一台阶的价值簇采剥完成以后才能进行下一台阶的价值簇采剥,以满足生产工艺和安全的基本需求;约束条件(6)保证相邻分期境界之间采剥台阶的超前滞后关系;约束条件(7)保证在各个计划周期内剥采比在计划的范围内,以满足矿石的持续生产;约束条件(8)是数学模型中决策变量自身的逻辑性,即任一价值簇在且仅在某一个周期内予以采剥,避免在不同周期中重复计算。

4.2.2　求解分析

结合某露天矿山实际数据,分期境界优选中得到 4 个分期境界,最终境界内含 44 个台阶,贴现系数取值 8%,矿山达产后年采剥总量在 12000 万 t 至 16000 万 t,选矿厂处理能力在 7800 万 t 至 8000 万 t,矿山同时作业台阶数设为 5 个,相邻分期境界之间台阶超前数在 1 个至 3 个。以三年作为采剥计划最小周期单位,根据上述条件求解采剥计划优化数学模型,得到矿山计划服务年限内的采剥计划及相关信息统计分析,如图 4-2、表 4-1 和图 4-3 所示。

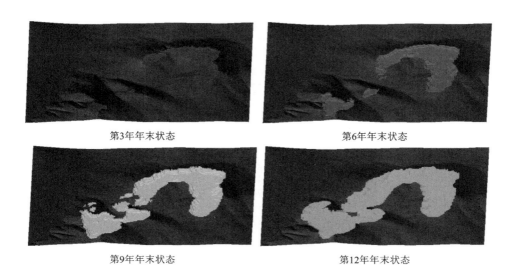

第3年年末状态　　　　　　　　　　　第6年年末状态

第9年年末状态　　　　　　　　　　　第12年年末状态

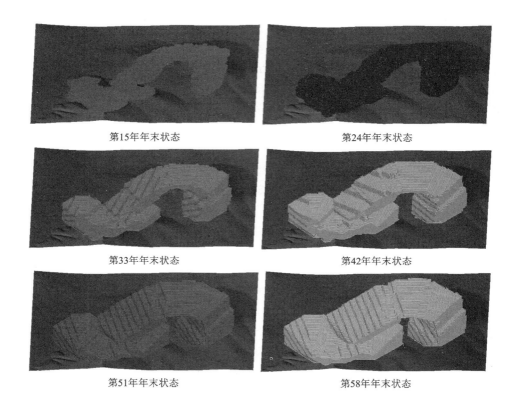

第15年年末状态　　　　　　　　　　第24年年末状态

第33年年末状态　　　　　　　　　　第42年年末状态

第51年年末状态　　　　　　　　　　第58年年末状态

图 4-2　采剥计划年末状态图

表 4-1　采剥计划基本信息分析

周期	矿石量 /(10^8 t)	岩石量 /(10^8 t)	Cu 元素 品位/%	Mo 元素 品位/%	剥采比	累计净现值 /(10^8元)
1	9233	12557	0.312	0.432	1.36	35.27
2	8784	11331	0.311	0.426	1.29	69.36
3	8683	10246	0.269	0.416	1.18	101.45
4	8924	10620	0.278	0.386	1.19	127.26
5	8820	10143	0.269	0.335	1.15	151.14
6	8351	9520	0.247	0.332	1.14	173.26
7	8437	9618	0.251	0.347	1.14	193.74

续表4-1

周期	矿石量 /(10^8 t)	岩石量 /(10^8 t)	Cu 元素 品位/%	Mo 元素 品位/%	剥采比	累计净现值 /(10^8元)
8	8541	9737	0.232	0.0339	1.14	212.71
9	8679	9807	0.214	0.0316	1.13	230.27
10	8731	9779	0.199	0.0342	1.12	246.52
11	8250	9405	0.205	0.0331	1.14	261.58
12	8217	9367	0.165	0.0289	1.14	275.52
13	8214	9282	0.146	0.0275	1.13	288.42
14	8115	9251	0.144	0.0224	1.14	300.37
15	8225	9377	0.151	0.0287	1.14	311.44
16	8252	6189	0.144	0.0302	0.75	321.68
17	5739	4706	0.156	0.0266	0.82	331.17
18	3263	1925	0.146	0.0271	0.59	339.95
19	2581	697	0.141	0.0269	0.27	348.09

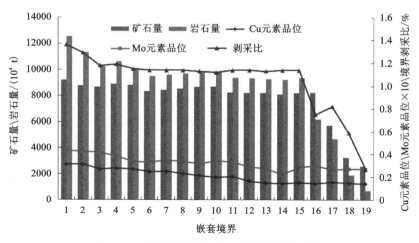

图4-3　采剥计划基本信息分析统计分析图

4.3 采剥计划范围三维模型自动生成

4.3.1 模型自动生成原理

利用三维矿业软件进行露天矿山生产计划编制时,通常将境界范围内各个台阶的剩余可采矿石离散成尺寸相同的矩形价值块,各个价值块属性信息包含矿石品种、元素品位、矿石量、计划阶段、i 索引值和 j 索引值,三维矿业软件提供自动编制计划功能或手工交互编制计划功能以实现生产计划的编制,并将各个价值块在何时开采的信息写入价值块的计划阶段属性中。在价值块上所呈现的生产计划开采范围对矿山开采的指导有重要的意义,但是价值块上所呈现的生产计划开采范围几何形状锯齿感强,展示不够直观,且不利于计划终了图的制作,为此矿山技术人员需要在价值块上大致平滑地圈出生产计划开采范围,并手工建立三维模型,针对上述现象,亟须一种在价值模型上自动生成生产计划开采范围平滑边界线及三维模型的方法,从而减少人工建模工作量。露天矿山生产计划开采范围三维模型自动生成方法包括如下步骤:

(1)露天矿山生产计划价值块分类及特征点标记。生产计划价值块由平面上大小相同、方位相同的矩形价值块组成,生产计划价值块属性信息包括计划阶段值 h、i 索引值和 j 索引值。其中,计划阶段值 h 表示第 h 月开采的计划价值块,h 取值 0 至 H,i 索引值表示 X 轴方向上第 i 个价值块,i 取值 1 至 I,j 索引值表示 Y 轴方向上第 j 个价值块,j 取值 1 至 J。设 $i=0$ 或 $j=0$ 或 $i=I+1$ 或 $j=J+1$ 的价值块的计划阶段值为 0,根据价值块的计划阶段值,将价值块分为 $(H+1)$ 个种类。设价值块 $B_{i,j}$ 的 4 个顶点为价值块顶点,从左下角顺时针依次定义为 $V_{i,j}$、$V_{i,j+1}$、$V_{i+1,j+1}$ 和 $V_{i+1,j}$,对于价值块顶点 $V_{i,j}$,若对应的 4 个价值块 $B_{i-1,j-1}$、$B_{i-1,j}$、$B_{i,j}$ 和 $B_{i,j-1}$ 的计划阶段值类型大于 2 种,则标记 $V_{i,j}$ 为特征点。

(2)生产计划开采范围边界线提取。依次处理各类价值块,设价值块 $B_{i,j}$ 的 4 个边为价值块边,从左面顺时针依次定义为 $S_{i,j}$、$S_{i,j+1}$、$S_{i+1,j+1}$ 和 $S_{i+1,j}$。对于价值块边 $S_{i,j}$,对应的两个价值块为 $B_{i,j}$ 和 $B_{i-1,j}$,对于价值块边 $S_{i,j+1}$,对应的两个价值块为 $B_{i,j}$ 和 $B_{i,j+1}$,对于价值块边 $S_{i+1,j+1}$,对应的两个价值块为 $B_{i,j}$ 和 $B_{i+1,j}$,对于价值块边 $S_{i+1,j}$,对应的两个价值块为 $B_{i,j}$ 和 $B_{i,j-1}$。若价值块边对应的 2 个价值块的计划阶段值类型大于 1 种,则提取出该价值块边,设为集合 B,提取出的价值块边首尾相连形成生产计划开采范围边界线 $P=\{\{V_1, V_2, V_3, \cdots, V_N\}, \cdots, \{V_{N+1}, V_{N+2}, V_{N+3}, \cdots, V_{N+M}\}\}$,算法步骤如下:

①遍历 B 得到最左上角的价值块顶点，设为 V_{LU}，作为生产计划开采范围边界线 P_i 的起点。

②以 V_{LU} 为轴心，从正北方位开始，沿顺时针方向寻找与起始方位角度最小的价值块边，设为 S_F，将 S_F 从 B 中移除，并将 S_F 对应的另一顶点设为 V_{LU}，作为生产计划开采范围边界线的下一点。

③以 V_{LU} 为轴心，从 S_F 方位开始，沿顺时针方向寻找与 S_F 方位角度最小的价值块边，设为 S_F，将 S_F 从 B 中移除，并将 S_F 对应的另一顶点设为 V_{LU}，作为生产计划开采范围边界线的下一点。

④判断 V_{LU} 是否为最左上角的价值块顶点。若是，则执行下一步，若否，则执行上一步。

⑤闭合生产计划开采范围边界线 P_i。

⑥判断 B 是否为空。若是，算法结束，若否，则执行步骤①。

（3）生产计划开采范围边界线平滑处理及生成三维模型。在生产计划开采范围边界线 $\{V_1, V_2, V_3, \cdots, V_N\}$ 中，插入各个价值块边的中点，形成生产计划开采范围边界加密线 $\left\{V_1, \dfrac{V_1+V_2}{2}, V_2, \dfrac{V_2+V_3}{2}, V_3, \dfrac{V_3+V_4}{2}, \cdots, V_{N-1}, \dfrac{V_{N-1}+V_N}{2}, V_N, \dfrac{V_N+V_1}{2}\right\}$，在生产计划开采范围边界加密线 $\left\{V_1, \dfrac{V_1+V_2}{2}, V_2, \dfrac{V_2+V_3}{2}, V_3, \dfrac{V_3+V_4}{2}, \cdots, V_{N-1}, \dfrac{V_{N-1}+V_N}{2}, V_N, \dfrac{V_N+V_1}{2}\right\}$ 中删除属于 $\{V_1, V_2, V_3, \cdots, V_N\}$ 的非特征点，完成生产计划开采范围边界线的平滑处理。将生产计划开采范围边界平滑线在 Z 方向上按台阶高度向下移动并复制一份，开采范围边界平滑线及复制的开采范围边界平滑线内部构建三角网，开采范围边界平滑线与复制的开采范围边界平滑线之间构建三角网，将所有的三角网合并形成生产计划开采范围三维模型。

4.3.2　模型自动生成方法

某露天矿山生产计划编制价值块如图 4-4 所示，价值块的计划阶段值包含 0、1、2 和 3，即将价值块分为 4 个种类。对于价值块顶点 $V_{3,2}$，对应的 4 个价值块 $B_{2,1}$、$B_{2,2}$、$B_{3,2}$ 和 $B_{3,1}$ 的计划阶段值分别为 2、3、3 和 1，类型大于 2 种，则标记 $V_{3,2}$ 为特征点，如图 4-5 所示。依此方法，标记所有的特征点。

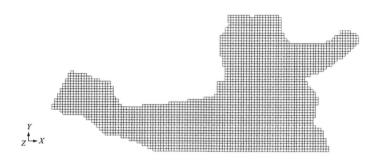

图 4-4　某露天矿山生产计划编制价值块示意图

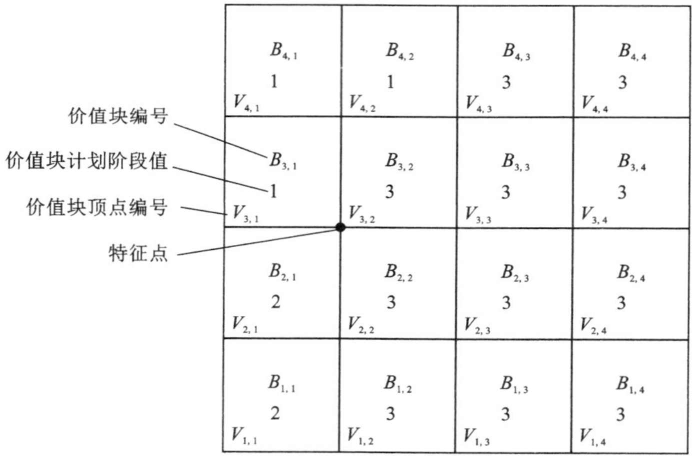

价值块编号

价值块计划阶段值

价值块顶点编号

特征点

$B_{4,1}$ 1 $V_{4,1}$	$B_{4,2}$ 1 $V_{4,2}$	$B_{4,3}$ 3 $V_{4,3}$	$B_{4,4}$ 3 $V_{4,4}$
$B_{3,1}$ 1 $V_{3,1}$	$B_{3,2}$ 3 $V_{3,2}$	$B_{3,3}$ 3 $V_{3,3}$	$B_{3,4}$ 3 $V_{3,4}$
$B_{2,1}$ 2 $V_{2,1}$	$B_{2,2}$ 3 $V_{2,2}$	$B_{2,3}$ 3 $V_{2,3}$	$B_{2,4}$ 3 $V_{2,4}$
$B_{1,1}$ 2 $V_{1,1}$	$B_{1,2}$ 3 $V_{1,2}$	$B_{1,3}$ 3 $V_{1,3}$	$B_{1,4}$ 3 $V_{1,4}$

图 4-5　露天矿山生产计划价值块特征标记

　　首先处理计划阶段值为 1 的价值块，提取出价值块边对应的 2 个价值块的计划阶段值类型大于 1 种的价值块边，并首尾相连，算法步骤如图 4-6 所示，算法执行过程示意图如图 4-7 所示，最终形成生产计划开采范围边界线 $\{V_1, V_2, V_3, \cdots, V_{559}\}$，如图 4-8 所示。

　　在生产计划开采范围边界线 $\{V_1, V_2, V_3, \cdots, V_{559}\}$ 中，插入各个价值块边的中点，形成生产计划开采范围边界加密线 $\left\{V_1, \dfrac{V_1+V_2}{2}, V_2, \dfrac{V_2+V_3}{2}, V_3, \dfrac{V_3+V_4}{2}, \cdots, \right.$

$\left. V_{558}, \dfrac{V_{558}+V_{559}}{2}, V_{559}, \dfrac{V_{559}+V_1}{2}\right\}$，在生产计划开采范围边界加密线 $\left\{V_1, \dfrac{V_1+V_2}{2}, V_2, \right.$

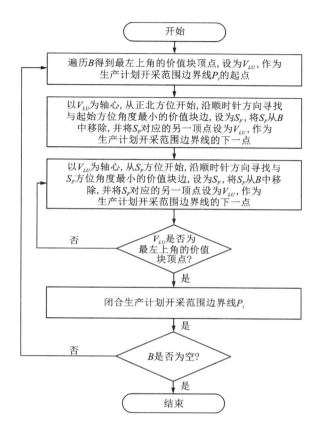

图 4-6　采剥计划范围三维模型自动构建流程图

$$\frac{V_2+V_3}{2},\ V_3,\ \frac{V_3+V_4}{2},\ \cdots,\ V_{558},\ \frac{V_{558}+V_{559}}{2},\ V_{559},\ \frac{V_{559}+V_1}{2}\Big\}$$ 中删除属于 $\{V_1,\ V_2,\ V_3,\ \cdots,$
$V_{559}\}$ 的非特征点，完成生产计划开采范围边界线的平滑处理，如图 4-9 所示。将
生产计划开采范围边界平滑线在 Z 方向上按台阶高度向下移动复制一份，开采范
围边界平滑线及复制的开采范围边界平滑线内部构建三角网，开采范围边界平滑
线与复制的开采范围边界平滑线之间构建三角网，将所有的三角网合并形成生产
计划开采范围三维模型，如图 4-10 所示。

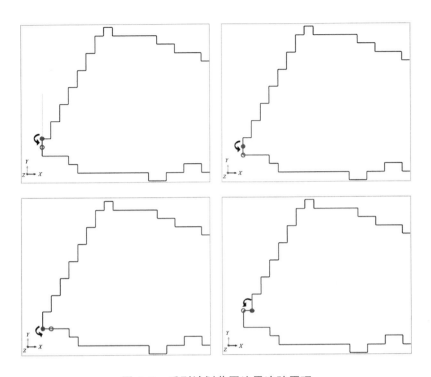

图4-7　采剥计划范围边界追踪原理

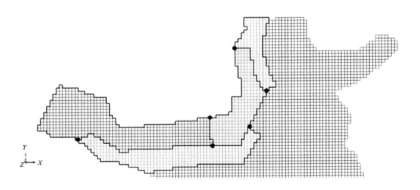

图4-8　生产计划开采范围边界线示意图

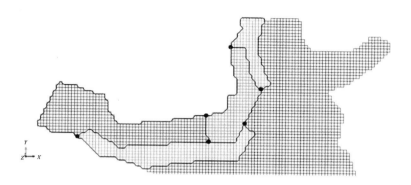

图 4-9　生产计划开采范围边界线平滑处理后效果图

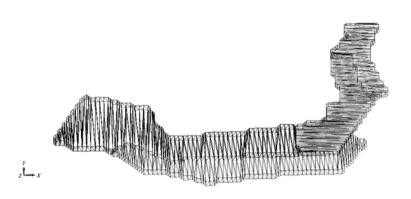

图 4-10　采剥计划范围三维模型

4.4　采剥计划风险性及敏感性分析

连续时间情况下的随机过程中，随机变量的对数遵循布朗运动，如果用 s 表示金属价格，μ 表示金属预期收益率，σ 表示波动率，且 μ 和 σ 均为常数，t 代表时间，z 为标准几何布朗运动，则有：

$$\mathrm{d}S(t) = \mu S \mathrm{d}t + \sigma S \mathrm{d}z \tag{4-14}$$

式中：$\mathrm{d}z = \varepsilon \sqrt{\mathrm{d}t}$，$\varepsilon \sim N(0, 1)$。如果 $G = \ln S$，则 $G(S, t)$ 满足：

$$\mathrm{d}G = \mathrm{d}\ln S = (\mu - \frac{\sigma^2}{2})\mathrm{d}t + \sigma \mathrm{d}z \tag{4-15}$$

离散化得到：

$$\Delta G = \ln S_{t+\Delta t} - \ln S_t = \ln \frac{S_{t+\Delta t}}{S_t} = \left(\mu - \frac{\sigma^2}{2}\right)dt + \sigma\varepsilon\sqrt{\Delta t} \qquad (4-16)$$

$$\left[\ln \frac{S_{t+\Delta t}}{S_t} - \left(\mu - \frac{\sigma^2}{2}\right)dt\right] / \sqrt{\sigma^2 \Delta t} \sim N(0, 1) \qquad (4-17)$$

式（4-16）可用于模拟金属在未来某个时刻的价格及未来价格的可能分布，式（4-17）可用于检验日收益率是否服从正态分布。

运用几何布朗运动模型预测未来矿山服务周期内 Cu 金属和 Mo 金属的价格走势，如图 4-11 所示，分别随机产生 2000 条价格走势曲线，用以计算采剥计划的下限风险（downside risk，DR）和上涨潜力（upside potential，UP）、风险价值（value at risk，VaR）和条件风险价值（conditional value at risk，CVaR），用以分析采剥计划的风险性。

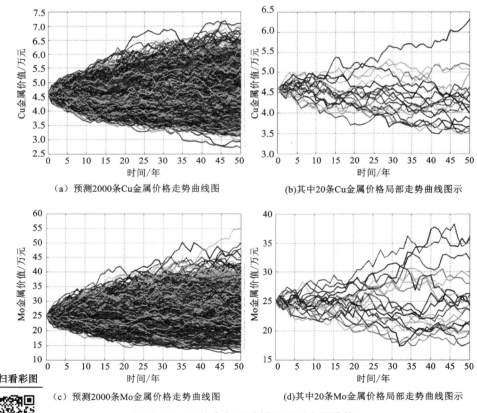

（a）预测2000条Cu金属价格走势曲线图   (b)其中20条Cu金属价格局部走势曲线图示

（c）预测2000条Mo金属价格走势曲线图   (d)其中20条Mo金属价格局部走势曲线图示

扫一扫看彩图

图 4-11　几何布朗运动模型预测金属价格

4.4.1　计划风险性分析

4.4.1.1　下限风险与上涨潜力

为评判价格变动对矿山经济效益造成的影响程度，根据优化的采剥计划结果，要对收益和风险做出一个权衡分析，价格变动对矿山经济效益造成的影响程度与收益率高于基准部分所带来的收益回报相关，用该计划在价格变动中的上涨潜力表示，对于低于基准部分的收益下跌风险，用下限风险表示，如图 4-12 所示。一般来说，下限风险越大，说明该计划回报向下或向坏一面的风险越大，而上涨潜力越大，则说明该计划回报向上或向好一面的潜力越大。

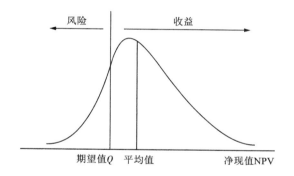

图 4-12　净现值分布、风险及收益示意图

下限风险和上涨潜力的计算步骤如下：

（1）根据优化的采剥计划结果，分析计算其在 2000 条价格走势曲线下的净现值；

（2）根据计算得到的净现值，画出净现值概率分布直方图及概率分布曲线图，如图 4-13 所示；

（3）以采剥计划优化结果的累计净现值为期望净现值，根据如下公式计算出采剥计划下的风险下限值和上涨潜力值。

$$DR = \frac{1}{n_{NPV}^-} \sum_{i = \in NPV^-} (Q - NPV_i) P_i \tag{4-18}$$

$$UP = \frac{1}{n_{NPV}^+} \sum_{i = \in NPV^+} (NPV_i - Q) P_i \tag{4-19}$$

式中：Q 为采剥计划期望累计净现值；NPV_i 为采剥计划在第 i 种金属价格走势下

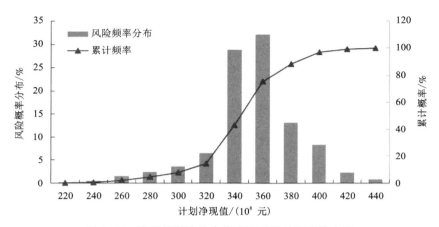

图 4-13 净现值频率分布直方图及累计概率分布图

的累计净现值；NPV^- 为采剥计划在不同金属价格走势下累计净现值小于期望值的集合；n_{NPV}^- 为集合 NPV^- 的大小；NPV^+ 为采剥计划在不同金属价格走势下累计净现值大于期望值的集合；n_{NPV}^+ 为集合 NPV^+ 的大小；P_i 为第 i 种金属价格走势下累计净现值概率。

计算结果表明，优化的采剥计划风险下限值为 7.43×10^7 元，上涨潜力值为 6.52×10^7 元。

4.4.1.2 风险价值与条件风险价值

条件风险价值用如下公式表示：

$$P(\Delta V \leqslant -VaR) = 1 - c \longrightarrow \int_{-\infty}^{-VaR} f(x)\,\mathrm{d}x = 1 - c \qquad (4-20)$$

式中：P 为损失小于损失上限的概率；ΔV 为损失额；VaR 为损失上限；c 为置信水平，通常为 99% 或 95%。

VaR 与 c 成正相关，如图 4-14 所示。

针对优化的采剥计划结果，根据预测的 2000 条金属价格走势曲线，其净现值有 2000 种可能性，以当前价格为基础，求解其净现值，将该计划得到的 2000 种可能的净现值由小到大排序，那么 99% 置信水平下的最大损失就是对应于第 20 种最坏的情形，95% 置信水平下的最大损失就是对应于第 100 种最坏的情形，具体计算步骤如下：

(1)计算当前金属价格下的计划累计净现值 $V_0 = 3.48 \times 10^8$ 元；

(2)根据计算得到的该计划 2000 种金属价格走势曲线下的净现值，按从小到大排序，找到 99% 置信水平下对应的第 20 个净现值 $V_{99\%} = 1.91 \times 10^8$ 元，95% 置信

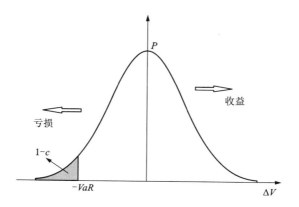

图 4-14　净现值正态分布图

水平下对应的第 100 个净现值 $V_{95\%} = 2.17 \times 10^8$ 元；

（3）当前价格下的净现值与最坏价格下的净现值相减即得到 VaR，从而得到 99% 置信水平下的风险价值 $VaR_{99\%} = V_0 - V_{99\%} = 1.57 \times 10^8$ 元，95% 置信水平下的风险价值 $VaR_{95\%} = V_0 - V_{95\%} = 1.31 \times 10^8$ 元。

条件风险价值是指损失超过 VaR 的条件均值，也称平均超额损失，它代表了超额损失的平均水平，反映了损失超过 VaR 的阈值时可能遭受到的平均潜在损失的大小，比 VaR 更能体现潜在的风险价值，同时 $CVaR$ 满足同次正性、次可加性、单调性和同变动性，因而是一致性风险度量，因此可以通过计算 VaR 和 $CVaR$ 共同对风险进行监管。

若设定计划的随机损失为 $-X(-X<0)$，VaR_c 是置信水平为 $(1-c)$ 的 VaR 值，则 $CVaR$ 可用如下公式表示：

$$CVaR_c = E(-X \mid -X \geqslant VaR_c) \tag{4-21}$$

则对应计划下有：

99% 置信水平下的条件风险价值为：

$$CVaR_{99\%} = \left(\sum_{k=1}^{20} VaR_k \right) / 20 = 1.58 \times 10^8 \ \text{元} \tag{4-22}$$

95% 置信水平下的条件风险价值为：

$$CVaR_{95\%} = \left(\sum_{k=1}^{100} VaR_k \right) / 100 = 1.45 \times 10^8 \ \text{元} \tag{4-23}$$

矿山决策者在编排采剥计划时，应充分考虑计划的下限风险、上涨潜力、风险价值和条件风险价值四种风险因素，这样才能更好地应对金属价格变化对企业造成不利影响。

4.4.2 计划敏感性分析

蒙特卡洛(Monte Carlo)方法，又称随机抽样或统计试验方法，能较真实地模拟实际物理过程，解决问题与实际效果较贴合，蒙特卡洛模拟是风险评估和敏感性分析的主要方法，该方法中伪随机数的产生概率主要服从均匀分布、正态分布和三角分布。

(1)均匀分布。

均匀分布函数的图形如图 4-15 所示。

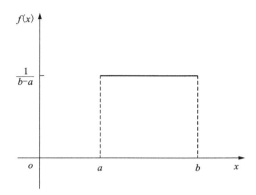

图 4-15 均匀分布函数

均匀分布概率密度为：

$$f(x) = \begin{cases} \dfrac{1}{b-a}, & a<x<b \\ 0, & \text{其他} \end{cases} \tag{4-24}$$

均匀分布函数为：

$$F(x) = \begin{cases} 0, & x<a \\ \dfrac{x-a}{b-a}, & a \leqslant x<b \\ 1, & x \geqslant b \end{cases} \tag{4-25}$$

均匀分布均值为：

$$u = \frac{1}{2}(a+b) \tag{4-26}$$

均匀分布方差为：

$$\sigma^2 = \frac{1}{12}(a+b)^2 \qquad (4-27)$$

根据计算机物理随机数产生 $[0,1]$ 分布的随机数 r，可以得到在区间 $[a,b]$ 上服从均匀分布的随机数：

$$x = a + r(b-a) \qquad (4-28)$$

（2）正态分布。

随机变量 x 服从正态分布，因而概率分布曲线关于 $x=u$ 对称，并且当 $x=u$ 时，取得最大值 $f(u) = \dfrac{1}{\sqrt{2\pi}\,\sigma}$，$x$ 距离均值 u 越远，$f(x)$ 取值越小，如图 4-16 所示。

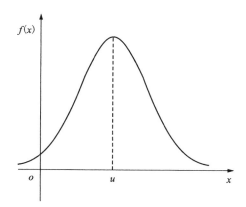

图 4-16　正态分布函数

正态分布概率密度为：

$$f(x) = \frac{1}{\sqrt{2\pi}\,\sigma}\mathrm{e}^{\frac{(x-u)^2}{2\sigma^2}}, \quad -\infty < x < +\infty \qquad (4-29)$$

正态分布函数为：

$$F(x) = \frac{1}{\sqrt{2\pi}\,\sigma}\int_{-\infty}^{x}\mathrm{e}^{\frac{(t-u)^2}{2\sigma^2}}\mathrm{d}t, \quad -\infty < x < +\infty \qquad (4-30)$$

正态分布均值为 u，方差为 σ^2。设 X_i 为 n 个相互独立的 $[0,1]$ 区间内的均匀分布随机数，其期望值为 $1/2$，方差为 $1/12$，从而正态分布随机数为：

$$x = u + \sigma \frac{\sum\limits_{i=1}^{n} X_i - \dfrac{n}{2}}{\sqrt{\dfrac{n}{12}}} \qquad (4\text{-}31)$$

（3）三角分布。

三角分布是众数为 m、下限为 a、上限为 b 的连续概率分布。三角分布函数的图形如图 4-17 所示。

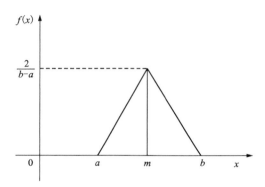

图 4-17　三角分布函数

三角分布概率密度为：

$$f(x) = \begin{cases} \dfrac{2(x-a)}{(b-a)(m-a)}, & a \leqslant x \leqslant m \\[3mm] \dfrac{2(b-x)}{(b-a)(b-m)}, & m < x \leqslant b \end{cases} \qquad (4\text{-}32)$$

三角分布函数为：

$$f(x) = \begin{cases} \dfrac{(x-a)^2}{(b-a)(m-a)}, & a \leqslant x \leqslant m \\[3mm] \dfrac{m-a}{b-a} + \dfrac{(x-m)(2b-m-x)}{(b-a)(b-m)}, & m < x \leqslant b \end{cases} \qquad (4\text{-}33)$$

三角分布均值为：

$$u = \frac{1}{3}(a+m+b) \qquad (4\text{-}34)$$

三角分布方差为：

$$\sigma^2 = \frac{1}{18}[a(a-m)+b(b-a)+m(m-b)] \qquad (4\text{-}35)$$

由分布的随机数可得三角分布的随机数为：

$$x = \begin{cases} a + \sqrt{(m-a)(b-a)r}, & 0 \leqslant r \leqslant \dfrac{m-a}{b-a} \\ b - \sqrt{(b-m)(b-a)(1-r)}, & \dfrac{m-a}{b-a} < x \leqslant 1 \end{cases} \tag{4-36}$$

某露天矿山采剥计划优化过程中，主要的不确定因素为 Cu 金属价格、Mo 金属价格、Cu 元素选矿回收率、Mo 元素选矿回收率、采矿综合成本和剥离成本，通过蒙特卡洛模拟方法对上述各因素进行敏感性分析。

采剥计划优化过程中 Cu 与 Mo 价格分别取值为 4.6 万元/t 和 18.5 万元/t，Cu 与 Mo 价格波动范围基本服从 $N(4.6, 1.2^2)$ 和 $N(25.0, 8.5^2)$ 的正态分布，如图 4-18 所示。

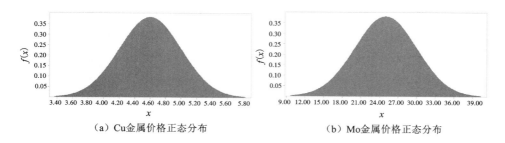

（a）Cu金属价格正态分布　　　　　（b）Mo金属价格正态分布

图 4-18　Cu 与 Mo 价格波动范围正态分布

采剥计划优化过程中 Cu 和 Mo 选矿回收率分别取值为 84% 和 69%，分别服从众数为 84%、最大值为 86%、最小值为 81% 和众数为 69%、最大值为 79%、最小值为 55% 的三角分布，如图 4-19 所示。

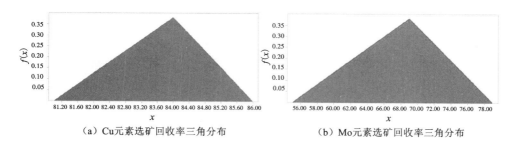

（a）Cu元素选矿回收率三角分布　　　　（b）Mo元素选矿回收率三角分布

图 4-19　Cu 和 Mo 选矿回收率三角分布

采剥计划优化过程中采矿综合成本和剥离成本取值分别为 79.36 元/t 和 9.65 元/t，基本服从[78.0, 82.0]和[8.9, 10.2]的均匀分布，如图 4-20 所示。

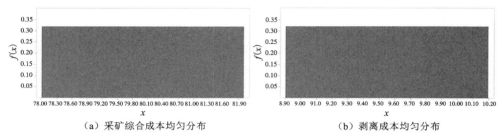

（a）采矿综合成本均匀分布　　　　　　　（b）剥离成本均匀分布

图 4-20　采矿综合成本和剥离成本均匀分布图

根据上述定义，蒙特卡洛模拟的次数设置为 1000000 次，根据模拟的矿山采剥计划累计净现值，得到影响采剥计划累计净现值的各因素的敏感性统计分析，如图 4-21 所示。

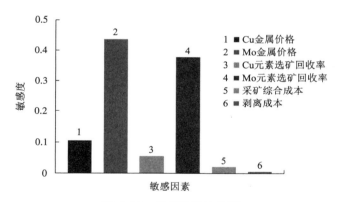

1 ■ Cu金属价格
2 ■ Mo金属价格
3 ■ Cu元素选矿回收率
4 ■ Mo元素选矿回收率
5 ■ 采矿综合成本
6 ■ 剥离成本

图 4-21　敏感性统计分析

第 5 章　露天矿爆破设计

露天矿爆破在露天采剥计划编制的基础上进行设计和优化，露天矿山数字业务模型中的品位控制模型和采剥场现状模型为实现爆破设计优化奠定了基础，本章重点研究矿岩交界处损失贫化分析决策和爆破网路设计优化，而露天矿台阶爆破之后形成的爆堆将是露天配矿优化的载体。

露天矿爆破设计是露天矿山日常生产作业的重要组成部分之一，对于矿岩交界处，爆破设计中的损失贫化问题尤为突出，为此需研究如何进行损失贫化分析及爆破后冲线优化决策；此外，对于复杂的爆破网路，如何在设计阶段对爆破网路的合理性及可靠性进行预先判断，为此需研究爆破网路的解算方法，进而探索爆破顺序模拟、点燃阵面和爆破等时线等爆破效果分析方法。

露天矿山开采过程中，会产生不可避免的损失和贫化现象，且矿山经济效益与损失率和贫化率指标的大小息息相关。露天开采中的损失率和贫化率主要取决于如下因素：矿岩分布特征、矿体赋存条件、台阶爆破孔网参数，以及开采管理水平。矿岩交界处的损失和贫化尤为突出。

研究学者对露天开采损失率和贫化率控制做出了大量研究，相关措施主要分为两类：其一是技术措施，对于急倾斜的矿床赋存条件，向阳对矿体脉内外开掘沟、夹石和工作面推进方式进行了分析，并评价各因素对损失率和贫化率的影响，张虹对爆破过程中矿岩的物理运动规律进行分析，提出改进爆破工艺的方法，减小了损失率和贫化率；其二是管理措施，陈大伟提出在损失贫化重点区域，利用分层分采方法灵活和稳定的特性，一定程度上优化控制了损失率和贫化率指标，张艳提出兼顾管理措施和技术手段的方法，并将该理念应用于低品位露天金矿，取得了一定成效。矿岩交界处的损失贫化尚无有效的分析决策方法，一般在生产中或者在二维平剖面中做简单的设计计算，或者根据经验判别，缺乏科学依据。

露天矿爆破是露天矿山开采工艺中的重要环节，决定了矿山的生产能力和经济效益。随着开采设备大型化、智能化的不断发展，其生产爆破也必须具有一定的规模才能满足生产能力的提升和稳定发展。大型复杂爆破网路设计需要综合考虑矿岩性质、孔网参数、炸药单耗、雷管微差延时等因素，给爆破设计和优化带来了困难和挑战。

大型复杂爆破网路由于涉及的炮孔数目多、药量大，相应的爆破震动影响因素也增多，为了控制爆破地震效应，保证爆破效果，通常采用分段爆破网路。然而由于爆破规模的扩增，起爆段数可达数十段甚至上百段，导致毫秒微差爆破网路难以满足要求，进而需研究使用排间微差和孔间微差结合的爆破网路形式。随着爆破网路日益复杂，爆破网路设计不当的时候，起爆后可能会破坏后续网路，基于安全因素的考虑，需要选择合适的地表雷管延期时间和孔内雷管延期时间，在此基础上进行点燃阵面、起爆顺序和同时起爆孔数等爆破效果模拟分析。爆破网路的解算是上述设计及模拟分析的基础，因此快速准确地解算爆破网路显得尤为重要。

爆破网路设计和优化的研究由来已久，P. Favreau 和 P. Andrieux 研制出 BLASTCAD 系统，可实现炮孔布置图和装药结构图的自动输出；Martin Smith 和 Robert L. Hautalaka 开发出基于专家知识推理的爆破方案优化专家系统，实现炮孔的优化布置；周磊提出台阶爆破优化模型，能够评价不同方案的成本，定性地分析爆破顺序与爆破效果之间的依赖关系；傅洪贤提出关于岩石块度在爆破中与炸药单耗、炸药性质、孔网参数和岩体介质之间的关系，并建立相应的数学模型；璩世杰和庞永军等设计出 Blast-Code 模型，实现爆破方案设计与模拟功能，可定量地模拟爆破效果和预测爆堆形状，然而其炮孔爆破顺序仍需要人机交互指定。

5.1 露天台阶爆破矿岩交界处损失贫化分析决策

5.1.1 损失与贫化相关性分析

露天开采矿石损失是指在生产经营期间，未从矿床中采出，或者未能进入下一道加工工序，从而损失的位于开采境界范围内规定应采出的矿石储量，矿石损失率为开采损失的矿石量与地质储量的百分比。矿岩分界处的矿石损失主要是爆破设计中为了防止过多的废石被爆破掉落，炮孔设计过于靠近矿石一侧，使得部分矿石留在围岩中未采出，从而导致的矿石损失。

露天开采矿石贫化是指采矿过程中由于混入废石，或者因富矿散失等，采出矿石的平均品位低于矿体平均品位的现象，矿石贫化率指采矿过程中采场工业矿石的品位降低程度，即采场工业品位与采出矿石平均品位之差与采场工业品位的百分比。矿岩分界处的矿石贫化主要是爆破设计中为了将更多的矿石爆破下来，炮孔设计过于靠近岩石一侧，使得部分废石被采出混入矿石中造成的矿石贫化。

矿石的损失与贫化是一对相辅相成又相互矛盾的指标，开采高品位富矿，矿石的贫化程度将减小，然而相应的损失将增加，矿石资源的损失导致矿山开采年限缩短；倘若一味追求尽量不损失矿石，那么矿石损失会降低，但是相应的贫化程度会增加，处理的资源量多，导致成本增加。矿岩交界处的损失贫化更是充分地反映了上述关系，因此根据市场经济因素及技术水平，合理利用矿石损失率与贫化率之间的制约关系，能有效降低生产经营成本，增加企业效率和利润。

5.1.2　矿岩分爆分采技术

露天台阶爆破设计中，在矿岩分界处通常采用分爆分采的方式，在矿体一侧布置炮孔时，需要先确定爆破后冲线的位置，然后根据后冲距离确定最后一排炮孔的位置，因此爆破后冲线位置的设定直接关系到爆破设计的损失率和贫化率，从而影响着矿山的经济效益。在露天爆破中，根据爆破后冲线位置和爆破漏斗原理，产生的爆破缓冲面是一个具有一定倾角的斜面，结合矿体边界的空间形态，分析爆破损失的矿石和混入的废石情况，如图 5-1 所示，在此基础上计算损失率和贫化率，并判断爆破后冲线在该位置时是否满足损失贫化要求，若不满足，调整爆破后冲线位置并重新计算，直至满足要求。因此矿岩分界处爆破后冲线位置的确定是一个非常复杂的过程。

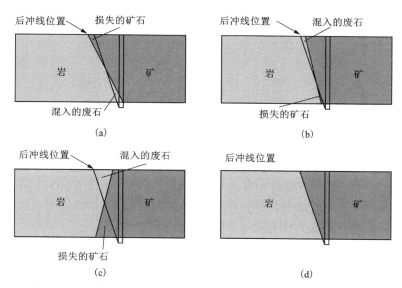

图 5-1　矿岩交界面与爆破缓冲面不同空间位置类型的剖面图示

传统方式下，爆破设计工作人员在二维 CAD 环境下完成矿岩分界处爆破后冲线位置的确定，基本步骤如下：

(1)结合露天地表现状中的矿岩分界线和若干矿岩分界处剖面信息，根据经验定义后冲线位置。

(2)根据爆破漏斗参数计算出爆破缓冲面在矿岩分界处剖面上的形态。

(3)根据二维露天地表现状平面信息及矿岩分界处剖面信息，形成简易的三维模型，并分别计算出损失的矿石体积和混入的废石体积。

(4)结合矿石和废石的平均体重及平均品位，计算出当前爆破后冲线位置下的损失率和贫化率。

(5)判断损失率及贫化率是否满足经济开采要求：

①若满足经济开采要求，则后冲线位置便能确定下来。

②若不满足经济开采要求，则根据经验调整后冲线位置，重复步骤(2)至步骤(5)。

传统二维环境下爆破后冲线的确定方法，不但耗时耗力，也缺乏科学性，简化的三维形态计算出的体积与实际很难相符，平均的体重和品位也无法精确表达矿山的真实信息。在三维地质模型和块段模型的基础上，充分利用离散化的块段模型属性数据，是解决该问题的突破口。

5.1.3 损失贫化分析

为有效解决露天台阶爆破矿岩交界处损失贫化控制问题，首先，以矿岩交界线作为初始的爆破后冲线位置，为了充分反映向矿石一侧或者废石一侧偏移爆破后冲线位置时损失贫化变化情况，定义爆破后冲线采样集的概念，以一定采样间距和采样数目整体体现爆破后冲线设计在不同位置下的损失贫化情况；其次，基于块段模型和矿体三维模型，在三维环境下分别精确地计算不同爆破后冲线采样位置下的损失率和贫化率，通过最小二乘拟合表达出损失率、贫化率和后冲线位置的定量关系，根据上述曲线，可实现损失率、贫化率和后冲线位置三者之间的双向查询，在市场经济和技术水平的基础上，合理利用损失率、贫化率和后冲线位置的制约关系，实现爆破后冲线位置的优化决策；最后，通过显示和输出直观地表达出损失贫化分析方法和效果。

结合露天台阶爆破矿岩分界处损失贫化的控制方法和功能需求，进行损失贫化分析，主要包括数据输入、参数设置、损失贫化计算、采样数据拟合、损失贫化查询、优化决策和显示及输出。

（1）数据输入。块段模型是矿床品位、体重等空间属性的信息载体，矿体模型充分反映了矿岩交界处的空间形态。相比于传统方式的平剖面图，块段模型与矿体模型相结合可更加精确地表达矿岩交界处的真实信息，为其他模块提供数据基础。

（2）参数设置。采样步距表示相邻爆破后冲线采样位置的间距，采样步数反映采样的数目；矿岩类型、元素字段和体重字段为后期的损失贫化计算提供字段匹配；约束级数分为内部级数和边界级数，反映块段模型约束时的内部和边界细分程度。

（3）损失贫化计算。三维空间下基于块段模型和矿体三维模型精确地计算出给定后冲线位置下的损失率和贫化率。

（4）采样数据拟合。通过最小二乘拟合表达出"损失率–后冲线位置"曲线和"贫化率–后冲线位置"曲线，从而充分反映爆破后冲线设计在任何位置时的损失贫化情况。

（5）损失贫化查询。根据上述曲线，实现通过给定的后冲线位置查询相应的损失率和贫化率、通过给定的损失率查询相应的贫化率和后冲线位置，以及通过给定的贫化率查询损失率和后冲线位置。

（6）优化决策。综合考虑矿石价值、矿石成本和废石成本，结合损失率、贫化率和后冲线位置的制约关系，实现爆破后冲线位置的优化决策。

（7）显示及输出。主要包括"损失率–后冲线位置"曲线和"贫化率–后冲线位置"曲线的显示、决策后的爆破后冲线位置的输出和矿岩交界处剖面出图等。

5.1.4　爆破后排缓冲线优化决策

5.1.4.1　三维空间损失贫化计算

为实现三维空间下的损失贫化计算，建立露天坑及矿体三维模型，如图 5-2 所示，在矿岩交界处的爆破区域内设计布置炮孔时，需要进行损失贫化控制，爆破后冲线初始位置及采样集如图 5-3 所示，三维空间中计算各采样位置下的损失贫化，为决策经济合理爆破后冲线位置提供基础。

各采样位置下的损失率和贫化率的计算步骤如下：

（1）根据爆破后冲线采样位置，并结合爆破漏斗原理，构建爆破缓冲面三维形态，如图 5-4 所示；

（2）通过爆破区域约束计算出动用地质矿量 $\sum Q_k$；

（3）通过爆破区域和爆破缓冲面约束计算出损失矿石量 $\sum O_m$，同理计算出混入废石量 $\sum R_n$，如图 5-5 所示；

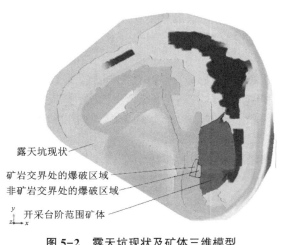

露天坑现状

矿岩交界处的爆破区域

非矿岩交界处的爆破区域

y
z x 开采台阶范围矿体

图 5-2　露天坑现状及矿体三维模型

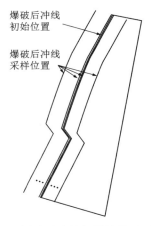

爆破后冲线
初始位置

爆破后冲线
采样位置

图 5-3　爆破后冲线初始位置及采样集

某采样位置下
的爆破后冲线

爆破缓冲面

损失的矿石

混入的废石

动用地质矿量

扫一扫看彩图

图 5-4　矿岩交界处爆破设计损失贫化情况图

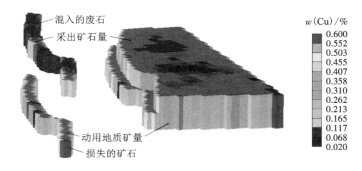

混入的废石

采出矿石量

$w(Cu)/\%$

0.600
0.552
0.503
0.455
0.407
0.358
0.310
0.262
0.213
0.165
0.117
0.068
0.020

动用地质矿量

损失的矿石

扫一扫看彩图

图 5-5　动用地质矿石及采出矿石品位分布

（4）计算出采出矿石量 $\sum T = \sum Q_k - \sum O_m + \sum R_n$；

（5）根据动用地质的矿石品位 α 和混入的废石品位 α''，计算出采出的矿石品位 $\alpha' = (\sum Q_k \alpha_k - \sum O_m \alpha_m + \sum R_n \alpha_n'') / \sum T$；

（6）计算出损失率 $q = \sum O_m / \sum Q_k$；

（7）计算出贫化率 $\rho = (\sum Q_k \alpha_k / \sum Q_k - \alpha') / (\sum Q_k \alpha_k / \sum Q_k)$。

5.1.4.2　采样数据最小二乘拟合

设爆破后冲线采样集中含有采样位置 n 个，拟合幂次为 j 次，采样数据最小二乘法拟合的计算步骤为：

（1）设拟合多项式为 $y = a_0 + a_1 x + \cdots + a_j x^j$；

（2）采样点到多项式的偏差平方和为 $r^2 = \sum_i^n [y_i - (a_0 + a_1 x_i + \cdots + a_j x_i^j)]^2$；

（3）上述等式对 a_i 求偏导数：

$$-2 \sum_i^n [y_i - (a_0 + a_i x_i + \cdots + a_j x_i^j)] = 0 \qquad (5-1)$$

$$-2 \sum_i^n [y_i - (a_0 + a_i x_i + \cdots + a_j x_i^j)] x_i = 0 \qquad (5-2)$$

$$\cdots$$

$$-2 \sum_i^n [y_i - (a_0 + a_i x_i + \cdots + a_j x_i^j)] x_i^j = 0 \qquad (5-3)$$

（4）将上述求偏导后的等式方程组转化为矩阵形式，该矩阵为范德蒙德矩阵，将该范德蒙德矩阵简化，得到：

$$\begin{bmatrix} 1 & x_1 & \cdots & x_1^j \\ 1 & x_2 & \cdots & x_2^j \\ \vdots & \vdots & & \vdots \\ 1 & x_n & \cdots & x_n^j \end{bmatrix} \begin{bmatrix} a_0 \\ a_1 \\ \vdots \\ a_j \end{bmatrix} = \begin{bmatrix} y_1 \\ y_2 \\ \vdots \\ y_n \end{bmatrix} \qquad (5-4)$$

（5）求解得到系数矩阵 $\boldsymbol{A} = \boldsymbol{X}^{-1} \boldsymbol{Y}$，即得到所求拟合曲线的系数 $(a_0, a_1, \cdots, a_j)$。

5.1.4.3　后冲线优化决策

最小二乘拟合得到损失率曲线为 $q(s)$，贫化率曲线为 $\rho(s)$，设当前开采条件和经济形式下元素价值为 V_o，矿石开采成本为 C_{om}，矿石运输成本为 C_{ot}，矿石复垦成本为 C_{or}，选矿成本为 C_p，销售成本为 C_s，废石开采成本为 C_{wm}，废石运输成本为 C_{wt}，废石复垦成本为 C_{wr}，从而得到损失矿石量为 $O = \sum Q_k \cdot q(s)$，采出矿石品位 $\alpha' = [1 - \rho(s)] \sum Q_k \alpha_k / \sum Q_k$，废石混入量为 $R = (1 - \alpha') / [\alpha'(Q - O)]$，矿岩交界处损失贫化导致的经济损失函数可表示为：

$$E(s) = O(\alpha V_o - C_{om} - C_{ot} - C_{or} - C_p - C_s) + R(C_{wm} + C_{wt} + C_{wr} - \alpha'' V_o) \qquad (5-5)$$

函数 $E(s)$ 最小值处 s 的取值即理论上经济合理爆破后冲线位置，可为露天台阶爆破布孔设计提供参考。

5.1.4.4 求解分析

对某露天矿山 765 m 水平西帮矿岩交界处 765-49 爆破区域进行损失贫化控制，设置采样步距为 1 m，采样步数为 30 步，拟合幂次取值 5，部分采样位置下的损失贫化率计算结果如表 5-1 所示，最小二乘拟合后得到"损失率-后冲线位置"曲线的系数为 $(9.50, -1.06, 0.03, 0, 0, 0)$，"贫化率-后冲线位置"曲线的系数为 $(5.09, 0.52, 0.02, 0, 0, 0)$。

表 5-1 采样位置下的损失率和贫化率统计表

采样位置	⋯	$s_{-3.0}$	$s_{-2.0}$	$s_{-1.0}$	s_0	$s_{1.0}$	$s_{2.0}$	$s_{3.0}$	$s_{4.0}$	$s_{5.0}$	⋯
损失率/%	⋯	12.50	11.29	10.14	9.05	8.02	7.05	6.14	5.29	4.50	⋯
贫化率/%	⋯	3.71	4.13	4.59	5.09	5.63	6.21	6.83	7.49	8.19	⋯

矿山目前在矿岩交界处的损失贫化控制要求是损失贫化率均小于 7%，s 取值为 2.1 至 3.3 时均满足要求。传统方式下针对该交界处形态复杂的情况，简化为垂直矿体，反复调整计算得到 s 取值为 2 时满足要求，其损失率和贫化率为 6.50% 和 6.50%，然而结合三维模型 s 取值为 2 时的损失率和贫化率分别为 7.05% 和 6.21%。为进一步验证三维空间下损失贫化计算结果的精确性，矿山现场以矿岩交界线向废石一侧偏移 2 m 为爆破后冲线布置炮孔，根据爆破后化验结果及地质资源信息得到实际损失率和贫化率分别为 7.11% 和 6.19%。

若矿石价值、矿石开采成本及废石开采成本等参数如表 5-2 所示，优化决策得到经济合理爆破后冲线位置为 $s = 2.6$，即矿岩交界线向废石一侧偏移 2.6 m，通过系统输出矿岩交界处剖面图功能得到剖面信息如图 5-6 所示。

表 5-2 采样位置下的损失率和贫化率统计表

参数	V_o	C_{om}	C_{ot}	C_{or}	C_p	C_s	C_{wm}	C_{wt}	C_{wr}
值/(元·t^{-1})	31550.0	23.5	9.2	4.5	45.0	125.4	12.9	7.5	4.5

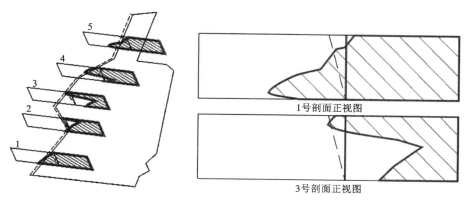

1号剖面正视图

3号剖面正视图

图 5-6　矿岩交界处剖面图

5.2　露天矿山复杂爆破区域内自动布孔

5.2.1　自动布孔原理

露天矿山台阶爆破设计时，一般使用手工布孔法，即在制图软件上手工逐个绘制爆破区域内各个炮孔的坐标，手工布孔法存在工作量大、布孔精度不高等问题，进而影响爆破的效果。

针对上述问题，提出一种露天矿山复杂爆破区域内自动布孔方法，实现步骤如下：

（1）用户设置爆破方向、孔间距、排间距、后排缓冲距离、左侧缓冲距离、右侧缓冲距离、前排安全距离、布孔容差和最小间距参数。

（2）爆破区域选择。设复杂爆破区域为 $\{B_1, B_2, \cdots, B_n\}$，结合爆破方向参数 d，通过在交互视图中点击输入两对角点，如 R_{ld}，R_{ru}，构建矩形区域 $\{P_{ld}, P_{rd}, P_{ru}, P_{lu}\}$，依次判断出 $\{B_1, B_2, \cdots, B_n\}$ 中与 P_{ld}，P_{rd}，P_{ru}，P_{lu} 最近的点，从而将 $\{B_1, B_2, \cdots, B_n\}$ 分为四段，其中，爆破方向前方的一段为后排线 L_u，爆破方向后方的一段为前排线 L_d，爆破方向左侧的为左侧线 L_l，爆破方向右侧的为右侧线 L_r。

（3）爆破区域内自动布孔。设孔间距为 h，排间距为 r，后排缓冲距离为 s_u，左侧缓冲距离为 s_l，右侧缓冲距离为 s_r，前排安全距离为 s_d，布孔容差为 t，最小

间距参数为 x，将 L_u 沿爆破方向反向偏移 s_u 得到 L'_u，将 L_d 沿爆破方向偏移 s_d 得到 L'_d，将 L_l 沿爆破方向左侧偏移 s_l 得到 L'_l，将 L_r 沿爆破方向右侧偏移 s_r 得到 L'_r。首先，以 L'_u 与 L'_l 的交点为起点，沿 L'_u 按孔间距 h 依次布孔，从而完成后排孔自动布置；其次，以 L'_d 与 L'_l 的交点为起点，沿 L'_d 按孔间距 h 依次布孔，从而完成前排孔自动布置；最后，在 L'_u 与 L'_d 之间按孔间距、排间距规则布孔，并去除距 L'_u、L'_d 小于 t 的炮孔及距 L_l 小于 s_l、距 L_r 小于 s_r 的炮孔，从而完成 $\{B_1, B_2, \cdots, B_n\}$ 内的自动布孔。

（4）根据爆破区域内上一台阶穿孔数据调整布孔。自动加载爆破区域内上一台阶炮孔孔底坐标数据，逐个判断 $\{B_1, B_2, \cdots, B_n\}$ 内的炮孔与上一台阶炮孔孔底坐标之间的最小距离 $d_{\min}$，当 $d_{\min} < x$ 时，则对应的炮孔需要调整。首先，调整 L'_u 上的炮孔，按照最小距离 $d_{\min}$ 从小到大的顺序依次调整，设 Q 在 L'_u 上，且与上一台阶炮孔孔底坐标 U 距离最短，距离设为 d_1，$d_1 < x$，则将 Q 沿 L'_u 背离 U 的方向移动 y 至 V，使得 VU 的距离为 x，已知 $\angle VQU$，又 $2yd_1 \cdot \cos \angle VQU = y^2 + d_1^2 - x^2$，从而得到 $y = 2d_1 \cos \angle VQU + \sqrt{x^2 - d_1^2 + 4d_1^2 \cos^2 \angle VQU}$；其次，根据相同原理调整 L'_d 上的炮孔；最后，调整 L'_u 与 L'_d 之间的炮孔，同样按照最小距离 $d_{\min}$ 从小到大的顺序依次调整，设 B 距上一台阶炮孔孔底坐标 A 距离最小，距离设为 d_2，B 周边的炮孔为 P_1，P_2，P_3，P_4，P_5，P_6，射线 AB 与 P_1P_2 相交于 I，P_1P_2 的中点为 M，则将 B 沿 BM 方向移动 z 至 C，使得 AC 的距离为 x，已知 $\angle IBM$ 又 $2zd_2 \cdot \cos \angle IBM = z^2 + d_2^2 - x^2$，从而得到 $z = 2d_2 \cos \angle IBM + \sqrt{x^2 - d_2^2 + 4d_2^2 \cos^2 \angle IBM}$。

5.2.2 自动布孔方法

以某露天矿山台阶爆破设计为试验对象，用户设置爆破方向为 3.5°、孔间距 6 m、排间距 4.5 m、后排缓冲距离 4 m、左侧缓冲距离 2 m、右侧缓冲距离 2 m、前排安全距离 2 m、布孔容差 3.5 m 和最小间距 1.5 m。

复杂爆破区域如图 5-7 所示，结合爆破方向，通过在交互视图中点击输入两对角点，构建矩形区域，在爆破区域标明后排线、前排线、左侧线和右侧线，如图 5-8 所示。

将后排线沿爆破方向反向偏移 4 m，前排线沿爆破方向偏移 2 m，左侧线沿爆破方向左侧偏移 2 m，右侧线沿爆破方向右侧偏移 2 m，首先，布置后排孔如图 5-9 所示；其次，布置前排孔如图 5-10 所示；最后，布置其余炮孔如图 5-11 所示。

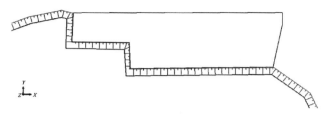

图 5-7　露天矿山复杂爆破区域的示意图

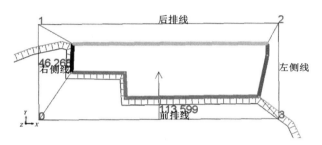

图 5-8　选择爆破区域的示意图

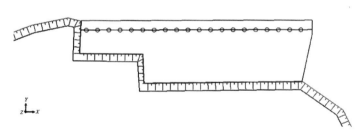

图 5-9　后排孔布置的示意图

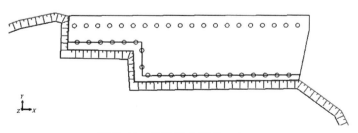

图 5-10　前排孔布置的示意图

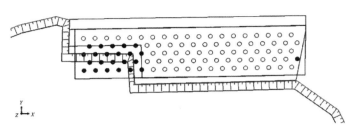

图 5-11　前排线与后排线之间布孔的示意图

　　自动加载爆破区域内上一台阶炮孔孔底坐标数据，如图 5-12 所示，逐个判断爆破区域内的炮孔与上一台阶炮孔孔底坐标之间的最小距离，首先，调整后排孔，按照最小距离从小到大的顺序依次调整，如图 5-13 所示，Q 属于后排孔，且与上一台阶炮孔孔底坐标 U 的距离最短，将 Q 沿偏移后的后排线背离 U 的方向移动 y 至 V，使得 VU 的距离为 1.5 m；其次，根据相同原理调整前排孔；最后，调整其余的炮孔，同样按照最小距离从小到大的顺序依次调整，如图 5-14 所示，B 距上一台阶炮孔孔底坐标 A 距离最小，B 周边的炮孔为 P_1，P_2，P_3，P_4，P_5，P_6，射线 AB 与 P_1P_2 相交于 I，P_1P_2 的中点为 M，则将 B 沿 BM 方向移动 z 至 C，使得 AC 的距离为 1.5 m；最终得到露天矿山复杂爆破区域内自动布孔并调整后的示意图，如图 5-15 所示。

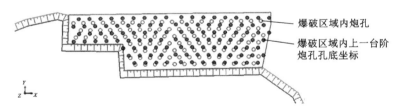

爆破区域内炮孔

爆破区域内上一台阶
炮孔孔底坐标

图 5-12　爆破区域内上一台阶炮孔孔底坐标数据的示意图

图 5-13　后排孔调整原理示意图

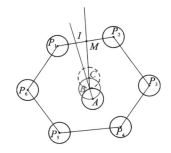

图 5-14　前排线与后排线之间的炮孔调整原理示意图

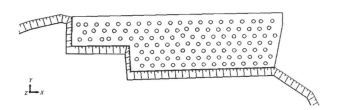

图 5-15　复杂爆破区域内自动布孔并调整后的示意图

5.3　露天矿爆破设计与模拟分析

5.3.1　爆破网路设计

5.3.1.1　毫秒微差爆破原理

露天爆破中使用毫秒微差技术，实现相邻炮孔以略微不同的时间差先后爆破。毫秒微差爆破的作用主要体现在以下三个方面：①由于前后炮孔起爆时间相隔仅十几至几十毫秒，前面爆破产生新的自由面，后面爆破应力波的反拉伸效果得到加强；②先爆破部分岩体破碎，使得后爆破部分的抵抗线减小、岩层夹制作用削弱，从而爆破的碎石初始速度更快；③后爆破产生的岩块与先爆破产生的岩块二次碰撞，加强破碎效果。

5.3.1.2　地表延时与孔内延时

为了使设计的爆破网路有序地、稳定地传爆，需要综合考虑地表爆破网路的传爆延时以及炮孔孔内雷管的延时，保证起爆孔爆炸后的爆破冲击波到达其他炮孔前，这些炮孔的孔内雷管均已被引燃，从而避免爆破冲击波破坏地表导爆管导致的部分炮孔无法正常引爆。

地表延时主要应用于逐孔起爆技术中，爆破网路中通过设置地表雷管实现地表延时，使得每个炮孔内的雷管按顺序依次引燃，保证每个炮孔的起爆都是相对独立的。孔内延时的作用主要是在爆破网路传爆完成之后，使触发的所有炮孔的孔内雷管只是被引燃而尚未起爆，从而形成点燃阵面。

5.3.1.3　起爆孔与虚拟孔

起爆孔是指在爆破网路中的传爆起始炮孔，起爆孔通常分为瞬发起爆孔和长延时起爆孔，大型复杂爆破网路有时会有多个起爆孔，从而保证正常的传爆，同时也增加了爆破网路解算的复杂性。

爆破穿孔实际作业由于现场条件复杂，常出现实际布孔与爆破网路设计不一致的情况，特别是缺失的炮孔，将打乱设计的爆破传爆顺序，因此提出虚拟孔的概念。虚拟孔是指在某些位置缺失炮孔时，为保证爆破效果与设计一致，在相应位置设置虚拟孔并连线，虚拟孔在爆破网路中保证正常传爆延时，但实际中并未真正穿孔爆破。

5.3.1.4　点燃阵面与等时线

点燃阵面是指爆破网路起爆后，在传爆过程中，地表的导爆管按连线方式及地表雷管延时顺序传爆，所触发的炮孔内部的雷管由于自身延时，只被引燃但尚未起爆，这些已被引燃而未起爆的炮孔在布孔平面中所构成的区域被称为点燃阵面。若传爆完成后，所有的炮孔均被引燃但尚未爆破，则称为完全点燃阵面。

等时线是等值线的一种，具有等值线的共性：①同一条等时线上各点的时间值相等；②相邻等时线之间的时间差相等；③等时线通常情况下不重叠、不相交。爆破网路中等时线的弯曲变化、疏密变化及延伸特性等是爆破网路设计评价的重要参考。

5.3.2　爆破网路解算

爆破网路解算是指将炮孔抽象为节点，将导爆管抽象为有向边，从而将爆破网路视为一个有向图，根据有向图中节点与边的连接关系，综合考虑起爆点位置、起爆延时、地表延时和孔内延时等，求解出爆破网路中自起爆孔至各炮孔的传爆路径及规律，以及各炮孔的引燃时间和起爆时间。

5.3.2.1　炮孔数据结构

爆破网路中炮孔主要承载的属性包括炮孔编号、炮孔基本属性、起爆孔、虚拟孔、引燃时间和起爆时间等，程序定义炮孔数据结构如下：

```
struct BLASTOLE{
longlHoleNum; //炮孔编号
struct HOLEATTRIBUTE; //炮孔基本属性
bool bStartHole; //是否是起爆孔
int nStartDelay; //起爆延时
bool bVisualHole; //是否是虚拟孔
int nDelay; //孔内延时
int nIgniteTime; //引燃时间
int nBlastTime; //起爆时间};
```

炮孔编号是炮孔的唯一标识，炮孔基本属性主要包括炮孔所属爆破区域、孔口坐标、孔径、孔深、方位角、倾角、填塞长度、装药量和装药结构等，炮孔和导爆管数据结构中涉及的时间属性均精确到毫秒级，故使用整型变量存储。

5.3.2.2　导爆管数据结构

导爆管主要承载的属性包括导爆管编号、起始炮孔编号、终止炮孔编号、导爆管属性、地表延时和导爆管传爆时间等，程序定义导爆管数据结构如下：

```
struct PRIMACORD {
longlPrimacordNum; //导爆管编号
BLASTOLE * pStartHole; //起始炮孔
BLASTOLE * pEndHole; //终止炮孔
int nPrimaordProperty; //导爆管性质
int nSurfaceDelay; //地表延时
int nPrimacordDelay; //导爆管传爆时间};
```

导爆管编号是导爆管的唯一标识，导爆管性质属性值及含义如下：若导爆管尚未传爆，则取值−1；若导爆管在爆破网路中未起到实质的传爆作用，即冗余导爆管，则取值 0；若导爆管在爆破网路中的实际传爆方向与设计一致，则取值 1；若导爆管在爆破网路中的实际传爆方向与设计相反，则取值 2。导爆管传爆时间是指导爆管长度与导爆管传爆速度的比值。

5.3.2.3 BFSS 算法关键过程

广度优先搜索算法(BFS)是一种图形网路搜索算法,BFS 是从根节点开始,沿着树的宽度遍历树的节点,若所有的节点均被访问,则算法终止。

BFS 算法无法适用于爆破网路解算的主要原因为:①爆破网路中可能含有多个起爆点,不同的起爆点甚至具有不同起爆延时;②爆破网路传爆搜索需要考虑搜索过程中路径上的延时和被搜索到的炮孔先后顺序及时间关系。

在 BFS 算法的基础上,本书提出广度优先同步前进搜索(BFSS)算法,解决爆破网路解算问题。BFSS 从若干起爆孔开始,综合考虑延时及传爆速度,以同步前进的方式沿着爆破网路的宽度遍历网路中的炮孔,同时记录炮孔被引燃的时间,若所有的导爆管均已传爆,则算法终止。

设爆破网路中炮孔的集合为 H,起爆孔的集合为 S,虚拟孔的集合为 V,导爆管的集合为 P。令爆破网路传爆起始时间 $t=0$。定义缓冲池 T,存储已被引燃尚未完成传爆的炮孔。BFSS 算法主要包括以下关键过程。

(1)传爆分析。

爆破网路中的传爆均从起爆点开始,沿导爆管传递至各炮孔,通过起爆孔集合 S 初始化缓冲池 T,依次取出缓冲池 T 中的炮孔,若是叶子节点,则从 T 中移出;否则,沿网路的宽度遍历炮孔,返回最先被引燃的炮孔 H_i 和对应的传爆时间 t,并将引燃的炮孔加入 T 中。

(2)计算炮孔引燃时间。

依次遍历缓冲池 T 中的炮孔,首先将初始缓冲池 T 中的炮孔的引燃时间赋值为各自的起爆延时,其次进行传爆分析,得到最先被引燃的炮孔 T_i 和当前传爆时间 t,炮孔 T_i 的引燃时间设置为 t;沿爆破网路的广度搜索与 T_i 关联的导爆管,并赋导爆管性质值为 0;判定出引燃炮孔 T_i 的导爆管 P_j,若炮孔 T_i 是导爆管 P_j 的终止炮孔,则将导爆管 P_j 性质值赋为 1,否则,赋值为 2;将导爆管 P_j 的起始炮孔从缓冲池 T 中移除。

(3)计算炮孔起爆时间。

依次遍历炮孔集合 H 中的炮孔,若炮孔 H_i 为虚拟孔,则继续;否则将炮孔 H_i 的起爆时间赋值为炮孔 H_i 的引燃时间、导爆管传爆时间及炮孔 H_i 的孔内延时三者之和。

5.3.2.4 BFSS 算法流程

露天矿山复杂爆破网路解算的 BFSS 算法流程如图 5-16 所示。

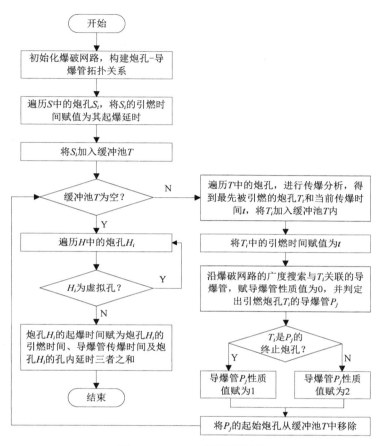

图 5-16　BFSS 算法流程图

算法具体步骤描述如下：

（1）初始化爆破网路，构建炮孔-导爆管拓扑关系；

（2）依次将起爆孔集合 S 中的炮孔 S_i 的引燃时间赋值为其起爆延时，并将 S_i 加入缓冲池 T；

（3）判断缓冲池 T 是否为空，若否，执行下一步；若是，则跳转至第（8）步；

（4）依次对缓冲池 T 中的炮孔进行传爆分析，得到最先被引燃的炮孔 T_i 和当前的传爆时间 t，并将 T_i 加入缓冲池 T 内；

（5）将 T_i 中的引燃时间赋值为 t，沿爆破网路的广度搜索与 T_i 关联的导爆管，赋导爆管性质值为 0，并判定出引燃炮孔 T_i 的导爆管 P_j；

（6）判断 T_i 是否为 P_j 的终止炮孔，若是，则导爆管 P_j 性质值赋为 1；否则，

导爆管 P_j 性质值赋为 2；并将 P_j 的起始炮孔从缓冲池 T 中移除；

(7) 判断缓冲池是否为空，若是，则执行下一步，若否，跳转至第 (4) 步；

(8) 依次判断炮孔集合 H 中的炮孔是否为虚拟孔，若是，则跳过该步继续遍历，若否，则将炮孔 H_i 的起爆时间赋为炮孔 H_i 的引燃时间、导爆管传爆时间及炮孔 H_i 的孔内延时三者之和；

(9) 完成露天矿复杂爆破网路解算。

5.3.3 点燃阵面与等时线分析

结合矿山爆破设计，初始爆破网路设计如图 5-17 所示，属于逐孔起爆技术，该技术中微差间隔是一个十分重要的参数，现场试验得出该矿山首排炮孔间延时为 17 ms，排间延时 65 ms，最后一排炮延时 100 ms。连线方式为 V 形，共含有炮孔 95 个，其中起爆孔 2 个，导爆管 97 根。

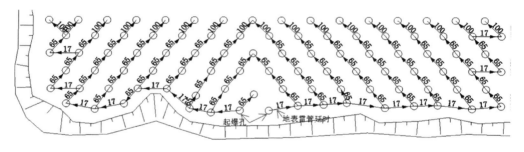

图 5-17 初始爆破网路设计图

该设计中由于在台阶不规整处无法进行布孔设计，故梅花形布孔不规则，爆破网路连线时未给予充分考虑，按技术人员经验设计后，通过爆破网路解算得到炮孔被引燃的时间以及起爆时间，在此基础上可进行等时线效果分析，如图 5-18 所示，爆破网路等时线分布疏密不均匀，等时线异常区域可能会导致炮孔起爆过于集中，属于爆破不安全因素。

规则爆破网路中炮孔的缺失打乱了正常爆破传爆顺序，本书所述的虚拟孔可有效解决该问题。在台阶不规整处增加 1 个虚拟孔，该炮孔在爆破网路中保证正常传爆延时，但实际中并未真正穿孔爆破。优化爆破网路设计后重新进行爆破模拟，等时线分析结果如图 5-19 所示，进一步分析得到爆破网路起爆后 850 ms 时的点燃阵面如图 5-20 所示。

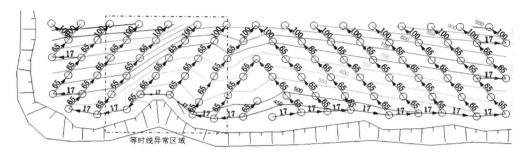

图 5-18　初始爆破网路等时线

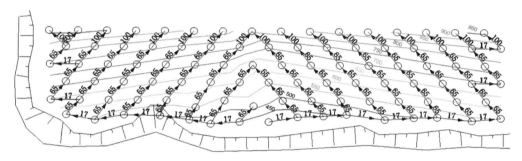

图 5-19　优化后的爆破网路等时线

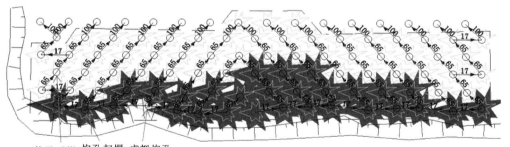

炮孔引燃　炮孔起爆　虚拟炮孔

图 5-20　爆破网路点燃阵面

第6章　露天矿配矿与品位异常处理

　　配矿又称矿石质量中和，是指为了达到选厂品位要求，对品位高低不同的矿石按比例进行相互搭配，尽量使之均匀混合。传统配矿管理仍通过手动的方式进行搭配，通常是用炮孔岩粉取样数据的算术平均计算爆区的平均品位，人工选择参与配矿的爆堆、圈定爆堆铲装范围，这种搭配方式需要反复调整才能得到相对合理的配矿方案，并且经常达不到卸矿点对入选品位的要求。

　　矿山粗放式开采向精细化开采的转变要求配矿方式进一步精细化，杨珊针对堆积型铝土矿的配矿要求，建立基于线性规划的配矿优化数学模型和基于 Xpress-MP 的数学模型求解方法，得到相应的配矿结果；王克让提出基于 0-1 整数规划的配矿数学模型以简化运输和调度管理，实现各爆堆是否供配矿的整体取舍；徐铁军提出两步式配矿优化数学模型，解决多目标配矿问题；为预测爆堆品位分布情况，郝全明引入 BP 人工神经网络方法，并取得一定成果；任伍元充分分析爆破中矿岩移动规律及爆堆覆盖规律，并基于此建立爆堆品位分布模型和配矿优化数学模型，从而计算出各爆堆的装载位置和供矿量。

　　上述方法在用于实际配矿生产时，距离达到指导生产的目标还有一定的难度，具体表现在：第一，将各爆堆或出矿点看作品位均匀的优化对象，对爆堆内矿石品位分布不均匀性尚未考虑，难以保证配矿结果的准确性；第二，配矿数学模型未考虑电铲的移动等约束，电铲频繁的移动可能降低其工作效率；第三，当入选品位要求比较苛刻，而实际参与供矿爆堆品位达不到标准时，数学模型难以收敛，得不到近优的配矿方案。

　　露天矿山精细化配矿是矿山品位控制中的重点与难点，将爆堆各元素品位视为一个平均值无疑会造成配矿结果的不精确。为此，应首先研究如何在配矿中考虑爆堆范围内各金属元素品位的空间分布不均匀性；其次，应研究如何处理配矿中共用爆堆、优选爆堆、备用爆堆和爆堆铲装推进形式等特殊配矿需求；最后，研究如何构建多卸点多元素的配矿数学模型，以使配矿结果满足入选品位要求。

6.1　配矿单元划分及估值

6.1.1　松动爆破配矿单元划分及估值

　　露天矿山采掘条带爆破后形成爆堆，由于矿山范围内各元素品位分布各异，不同爆堆之间元素品位分布相差较大，同一爆堆内同样存在品位分布不均匀的现象。

　　露天配矿的主要目的是将各爆堆中的矿石按照一定的比例混合，使混合后的元素品位达到矿山选厂选矿的品位波动需求，现有的配矿方法均是将爆堆范围内的元素品位看作一个平均值，从而通过不同爆堆之间按一定的比例混合进行配矿，此类配矿方法仅适用于爆堆范围内元素品位波动较小的矿山；爆堆类元素品位分布差异较大时此类方法将无法适用。为此，应寻求一种将爆堆离散化的方式表达爆堆内元素品位分布的不均匀性。

　　将爆堆划分成配矿单元块的过程是指，在水平方位上，以爆堆线框范围作为边界，按照配矿单元块的长度和宽度将爆堆分割成若干矩形块，对于爆堆内部的配矿单元块即形成规范的矩形块，而对于爆堆边界处的配矿单元块则以爆堆线框进行约束形成不规则块，从而使离散为配矿单元块后的爆堆保持其原有形状及尺寸，该方法适用于松动爆破情况下的配矿单元划分及估值。结合某露天矿山实际情况，当前正在生产的爆堆如图 6-1 所示。

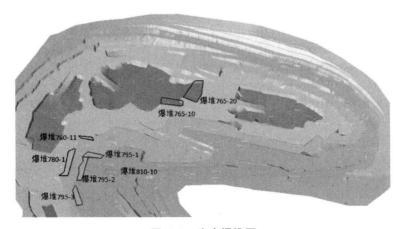

图 6-1　生产爆堆图

采剥场内共包含供配矿爆堆 8 个, 其中 810 m 台阶上包含爆堆 810-10, 795 m 台阶上包含爆堆 795-1、795-2 和 795-3, 780 m 台阶上包含爆堆 780-1 和 780-11, 765 m 台阶上包含爆堆 765-10 和 765-20, 各爆堆矿量和平均品位信息如表 6-1 所示。

表 6-1 爆堆矿量及平均品位信息

台阶标高/m	爆堆	体积/m³	矿量/t	Cu 平均品位/%	Mo 平均品位/%
810	810-10	28889.3	75112.3	0.060	0.016
795	795-1	34412.4	89472.3	0.332	0.018
795	795-2	55225.9	143587.3	0.318	0.021
795	795-3	44394.8	115426.4	0.066	0.009
780	780-1	68169.1	177239.6	0.153	0.007
780	780-11	14205.6	36934.7	0.509	0.010
765	765-10	57087.1	148426.6	0.496	0.007
765	765-20	115406.3	300056.4	0.142	0.006

距离幂次反比方法(inverse distance weighted, IDW)是一种按距离越近权重值越大的原则进行空间属性插值的估值方法, 其计算公式为:

$$g = \frac{\sum_{i=1}^{n} \frac{1}{d_i^p} g_i}{\sum_{i=1}^{n} \frac{1}{d_i^p}} \tag{6-1}$$

式中: g 为估值结果; g_i 为第 i 个样本的已知值; d_i 为待估值点与第 i 个样本的距离; p 为幂次。

利用地质统计中的距离幂次反比方法, 以化验后的炮孔岩粉数据作为样品点, 对各爆堆内的配矿单元进行属性估值, 其估值原理如图 6-2 所示。

利用上述原理, 将各爆堆按照 2 m×2 m 的尺寸离散化, 并对采场内离散化的爆堆进行 Cu 元素和 Mo 元素品位估值, 得到估值后的爆堆内元素品位分布效果如图 6-3 所示。

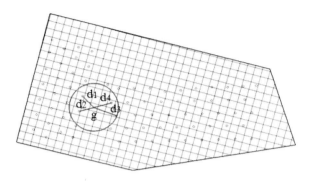

图 6-2　距离幂次反比方法估值原理

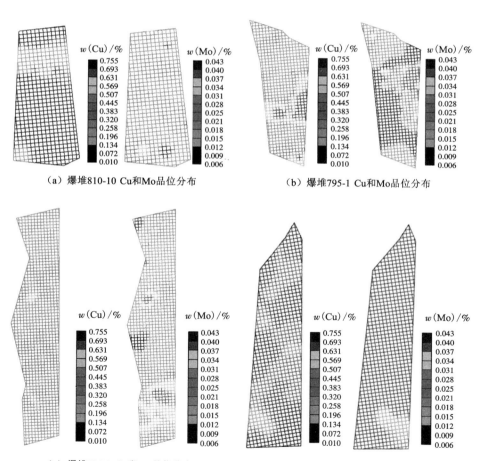

（a）爆堆 810-10 Cu 和 Mo 品位分布　　　　　（b）爆堆 795-1 Cu 和 Mo 品位分布

（c）爆堆 795-2 Cu 和 Mo 品位分布　　　　　（d）爆堆 795-3 Cu 和 Mo 品位分布

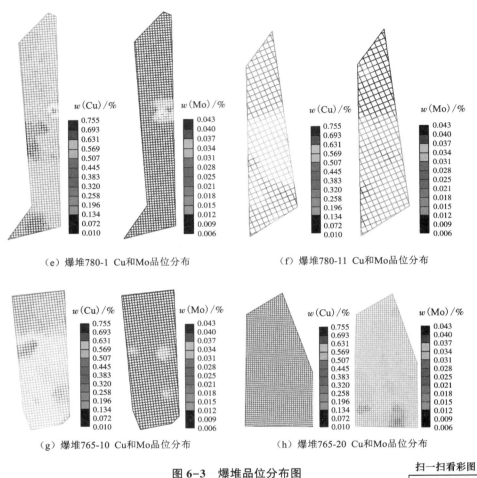

（e）爆堆780-1 Cu和Mo品位分布　　　　　（f）爆堆780-11 Cu和Mo品位分布

（g）爆堆765-10 Cu和Mo品位分布　　　　　（h）爆堆765-20 Cu和Mo品位分布

图 6-3　爆堆品位分布图

扫一扫看彩图

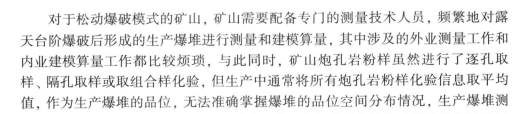

6.1.2　抛掷爆破配矿单元划分及估值

　　对于松动爆破模式的矿山，矿山需要配备专门的测量技术人员，频繁地对露天台阶爆破后形成的生产爆堆进行测量和建模算量，其中涉及的外业测量工作和内业建模算量工作都比较烦琐，与此同时，矿山炮孔岩粉样虽然进行了逐孔取样、隔孔取样或取组合样化验，但生产中通常将所有炮孔岩粉样化验信息取平均值，作为生产爆堆的品位，无法准确掌握爆堆的品位空间分布情况，生产爆堆测量及三维建模算量工作量大。与此同时，露天矿山开采中通常对爆破的炮孔孔口坐标进行了精确的测量。针对上述现象，亟须一种利用实测的炮孔孔口坐标及岩粉样化验信息，完成露天矿山生产爆堆自动创建的方法，以减少生产爆堆测量及三维建模算量工作量，该方法适用于松动爆破情况下的配矿单元划分及估值，实现步骤如下：

（1）根据实测的炮孔孔口坐标创建爆堆范围线框。炮孔具有属性信息，属性信息包括炮孔所属矿区、所属台阶、所属爆堆、化验编码、分组编码、矿种类型和元素品位化验信息；根据实测的炮孔孔口坐标及爆破安全距离和缓冲距离，利用二维 α–Shape 法创建爆堆范围线框。

（2）爆堆范围线框根据炮孔划分成凸多边形区域的集合。设 n 个炮孔孔口坐标点集为 $\{P_1, P_2, \cdots, P_n\}$，设爆堆范围线框为 n 个炮孔所在空间平面中的多边形区域 Q，利用点集 $\{P_1, P_2, \cdots, P_n\}$ 对多边形区域 Q 进行 Voronoi 凸多边形区域划分，实现各个点 P_i 对应一个 Voronoi 凸多边形区域 V_i；所述凸多边形区域 V_i 中的任何点到点 P_i 的距离均比到点集 $\{P_1, P_2, \cdots, P_n\}$ 中的其他任何点更近。

（3）凸多边形区域分组及轮廓提取。根据炮孔的分组编码属性信息，将分组编码属性相同的炮孔孔口坐标点对应的凸多边形区域分成组；依次处理各组凸多边形区域，遍历每个凸多边形区域的每条边，将与该组中其他凸多边形区域均不重合的边提取出来，并连接成闭合轮廓。

（4）将轮廓复制一份，根据两轮廓创建爆堆三维模型，再结合炮孔岩粉样化验信息进行属性计算。依次处理各组凸多边形区域的闭合轮廓，将该闭合轮廓线在 Z 方向上按台阶高度向下移动复制一份；闭合轮廓线及复制的闭合轮廓线内部构建三角网，闭合轮廓线与复制的闭合轮廓线之间构建三角网，将所有的三角网合并形成爆堆三维模型；爆堆的矿量为爆堆三维模型体积乘以矿石体重，爆堆的元素品位为所含的炮孔的元素品位与对应的凸多边形区域面积加权平均值。

以某露天矿山为例，对爆破的炮孔孔口坐标进行了精确的测量，与此同时，对矿山炮孔岩粉样进行了化验，根据实测的炮孔孔口坐标及爆破安全距离和缓冲距离，利用二维 α–Shape 法创建爆堆范围线框，如图 6-4 所示。

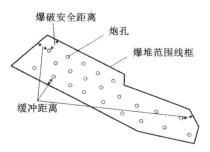

图 6-4　根据实测的炮孔孔口坐标及爆破安全距离和缓冲距离创建爆堆范围线框

设 22 个炮孔孔口坐标点集为 $\{P_1, P_2, \cdots, P_{22}\}$，设爆堆范围线框为 22 个炮孔所在空间平面中的多边形区域 Q，利用点集 $\{P_1, P_2, \cdots, P_{22}\}$ 对多边形区域 Q 进行 Voronoi 凸多边形区域划分，使各个点 P_i 对应一个 Voronoi 凸多边形区域 V_i，如图 6-5 所示。

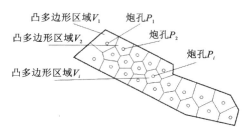

图 6-5 根据实测的炮孔孔口坐标对爆堆线框范围划分成凸多边形区域

根据炮孔的分组编码属性，将分组编码属性相同的炮孔孔口坐标点对应的凸多边形区域分为一组；依次处理各组凸多边形区域，遍历每个凸多边形区域的每条边，将与该组中其他凸多边形区域均不重合的边提取出来，并连接成闭合轮廓，如图 6-6 所示。

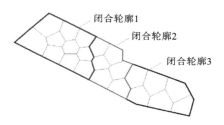

图 6-6 对每组凸多边形区域提取闭合轮廓

依次处理各组凸多边形区域的闭合轮廓，将该闭合轮廓线在 Z 方向上按台阶高度 15 m 向下移动复制一份；闭合轮廓线及复制的闭合轮廓线内部构建三角网，闭合轮廓线与复制的闭合轮廓线之间构建三角网，将所有的三角网合并形成爆堆三维模型；爆堆的矿量为爆堆三维模型体积乘以矿石体重，爆堆的元素品位为所含的炮孔的元素品位与对应的凸多边形区域面积加权平均值，如图 6-7 所示。爆堆 1 的体积为 V_1，矿山体重为 γ，

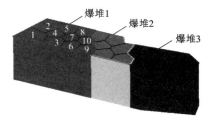

图 6-7 爆堆三维模型效果图

此时，爆堆 1 的矿量即为 $V_1 \times \gamma$；爆堆 1 包含凸多边形区域 1、凸多边形区域 2、凸多边形区域 3……凸多边形区域 10，凸多边形区域的面积为 S_i，所含的炮孔的元素品位为 a_i，此时，爆堆的元素品位为 $\dfrac{\sum\limits_{i=1}^{10} S_i \times a_i}{\sum\limits_{i=1}^{10} S_i}$。

6.2 爆堆铲装约束

6.2.1 共用爆堆

供配矿管理过程中，若矿山具有多个卸矿点，原则上各供矿爆堆在一个供矿周期中只供矿给某一卸矿点，从而保证矿山采运设备的有序调度。然而，当矿山出现某一供矿爆堆元素品位过高或过低时，该爆堆往往需要供矿给多个卸矿点，从而保证卸矿点品位均衡，这样的爆堆称为共用爆堆。

6.2.2 优选爆堆

矿山实际生产过程中，出于工程因素考虑，如矿山道路设计、矿山扩帮需求、矿山爆破需要等，某些爆堆必须参与供配矿，这样的爆堆称为优选爆堆。

供配矿过程中，共用爆堆和优选爆堆两种特殊情形融合时共存在以下四类现象：①爆堆既属于共用爆堆又属于优选爆堆，此时该爆堆必须参与配矿，且供矿给多个卸矿点；②爆堆不属于共用爆堆但属于优选爆堆时，该爆堆必须参与配矿，且只供给某一卸矿点；③爆堆属于共用爆堆但不属于优选爆堆时，该爆堆可能参与配矿，如果参与配矿，则供给多个卸矿点；④爆堆既不属于共用爆堆也不属于优选爆堆，自动配矿时该爆堆可能不参与配矿，如果参与则供给某一卸矿点。

6.2.3 备用爆堆

当爆堆 i 剩余矿量低于最小生产能力时，即

$$\sum_j \sum_p \left(m_{i,j,p} \sum_k x_{i,j,p,k} \mu \right) < \underline{C_i} \tag{6-2}$$

此时，选取较近的爆堆为备用进行配矿，其中 m 为爆堆 i 剩余矿量，若爆堆 i 参与配矿，则采完爆堆 i 后接着采备用爆堆，备用爆堆一般选择与爆堆 i 距离较近的爆堆，以减少铲装设备的移动。

6.2.4　爆堆铲装推进方式

推进方式指根据台阶主推进方向和自由面方向及考虑设备的作业条件所产生的可能的铲装方式。爆堆根据台阶主推进方向、自由面方向，以及适用于电铲效率发挥的铲装宽度和电铲的日生产能力，可产生多种可能的铲装方式，如图 6-8 所示。

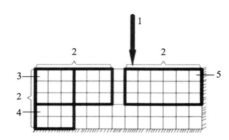

1—台阶主推进方向；2—铲装宽度；3—推进方式 P_1；
4—推进方式 P_2；5—推进方式 P_3。

图 6-8　电铲推进方式

由于供配矿结果会从爆堆的各种可能的推进方式中优选出最合适的，因此需统计各推进方式下铲装范围包含的单元块累积矿量和平均品位信息，作为配矿优化数学模型的输入参数。

6.3　松动爆破方式下配矿优化数学模型

6.3.1　数学模型构建

集合：
K：卸矿点的集合。
M：共用爆堆的集合。
S：优选爆堆集合。

E：矿石中金属元素的集合。

P：推进方式的集合。

索引：

i：爆堆的索引。

i'：备用爆堆的索引。

j：单元块的索引。

k：卸矿点的索引。

e：矿石中参与配矿的元素的索引。

p：推进方式的索引。

参数：

γ_e：元素品位优先级权重。

$\underline{G}_{k,e}$、$\overline{G}_{k,e}$：卸矿点 k 对于元素 e 的最小、最大品位要求。

$m_{i,j,p}$：第 i 个爆堆在第 p 种推进方式下的第 0 个单元块到第 j 个单元块的矿量累加值。

$\underline{C}_i$、$\overline{C}_i$：第 i 个爆堆的最小、最大生产能力。

E_k：卸矿点 k 的日处理能力。

N_k：供矿给卸矿点 k 的最大爆堆数目。

决策变量：

$$x_{i,j,p,k}=\begin{cases}1,\ 第\ i\ 个爆堆的第\ j\ 个单元块在第\ p\ 种推进方式下供矿给卸矿点\ k\\0,\ 其他\end{cases}$$

$g_{k,e}^-$：卸矿点 k 中元素 e 品位小于最小品位要求的偏差。

$g_{k,e}^+$：卸矿点 k 中元素 e 品位大于最大品位要求的偏差。

目标函数：

$$\min \sum_{k\in K}\sum_{e\in E}\gamma_e(g_{k,e}^-+g_{k,e}^+) \tag{6-3}$$

约束条件：

（1）共用爆堆约束。

$$x_{i,j,p,1}=x_{i,j,p,k},\ \forall i\in M,j,p,k \tag{6-4}$$

（2）优选爆堆约束。

$$\sum_j\sum_p\sum_k x_{i,j,p,k}=K,\ \forall i\in M\ \&\ i\in S \tag{6-5}$$

$$\sum_j\sum_p\sum_k x_{i,j,p,k}=1,\ \forall i\notin M\ \&\ i\in S \tag{6-6}$$

$$\sum_j\sum_p\sum_k x_{i,j,p,k}\leqslant K,\ \forall i\in M\ \&\ i\notin S \tag{6-7}$$

$$\sum_j\sum_p\sum_k x_{i,j,p,k}\leqslant 1,\ \forall i\notin M\ \&\ i\notin S \tag{6-8}$$

（3）爆堆日生产能力约束。

$$\underline{C_i} \le \sum_j \sum_p \left(m_{i,j,p} \sum_k x_{i,j,p,k}\mu \right) \le \overline{C_i}, \ \forall i \ \text{if} \ i \in M, \ \mu = \frac{1}{k} \ \text{else} \ \mu = 1 \quad (6\text{-}9)$$

（4）备用爆堆约束。

$$\underline{C_i} \le \sum_j \sum_p \left[(m + m_{i',j,p}) \sum_k x_{i,j,p,k}\mu \right] \le \overline{C_i}, \ \forall i \ \text{if} \ i \in M, \ \mu = \frac{1}{k} \ \text{else} \ \mu = 1$$

$$(6\text{-}10)$$

（5）卸矿点日处理能力要求。

$$\sum_i \sum_j \sum_p (m_{i,j,p} x_{i,j,p,k}\mu) = E_k, \ \forall k \ \text{if} \ i \in M, \ \mu = \frac{1}{k} \ \text{else} \ \mu = 1 \quad (6\text{-}11)$$

（6）供矿的爆堆数限制。

$$\sum_i \sum_j \sum_p (x_{i,j,p,k}) \le N_k, \ \forall k \ \text{if} \ i \in M, \ \mu = \frac{1}{k} \ \text{else} \ \mu = 1 \quad (6\text{-}12)$$

（7）卸矿点元素 e 的最小品位要求约束。

$$\sum_i \sum_j \sum_p (m_{i,j,p} x_{i,j,p,k}\mu g_{i,j,p,e}) / \sum_i \sum_j \sum_p (m_{i,j,p} x_{i,j,p,k}\mu) + g_{k,e}^- \ge \underline{G_{k,e}}$$

$$\forall k, \ e \ \text{if} \ i \in M, \ \mu = \frac{1}{k} \ \text{else} \ \mu = 1 \quad (6\text{-}13)$$

（8）卸矿点元素 e 的最大品位要求约束。

$$\sum_i \sum_j \sum_p (m_{i,j,p} x_{i,j,p,k}\mu g_{i,j,p,e}) / \sum_i \sum_j \sum_p (m_{i,j,p} x_{i,j,p,k}\mu) - g_{k,e}^+ \le \overline{G_{k,e}}$$

$$\forall k, \ e \ \text{if} \ i \in M, \ \mu = \frac{1}{k} \ \text{else} \ \mu = 1 \quad (6\text{-}14)$$

（9）决策变量逻辑约束。

$$g_{k,e}^- \ge 0, \ g_{k,e}^+ \ge 0, \ \forall k, \ e \quad (6\text{-}15)$$

针对多种元素、多个卸矿点且爆堆品位分布不均匀的复杂配矿问题，以品位波动最小为目标函数，建立基于目标规划的自动化配矿模型。

约束条件（1）实现如果爆堆是共用爆堆，且参与配矿，则该爆堆可供矿给所有的卸矿点。

约束条件（2）实现如果爆堆是优选爆堆，则该爆堆必须优先参与配矿，其中式（6-5）指若爆堆既属于共用爆堆又属于优选爆堆则爆堆必须参与配矿且供给所有卸矿点；式（6-6）指若爆堆不属于共用爆堆而属于优选爆堆时，爆堆必须参与配矿且只供给某一卸矿点；式（6-7）指若爆堆属于共用爆堆而不属于优选爆堆时，爆堆 i 可能参与配矿，如果参与配矿，则爆堆供给所有的卸矿点；式（6-8）指若爆堆既不属于共用爆堆也不属于优选爆堆，自动配矿时该爆堆可能不参与配矿，如果参与则供给某一卸矿点。

约束条件(3)避免了爆堆生产能力太小无法满足产量要求,同时不能超出设备的最大生产能力。

约束条件(4)有效处理了供矿爆堆剩余量不足时,以备用爆堆的方式继续供配矿以满足生产的问题。

约束条件(5)实现卸矿点日处理能力满足矿山设计要求。

约束条件(6)使参与供配矿的爆堆总数在一定的范围以内,避免供配矿数目过多导致现场设备调度困难。

约束条件(7)和约束条件(8)实现矿山供配矿时各卸矿点各元素的品位在要求的品位波动范围以内。

约束条件(9)实现了各品位波动正、负偏差变量的非负性,目标规划中目标函数决定了正、负偏差变量两者有且仅有一个大于零,或者两者均等于零。

该模型是针对多元素、多爆堆、多卸矿点的通用型配矿模型,考虑元素配矿优先级,以品位波动最小为目标函数,当短期计划出现偏差时,即使配矿条件达不到品位指标,根据现有约束也能求得最接近品位要求的配矿方案。

6.3.2　求解分析

某露天矿山实际共有一期和二期两个破碎站,各破碎站日处理矿量均为40000 t,破碎站需要同时满足选矿厂 Cu 元素和 Mo 元素入选品位要求,选矿厂 Cu 入选品位要求为 0.320%~0.325%,Mo 入选品位要求为 0.020%~0.025%。

根据矿山情况,选择当日可参与配矿的爆堆,如上所述,获取其岩粉取样数据,将爆堆划分为尺寸为 2 m×2 m×15 m 的单元块,按顺序编号,矿石密度为 2.6 t/m³,以岩粉数据为基础进行距离幂次反比法估值,估值时选取离待估单元块最近的 4 个炮孔数据进行估值,幂次取 2,估值完成后得到如表 6-2 所示部分爆堆部分单元块品位情况。

表 6-2　单元块基本信息

爆堆	单元块序列	单元块尺寸/(m×m×m)	体积/m³	矿量/t	Cu 品位/%	Mo 品位/%
795-2	1	1.215×0.588×15.000	8.141	21.166	0.210	0.024
	2	1.221×2.000×15.000	36.542	95.010	0.209	0.023
	3	1.228×2.000×15.000	36.734	95.510	0.208	0.022
	4	1.234×2.000×15.000	36.926	96.009	0.209	0.020
	…	…	…	…	…	…
…	…	…	…	…	…	…

续表6-2

爆堆	单元块序列	单元块尺寸/(m×m×m)	体积/m³	矿量/t	Cu品位/%	Mo品位/%
	...	...	...	...	...	...
	839	2.000×2.000×15.000	60.000	156.000	0.303	0.029
	840	2.000×2.000×15.000	60.000	156.000	0.424	0.044
780-1	841	2.000×2.000×15.000	60.000	156.000	0.340	0.030
	842	2.000×2.000×15.000	60.000	156.000	0.201	0.013
	...	...	...	...	...	...

设定台阶主推进方向、适用电铲效率的铲装宽度为 40 m 至 60 m，根据电铲日生产能力、破碎站处理能力在爆堆网格上搜索可能的推进方式，依据基于目标规划的配矿优化模型，设置爆堆是否优选、是否共用及是否需要添加备用爆堆情况，设置 Cu 和 Mo 元素的配矿优先级分别为 1.5 和 1.0，供矿爆堆数限制为 5 个，求出品位波动最小的配矿方案，得到日配矿结果，如表 6-3 和图 6-9、图 6-10 所示。

表 6-3　日配矿方案

卸矿位置	供矿位置	供矿品位/%		供矿量/t	品位/%		金属量/t	
		Cu	Mo		Cu	Mo	Cu	Mo
一期	765-10	0.489	0.009	12700			62.042	1.085
	780-1	0.159	0.003	14400	0.323	0.020	22.950	0.478
	795-1	0.343	0.051	13000			44.543	6.592
	合计	—	—	40100			129.535	8.156
二期	780-11	0.596	0.013	13200			78.732	1.698
	795-2	0.287	0.029	14800	0.322	0.020	42.458	4.361
	810-10	0.063	0.016	12000			7.553	1.936
	合计	—	—	40000			128.744	7.996

依据上述方法及参数，对矿山进行配矿数学模型解算，周期为 7 天，卸矿点 Cu 元素品位均为 0.320%~0.325%，卸矿点 Mo 元素品位均为 0.020%~0.025%，共得到 7 天的供配矿结果，统计一周内 Cu 元素和 Mo 元素配矿结果的品位波动情况，如表 6-4、图 6-11 和图 6-12 所示。

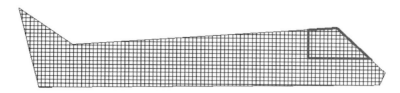

（a）780-1爆堆供矿位置

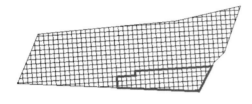

（b）795-1爆堆供矿位置

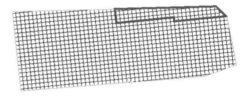

（c）765-10爆堆供矿位置

图 6-9　一期破碎站配矿爆堆及位置

（a）795-2爆堆供矿位置

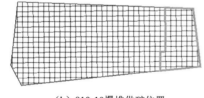

（b）810-10爆堆供矿位置

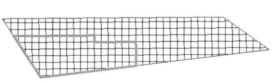

（c）780-11爆堆供矿位置

图 6-10　二期破碎站配矿爆堆及位置

表 6-4　配矿一周 Cu、Mo 元素品位波动

	品位	1 天	2 天	3 天	4 天	5 天	6 天	7 天
一期	Cu 品位/%	0.323	0.325	0.321	0.324	0.325	0.321	0.323
	Mo 品位/%	0.021	0.022	0.025	0.024	0.024	0.02	0.022
二期	Cu 品位/%	0.325	0.323	0.322	0.321	0.325	0.321	0.325
	Mo 品位/%	0.021	0.024	0.025	0.021	0.025	0.020	0.025

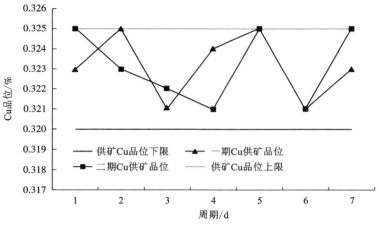

图 6-11 配矿 Cu 元素品位波动分析

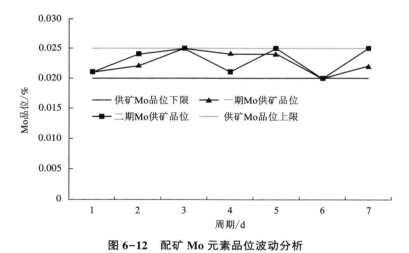

图 6-12 配矿 Mo 元素品位波动分析

6.4 抛掷爆破方式下配矿优化数学模型

6.4.1 数学模型构建

抛掷爆破方式下的配矿优化方法常见于露天石灰石矿山，开采时将矿山在垂直方向上划分成台阶，在各个台阶上进行穿孔、装药、爆破作业形成爆堆，各个爆堆根据质检化验和质量分布情况分成若干出矿点。石灰石矿山开采是为水泥制造厂提供矿石，由于水泥制造工艺的要求，对石灰石矿山开采提供的矿石提出了相应的质量要求，如矿山的主要元素 CaO 的品位需要大于目标下限，次要元素 SiO_2、Al_2O_3、Fe_2O_3、MgO、Na_2O、K_2O 和 SO_3 的品位需要小于目标上限，一般将主要元素 CaO 品位较高的矿石视为质量较好的矿石，将主要元素 CaO 品位较低的矿石视为质量较差的矿石。矿山日常生产的质量平衡控制关键任务就是在各个爆堆的各个出矿点之间，进行出矿量均衡搭配，给水泥制造厂提供满足质量要求的矿石。

露天石灰石矿山目前进行质量平衡控制的方法是人工试凑法，计算过程复杂、操作烦琐、受技术人员经验影响较大，且具有盲目性，难以找到最优的质量平衡控制方案，从而导致的结果为：给水泥制造厂提供的矿石质量难以保障；质量不平衡、波动性大；大量质量较差的矿石由于未能科学地与质量较好的矿石均衡搭配，从而不得不进行排废处理，浪费矿石资源。

针对上述现象，亟须一种露天石灰石矿山抛掷爆破方式下的配矿优化方法，实现露天石灰石矿山不同爆堆之间、爆堆内出矿点之间的矿石质量均衡搭配，最大化利用矿产资源，露天石灰石矿山抛掷爆破方式下的配矿优化方法实现过程包括以下步骤：

（1）用户设置质量平衡控制目标。露天石灰石矿山质量平衡控制所涉及的元素包括 SiO_2、Al_2O_3、Fe_2O_3、CaO、MgO、Na_2O、K_2O 和 SO_3，用户根据矿山质量情况选择出需要控制的元素，同时依次设置各个需要控制的元素的目标下限、目标上限和权重系数。

（2）用户设置出矿点和卸矿点约束参数。用户根据矿山开采现状选择出具备出矿条件的爆堆及出矿点；依次设置各卸矿点的产量下限和产量上限。

（3）根据矿山设备使用状态，选择出参与生产的铲装设备，依次设置各个参与生产的铲装设备的台时产量下限、台时产量上限和卸矿点；同时用户根据生产需求选择各个铲装设备的工作位置由用户设置或自动优化设置，若选择由用户设置，则用户设置铲装设备工作的台阶、爆堆和出矿点；若选择自动优化设置，则不需要设置。

（4）构建露天石灰石矿山抛掷爆破方式下的配矿优化数学模型。

（5）解算上述配矿优化数学模型，得到的质量平衡控制指令内容包括：铲装设备名称、铲装设备工作的台阶、铲装设备工作的爆堆、铲装设备工作的出矿点、出矿点各个需要控制的元素的品位、铲装矿石量和卸矿点名称。

抛掷爆破方式下的配矿优化数学模型如下：

集合：

D：爆堆的集合。

G：出矿点的集合。

E：质量平衡控制元素的集合。

T：卸矿点的集合。

M：铲装设备数集合。

$F_{i,j,m}$：爆堆 i 出矿点 j 的 m 种铲装设备集合。

$H_{i,j,m,n}$：爆堆 i 出矿点 j 第 m 铲装设备 n 种出矿量集合。

$K_{i,j,m,n,k}$：爆堆 i 出矿点 j 第 m 铲装设备 n 种出矿量质量平衡控制方案集合。

$P_{i,j,m,n,k,t}$：爆堆 i 出矿点 j 第 m 铲装设备第 n 种出矿量到卸矿点 t 的矿量集合。

$G_{i,j,e}^{E}$：爆堆 i 出矿点 j 元素 e 品位集合。

索引：

i：爆堆的索引。

j：出矿点的索引。

e：元素的索引。

m：铲装设备的索引。

n：出矿量的索引。

t：卸矿点的索引。

k：质量平衡控制方案的索引。

参数：

$\overline{g}_{t,e}$、$\underline{g}_{t,e}$：卸矿点 t 对元素 e 的质量平衡控制目标上、下限。

$\lambda_{t,e}$：卸矿点 t 各个元素 e 的质量平衡控制权重系数。

$\overline{q}_{t}$、$\underline{q}_{t}$：卸矿点 t 的产量上、下限。

决策变量：

$$x_{i,j,m,n,k} = \begin{cases} 1, & \text{爆堆 } i \text{ 出矿点 } j \text{ 铲装设备 } m \text{ 出矿量 } n \text{ 的质量平衡控制方案 } k; \\ 0, & \text{其他}. \end{cases}$$

$g_{t,e}^{-}$：卸矿点 t 元素 e 的质量平衡控制负偏差。

$g_{t,e}^{+}$：卸矿点 t 元素 e 的质量平衡控制正偏差。

目标函数：

$$\min \sum_{t} \sum_{e} \lambda_{t,e} \times (g_{t,e}^{-} + g_{t,e}^{+}) \tag{6-16}$$

约束条件：

（1）变量逻辑性约束。

$$x_{i,j,m,n,k} = 0, 1, \quad \forall i \in D, j \in G, m \in M, n \in H_{i,j,m}, k \in K \tag{6-17}$$

$$g_{t,e}^{-} \geqslant 0, \quad \forall e \in E, t \in T \tag{6-18}$$

$$g_{t,e}^{+} \geqslant 0, \quad \forall e \in E, t \in T \tag{6-19}$$

$$g_{t,e}^- \times g_{t,e}^+ = 0, \quad \forall e \in E, \ t \in T \tag{6-20}$$

（2）出矿点逻辑性约束。

$$\sum_m \sum_n \sum_k x_{i,j,m,n,k} \leqslant 1, \quad \forall i \in D, j \in G \tag{6-21}$$

（3）卸矿点 t 的质量平衡控制下限约束。

$$\sum_i \sum_j \sum_m \sum_n \sum_k (x_{i,j,m,n,k} \times P_{i,j,m,n,k,t} \times G_{i,j,e}^E) + g_{t,e}^- \geqslant$$

$$\overline{g}_{t,e} \times \sum_i \sum_j \sum_m \sum_n \sum_k (x_{i,j,m,n,k} \times P_{i,j,m,n,k,t}), \quad \forall e \in E, \ \forall t \in T \tag{6-22}$$

（4）卸矿点 t 的质量平衡控制上限约束。

$$\sum_i \sum_j \sum_m \sum_n \sum_k (x_{i,j,m,n,k} \times P_{i,j,m,n,k,t} \times G_{i,j,e}^E) - g_{t,e}^+ \leqslant$$

$$\underline{g}_{t,e} \times \sum_i \sum_j \sum_m \sum_n \sum_k (x_{i,j,m,n,k} \times P_{i,j,m,n,k,t}), \quad \forall e \in E, \ \forall t \in T \tag{6-23}$$

（5）卸矿点 t 的产量能力下限约束。

$$\sum_i \sum_j \sum_m \sum_n \sum_k (x_{i,j,m,n,t} \times P_{i,j,m,n,k,t}) \geqslant \overline{q}_t, \quad \forall t \in T \tag{6-24}$$

（6）卸矿点 t 的产量能力上限约束。

$$\sum_i \sum_j \sum_m \sum_n \sum_k (x_{i,j,m,n,k} \times P_{i,j,m,n,k,t}) \leqslant \underline{q}_t, \quad \forall t \in T \tag{6-25}$$

6.4.2 求解分析

以某露天石灰石矿山为试验，质量平衡控制所涉及的元素包括 SiO_2、Al_2O_3、Fe_2O_3、CaO、MgO、Na_2O、K_2O 和 SO_3，用户根据矿山质量情况选择出需要控制的元素为 SiO_2、CaO 和 MgO，同时依次设置元素 SiO_2、CaO 和 MgO 品位的目标下限、目标上限和权重系数，如表 6-5 所示。

表 6-5 元素品位目标

	元素	目标下限	目标上限	权重系数
☑	SiO_2	7.5	16.5	1
☐	Al_2O_3	—	—	—
☐	Fe_2O_3	—	—	—
☑	CaO	46.0	46.3	10
☑	MgO	1.2	1.5	1
☐	Na_2O	—	—	—
☐	K_2O	—	—	—
☐	SO_3	—	—	—

根据矿山开采现状选择出具备出矿条件的爆堆及出矿点，如表 6-6 所示。

表 6-6　出矿点信息

	爆堆		出矿点	$w(SiO_2)/\%$	$w(CaO)/\%$	$w(MgO)/\%$
☑	BD1901	☑	01	3.130	52.510	0.850
		☑	02	2.260	53.530	0.680
		☐	03	10.470	48.270	0.750
	...		...	...	...	...
☑	BD1908	☐	01	22.870	39.840	1.650
		☑	02	14.500	42.100	2.110

设置卸矿点 A#的产量下限 1150 t 和产量上限 1250 t。根据矿山设备使用状态，选择出参与生产的铲装设备，依次设置各个参与生产的铲装设备的台时产量下限、台时产量上限和卸矿点；同时用户根据生产需求选择各个铲装设备的工作位置由用户设置或自动优化设置，若选择由用户设置，则用户设置铲装设备工作的台阶、爆堆和出矿点；若选择自动优化设置，则不需要设置，如表 6-7 所示。

表 6-7　设备信息

	铲装设备编号	台阶	爆堆	出矿点	台时产量下限/t	台时产量上限/t	卸矿点
☑	01#	100~115	BD1905	02	380	420	A#
☑	02#	自动优化	自动优化	自动优化	380	420	A#
☑	03#	115~130	BD1903	自动优化	400	450	A#
☐	04#	—	—	—	—	—	—
☐	05#	—	—	—	—	—	—

自动构建质量平衡控制数学模型并解算，得到的质量平衡控制指令内容包括铲装设备名称、台阶、爆堆、出矿点、出矿点各个需要控制的元素的品位、矿石量和卸矿点名称，如表 6-8 所示。

表 6-8　质量平衡控制指令

铲装设备编号	台阶	爆堆	出矿点	$w(SiO_2)$ /%	$w(CaO)$ /%	$w(MgO)$ /%	矿石量 /t	卸矿点名称
01#	100~115	BD1905	02	3.025	52.015	0.662	400	A#
02#	100~115	BD1902	03	10.356	49.231	1.256	420	A#
03#	115~130	BD1903	01	19.652	37.751	1.985	430	A#
平均(合计)				11.208	46.173	1.317	1250	

6.5　品位异常自动处理

6.5.1　品位异常处理策略

露天石灰石矿山开采是为水泥制造厂提供矿石，由于水泥制造工艺的要求，对石灰石矿山开采提供的矿石也有相应的质量要求，如矿山的主要元素 CaO 品位需要大于目标下限，次要元素 SiO_2、Al_2O_3、Fe_2O_3、MgO、Na_2O、K_2O 和 SO_3 品位需要小于目标上限。矿山开采过程中，通过跨带分析仪检测质量信息，矿山日常开采的质量控制关键任务就是当检测到的质量信息不满足质量要求时，调整矿山开采的质量平衡控制目标，从而通过后续开采对矿石质量进行纠偏，使累计生产的矿石满足质量目标。

露天石灰石矿山目前进行质量检测异常信息处理的方法是人工干预法，这种方法存在响应不及时、计算过程复杂、操作烦琐、受技术人员经验影响较大等问题，难以控制矿山开采的质量目标，从而导致的结果为：需要配备专门的技术人员实时判断质量异常及处理质量异常；给水泥制造厂提供的矿石质量依然难以保障；纠偏不及时，质量波动性大。

针对上述现象，亟须一种露天石灰石矿山质量检测异常信息自动处理方法，实现露天石灰石矿山开采过程中质量异常情况的及时处理，保障矿石质量平衡。露天石灰石矿山质量检测异常信息自动处理方法包括以下步骤：

(1)用户设置质量目标。露天石灰石矿山质量目标所涉及的元素包括 SiO_2、Al_2O_3、Fe_2O_3、CaO、MgO、Na_2O、K_2O 和 SO_3，用户根据矿山质量情况选择出需要控制的元素，同时设置所有需要控制的元素 e 的目标下限 $\underline{S_e}$ 和目标上限 $\overline{S_e}$。

(2)用户设置质量检测及异常信息自动处理参数。用户根据矿山开采管理需求设置质量检测开始时间 t_b、质量检测频次 t_{step}、质量纠偏周期 t_h 和自动处理结果下达缓冲时间 t_{buffer}。其中用户设置质量纠偏周期的方式有两种，第一种是设置特定的时间长度，第二种是根据质量发生异常时间与矿山生产结束时间之差设置自动计算时间长度。

（3）质量检测数据分析。查找矿山生产开始时间 t_b 至当前检测时间 t_c 范围内的 N 个元素 e 在线分析品位 $\{v_e^1, v_e^2, \cdots, v_e^n\}$，以及对应的矿石量 $\{w^1, w^2, \cdots, w^n\}$，根据矿石量计算元素 e 在线分析品位的加权平均结果 $\dfrac{\sum\limits_{n=1}^{N} v_e^n \times w^n}{\sum\limits_{n=1}^{N} w^n}$。

（4）若质量检测数据在质量目标阈值范围内，则不做处理；若质量检测数据不在质量目标阈值范围内，即出现质量检测异常信息，则进行质量检测异常信息自动处理。即若 $\underline{S_e} < \dfrac{\sum\limits_{n=1}^{N} v_e^n \times w^n}{\sum\limits_{n=1}^{N} w^n} < \bar{S_e}$，则质量检测数据在质量目标阈值范围内，不做处理；若 $\dfrac{\sum\limits_{n=1}^{N} v_e^n \times w^n}{\sum\limits_{n=1}^{N} w^n} > \bar{S_e}$ 或者 $\dfrac{\sum\limits_{n=1}^{N} v_e^n \times w^n}{\sum\limits_{n=1}^{N} w^n} < \underline{S_e}$，则质量检测数据不在质量目标阈值范围内，即出现质量检测异常信息，进行质量检测异常信息自动处理。自动处理方法具体过程如下：

若 $\dfrac{\sum\limits_{n=1}^{N} v_e^n \times w^n}{\sum\limits_{n=1}^{N} w^n} < \underline{S_e}$，则将质量平衡控制目标调整为 $\underline{S_e} + \dfrac{\left(\underline{S_e} - \dfrac{\sum\limits_{n=1}^{N} v_e^n \times w^n}{\sum\limits_{n=1}^{N} w^n} \right) \times t_c}{t_h}$；

若 $\dfrac{\sum\limits_{n=1}^{N} v_e^n \times w^n}{\sum\limits_{n=1}^{N} w^n} > \bar{S_e}$，则将质量平衡控制目标调整为 $\bar{S_e} - \dfrac{\left(\dfrac{\sum\limits_{n=1}^{N} v_e^n \times w^n}{\sum\limits_{n=1}^{N} w^n} - \bar{S_e} \right) \times t_c}{t_h}$。

（5）质量检测异常信息自动处理后，调整质量检测数据与质量目标对比分析方法。设自动处理后某次检测时间为 t_c^n，自动处理后某次检测得到的元素 e 在线分析品位的加权平均结果为 a_e，调整质量检测数据与质量目标对比分析方法的具体过程为：

在 $\dfrac{\sum\limits_{n=1}^{N} v_e^n \times w^n}{\sum\limits_{n=1}^{N} w^n} < \underline{S}_e$ 的情况下，若 $\dfrac{\sum\limits_{n=1}^{N} v_e^n \times w^n}{\sum\limits_{n=1}^{N} w^n} + \dfrac{\left(\underline{S}_e - \dfrac{\sum\limits_{n=1}^{N} v_e^n \times w^n}{\sum\limits_{n=1}^{N} w^n}\right) \times (t_c^n - t_c)}{t_h} <$

$a_e < \overline{S}_e$，则质量检测数据在质量目标阈值范围内，不做处理；若 $a_e > \overline{S}_e$ 或者 $a_e <$

$\dfrac{\sum\limits_{n=1}^{N} v_e^n \times w^n}{\sum\limits_{n=1}^{N} w^n} + \dfrac{\left(\underline{S}_e - \dfrac{\sum\limits_{n=1}^{N} v_e^n \times w^n}{\sum\limits_{n=1}^{N} w^n}\right) \times (t_c^n - t_c)}{t_h}$，则质量检测数据不在质量目标阈值范

围内，即出现质量检测异常信息，再次进行质量检测异常信息自动处理；

在 $\dfrac{\sum\limits_{n=1}^{N} v_e^n \times w^n}{\sum\limits_{n=1}^{N} w^n} > \overline{S}_e$ 的情况下，若 $\underline{S}_e < a_e < \dfrac{\sum\limits_{n=1}^{N} v_e^n \times w^n}{\sum\limits_{n=1}^{N} w^n} -$

$\dfrac{\left(\dfrac{\sum\limits_{n=1}^{N} v_e^n \times w^n}{\sum\limits_{n=1}^{N} w^n} - \overline{S}_e\right) \times (t_c^n - t_c)}{t_h}$，则质量检测数据在质量目标阈值范围内，不做处

理；若 $a_e < \underline{S}_e$ 或者 $a_e > \dfrac{\sum\limits_{n=1}^{N} v_e^n \times w^n}{\sum\limits_{n=1}^{N} w^n} - \dfrac{\left(\dfrac{\sum\limits_{n=1}^{N} v_e^n \times w^n}{\sum\limits_{n=1}^{N} w^n} - \overline{S}_e\right) \times (t_c^n - t_c)}{t_h}$，则质量检测数

据不在质量目标阈值范围内，即出现质量检测异常信息，再次进行质量检测异常信息自动处理。

6.5.2 品位异常处理方法

以某露天石灰石矿山为试验，质量目标所涉及的元素包括 SiO_2、Al_2O_3、Fe_2O_3、CaO、MgO、Na_2O、K_2O 和 SO_3，用户根据矿山质量情况选择出需要控制的元素为 SiO_2、CaO 和 MgO，同时依次设置元素 SiO_2、CaO 和 MgO 品位的目标下限和目标上限，如表 6-9 所示。

表 6-9　元素品位目标

	元素	目标下限/%	目标上限/%
☑	SiO_2	7.5	16.5
☐	Al_2O_3	—	—
☐	Fe_2O_3	—	—
☑	CaO	46.0	46.3
☑	MgO	1.2	1.5
☐	Na_2O	—	—
☐	K_2O	—	—
☐	SO_3	—	—

根据矿山开采管理需求设置质量检测开始时间 $t_b = 2$ h，质量检测频次 $t_{step} = 10$ min，质量纠偏周期 $t_h = 4$ h 和自动处理结果下达缓冲时间 $t_{buffer} = 1$ min。

以元素 CaO 为例，查找矿山生产开始时间至当前检测时间 $t_c = 2.5$ h 范围内的 150 个元素 CaO 在线分析品位 {45.1, 45.3, …, 44.6}，及对应的矿石量 {19.12, 19.68, …, 22.35}，根据矿石量计算元素 CaO 在线分析品位的加权平均结果为 45.2。

由于 45.2<46，质量检测数据不在质量目标阈值范围内，即出现质量检测异常信息，需进行质量检测异常信息自动处理，自动处理方法具体过程如下：将质量平衡控制目标调整为 $46 + \dfrac{(46-45.2) \times 2.5}{4} = 46.125$。

设自动处理后某次检测时间为 $t_c^n = 3.5$ h，自动处理后某次检测得到的元素在线分析品位的加权平均结果为 $a_e = 45.54$，调整质量检测数据与质量目标对比分析方法的具体过程为：在 45.2<46 的情况下，$45.2 + \dfrac{(46-45.2) \times (3.5-2)}{4} = 45.5$，45.5<45.54<46.3，故质量检测数据在质量目标阈值范围内，不做处理。

6.6　堆场三维品位模型

矿石堆场是经过破碎后的矿石通过堆料机临时堆放的料堆，其作用体现在如下两个方面：①缓冲作用，如平衡选厂供矿需求的波动，为选厂长期提供稳定的矿石量供给；②均化作用，通过堆料将矿石二次混合，使得矿石堆场的品位分布进一步均匀，从而为选厂提供稳定的矿石品位。因此，矿石堆场空间形态的三维可视化建模和矿石堆场品位空间分布模型构建，是矿山数字化、信息化和智能化建设的重要组成部分。

测量技术的飞速发展为矿石堆场空间形态的测量和建模提供了技术手段，汪志明等提出利用 GNSS RTK 技术测量矿料体积，并应用于武汉钢铁公司堆料场矿料体积的测量；孔祥元等将 GNSS RTK 及地质雷达 GPR 集成技术应用于大型企业矿料资产测算；刘波提出利用三维激光扫描技术获取料堆表面的点云数据，进而通过点云建模方法建立堆场三维模型，相比于 GNSS RTK 测量技术，三维激光扫描及点云建模得到的堆场三维模型精度更高；张博文采用基于单目多视图三维重建方法进行料堆体积测量，在现场仅通过无人机航拍采集图像，将大部分测算工作移至后端处理，降低施工难度和外业数据采集时间的同时，确保了测量方案的高性价比。矿石堆场三维模型的精确建立已具备技术条件，三维矿石堆场模型内部的品位空间分布分析成为堆场精细化管理的瓶颈。国内外学者对矿体、生产区域和爆堆内的品位空间分布情况做了大量的研究，但尚无学者研究矿石堆场三维模型内的品位空间分布情况，原因在于缺乏支撑空间品位分析的样品信息。

近年来，品位在线分析仪在矿山生产品位检测中的深入应用，为矿石堆场品位模型的构建提供了数据来源，目前进行堆场品位信息管理的方法为：统计整个堆场经过皮带秤和品位在线分析仪的矿石流的矿石量和元素品位信息，根据矿石量计算出各元素品位的加权平均值，作为堆场的品位信息，将整个堆场视为一个均质的模型，无法掌握堆场的品位空间分布情况，后续生产时取料的品位也是恒定的值，无法预测出取料品位的实时变化情况。因此，矿石堆场品位模型构建及取料品位估算方法的研究，对矿山生产品位的精细化掌控具有重要意义。

对于建设了品位在线监测系统的矿山，矿石堆场品位模型构建及取料品位估算的基本思路为：首先，将矿石堆场三维空间模型离散化，以长形堆场为例，在长度方向上离散为段，在横截面方向上离散为层；其次，根据空间距离和矿石流移动速度，计算矿石流到达矿石堆场不同空间位置的时间差；最后，将序列化的品位检测数据和矿量计量数据，根据时间差分散到矿石堆场三维空间模型中，进而统计出矿石堆场各离散单元的矿量及品位，构建出矿石堆场品位模型；在矿石堆场品位模型的基础上，根据取料位置和料耙角度，分析三维取料工作面上的品位分布情况，估算出实时的品位。总体流程如图 6-13 所示。

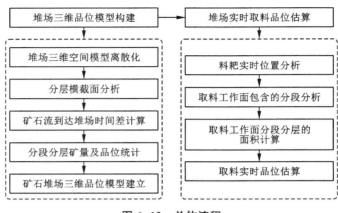

图 6-13 总体流程

6.6.1 堆场三维堆料品位模型

设堆料机一次往返的堆料为一个单层，d 个单层组合为一个分层，长形堆场堆满时共 m 个分层，即 $N=d×m$ 个单层，堆至第 m 个分层时，通过现场测量堆料宽度及堆积角与分层数得到，对应的堆料宽度为 $s(d×m)$，对应的堆积角为 $\alpha(d×m)$，长形堆场第 1 个分层横截面形态为一个等腰三角形，第 2 至第 m 个分层为横截面形态为一个倒 V 形，其内等腰三角形宽度为 $s(d×m)$，高度为 $\dfrac{s(d×m)×\tan \alpha(d×m)}{2}$，外等腰三角形宽度为 $s(d×m+d)$，高度为 $\dfrac{s(d×m+d)×\tan \alpha(d×m+d)}{2}$，如图 6-14 所示。

皮带的运行速度为 v_b，皮带末端距离地表面的高度为 H，矿石流经皮带秤后到皮带的末端距离为 l^w，矿石流经品位在线分析仪后到皮带的末端距离为 l^r，如图 6-15 所示，第 n 个单层堆料时，皮带末端距离堆场顶端的高度为 $H-\dfrac{s(n)×\tan \alpha(n)}{2}$，矿石流经过皮带末端至堆场顶端的移动为自由落体运动，自由落体加速度为 g，故矿石流经皮带秤到达堆场的时间差为：

$$t^w = \frac{l^w}{v_b} + \sqrt{\frac{2H-s(n)×\tan \alpha(n)}{g}} \qquad (6-26)$$

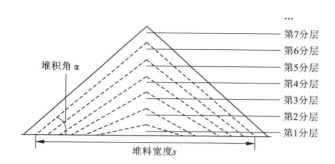

图 6-14　矿石堆场分层横截面形态

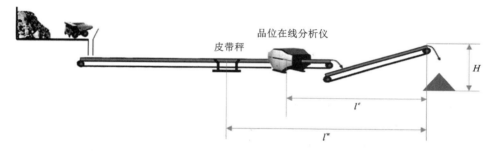

图 6-15　矿石流经皮带秤和跨带分析仪到达堆场的时间差计算

矿石流经品位在线分析仪到达堆场的时间差为：

$$t^e = \frac{l^e}{v_b} + \sqrt{\frac{2H - s(n) \times \tan \alpha(n)}{g}} \qquad (6-27)$$

堆场起始堆料的时间为 t_0，堆场长度为 L，在堆场长度方向上将堆场划分为 K 个分段，堆料机悬臂移动速度为 v_m，从而得到堆料机堆一个单层的时间为 $\frac{2L}{v_m}$，t 时刻经过皮带秤的矿石矿量为 $w(t'_w)$，其中：

$$t'_w = t - \frac{l^w}{v_b} + \sqrt{\frac{2H - s(n) \times \tan \alpha(n)}{g}} \qquad (6-28)$$

t 时刻经过跨带分析仪的矿石元素 e 品位为 $g^e(t'_e)$，其中：

$$t'_e = t - \frac{l^e}{v_b} + \sqrt{\frac{2H - s(n) \times \tan \alpha(n)}{g}} \qquad (6-29)$$

t 时刻堆料在堆场第 $\mathrm{ceil}\left(\dfrac{t \times v_m}{2L}\right)\%d$ 个分层上，且 t 时刻堆料在堆场长度方向

上的位置为 $(t \times v_m)\%(2L)$，同时得到第 k 分段分层 m 的矿石是时刻

$$\left\{\left[\frac{2L \times m \times d \times K + k \times L}{v_m \times K},\ \frac{2L \times m \times d \times K + (k+1) \times L}{v_m \times K}\right],\ \left[\frac{2L \times (m \times d + 1) \times K + k \times L}{v_m \times K},\right.\right.$$

$$\frac{2L \times (m \times d + 1) \times K + (k+1) \times L}{v_m \times K}\right],\quad \cdots,\quad \left[\frac{2L \times \left[(m+1) \times d - 1\right] \times K + k \times L}{v_m \times K},\right.$$

$$\left.\left.\frac{2L \times \left[(m+1) \times d - 1\right] \times K + (k+1) \times L}{v_m \times K}\right]\right\}$$ 的矿石流，对应的矿石矿量为 $\{w_1^{k,m},\ w_2^{k,m},$

$\cdots,\ w_i^{k,m}\}$，元素 e 品位为 $\{g_1^{e,k,m},\ g_2^{e,k,m},\ \cdots,\ g_i^{e,k,m}\}$，将矿石量累加得到第 k 分

段分层 m 的矿石总量为 $\displaystyle\sum_{i=1}^{I} w_i^{k,m}$，将品位根据矿石量加权平均得到第 k 分段分层

m 的元素 e 品位为 $\displaystyle\sum_{i=1}^{I} g_i^{e,k,m}$，从而构建出矿石堆场三维品位模型，如图 6-16

所示。

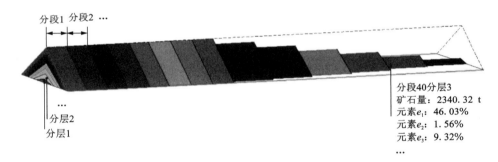

图 6-16　矿石堆场三维品位模型

6.6.2　堆场三维取料品位模型

矿石堆场长度为 L，堆场横截面三角形宽为 S，堆场横截面三角形高为 H，堆场三维品位模型在堆场长度方向上将堆场划分为 K 个分段，在堆场横截面上将堆场划分为 M 个分层，料耙实时位置和料耙取料角度根据料耙上的传感器取得。设料耙实时位置为 l_c^{D}，料耙取料角度为 α_c，料耙取料工作面整体为等腰三角形，如图 6-17 所示，取料工作面三角形宽等于堆场横截面三角形宽 S，取料工作面三角形高为：

$$H_c = \frac{H}{\sin \alpha_c} \tag{6-30}$$

图 6-17 矿石堆场三维取料工作面

取料工作面三角形顶点至底边水平距离为

$$S_c = \frac{H}{\tan \alpha_c} \tag{6-31}$$

从而得到料耙工作面三角形顶点实时位置为

$$l_c^U = l_c^D + \frac{H}{\tan \alpha_c} \tag{6-32}$$

进而得到取料工作面包含的堆场分段为 $\left[\mathrm{ceil}\left(\dfrac{l_c^D \times K}{L} \right), \ \mathrm{ceil}\left(\dfrac{l_c^D \times \tan \alpha_c \times K + H \times K}{L \times \tan \alpha_c} \right) \right]$。

堆场三维品位模型中取料工作面上各分段分层的形状包含四种情况：

第一种情况的形状是三角形，如图 6-18(a)所示，以 T_1 表示。第一种情况出现在取料工作面的上部，此时 T_1 三角形的底边长度为：

$$S_c^1 = \mathrm{ceil}\left(\frac{l_c^D \times \tan \alpha_c \times K + H \times K}{L \times \tan \alpha_c} \right) \times S - \frac{l_c^D \times S \times K}{L} - \frac{H \times S \times K}{\tan \alpha_c \times L} \tag{6-33}$$

T_1 三角形的高为：

$$H_c^1 = \mathrm{ceil}\left(\frac{l_c^D \times \tan \alpha_c \times K + H \times K}{L \times \tan \alpha_c} \right) \times \frac{H}{\sin \alpha_c} - \frac{l_c^D \times H \times K}{L \times \sin \alpha_c} - \frac{H \times H \times K}{\tan \alpha_c \times L \times \sin \alpha_c} \tag{6-34}$$

从而 T_1 的面积为：

$$R_1 = \frac{S_c^1 \times H_c^1}{2} \tag{6-35}$$

第二种情况的形状内、外轮廓都是三角形，如图 6-18(b)所示，以 T_2 表示。第二种情况出现在取料工作面的上部，此时 T_2 外三角形的面积 R_2^O 与第一种情况计算方法一致，以内三角形的堆场分层高度 H_2^I 替代 H，并按第一种情况相同计算方法得到 T_2 内三角形的面积 R_2^I，从而 T_2 的面积为：

$$R_2 = R_2^O - R_2^I \tag{6-36}$$

第三种情况的形状外轮廓是等腰梯形，内轮廓是三角形，如图 6-18(c) 所示，以 T_3 表示。第三种情况出现在取料工作面的下部，此时 T_3 外轮廓等腰梯形的下底边长度为 S，T_3 外轮廓等腰梯形的上底边长度为：

$$S_c^3 = \text{ceil}\left(\frac{l_c^D \times \tan \alpha_c \times K + H \times K}{L \times \tan \alpha_c}\right) \times S - \frac{l_c^D \times S \times K}{L} - \frac{H \times S \times K}{\tan \alpha_c \times L} \tag{6-37}$$

T_3 外轮廓等腰梯形的高为：

$$H_c^3 = \frac{H}{\sin \alpha_c} - \text{ceil}\left(\frac{l_c^D \times \tan \alpha_c \times K + H \times K}{L \times \tan \alpha_c}\right) \times \frac{H}{\sin \alpha_c} + \frac{l_c^D \times H \times K}{L \times \sin \alpha_c} + \frac{H \times H \times K}{\tan \alpha_c \times L \times \sin \alpha_c}$$

$$\tag{6-38}$$

T_3 外轮廓等腰梯形的面积为：

$$R_3^O = \frac{(S + S_c^3) \times H_c^3}{2} \tag{6-39}$$

T_3 内轮廓三角形的面积与第二种情况 T_2 内三角形计算方法一致，从而 T_3 的面积为：

$$R_3 = R_3^O - R_3^I \tag{6-40}$$

第四种情况的形状内、外轮廓都是等腰梯形，如图 6-18(d) 所示，以 T_4 表示。第四种情况出现在取料工作面的下部，此时 T_4 外轮廓等腰梯形的面积 R_4^O 与第三种情况计算 T_3 外轮廓等腰梯形面积的方法一致，以内轮廓等腰梯形的堆场分层高度 H_4^I 替代 H，并按第三种情况外轮廓等腰梯形面积相同的计算方法得到 T_4 内轮廓等腰梯形的面积 R_4^I，从而 T_4 的面积为：

$$R_4 = R_4^O - R_4^I \tag{6-41}$$

设矿石堆场三维品位模型分段 k 分层 m 的元素 e 品位为 $g_{k,m}^e$，根据公

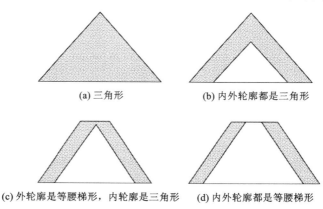

(a) 三角形   (b) 内外轮廓都是三角形

(c) 外轮廓是等腰梯形，内轮廓是三角形   (d) 内外轮廓都是等腰梯形

图 6-18 取料工作面上各分段分层的形状包含的四种情况

式(6-35)、式(6-36)、式(6-40)或式(6-41)计算得到取料工作面上分段 k 分层 m 的面积为 $R_{k,m}$，从而得到元素 e 取料实时品位为：

$$g_c^e = \frac{\sum\limits_{k=1}^{K} \sum\limits_{m=1}^{M} (g_{k,m}^e \times R_{k,m}^e)}{\sum\limits_{k=1}^{K} \sum\limits_{m=1}^{M} (R_{k,m}^e)} \qquad (6\text{-}42)$$

以某露天石灰石矿山为例，该矿山建设了品位在线分析仪系统，为协同优化开采提供品位检测与反馈。矿山长形堆场长度为 300 m，堆场横截面三角形宽为 32 m，堆场横截面三角形高为 12.2 m，在堆场长度方向上将堆场划分为 60 个分段。矿山堆料机一次往返的堆料为 1 个单层，5 个单层的组合为 1 个分层，堆场堆满时共 50 个分层，即 250 个单层。长形堆场第 1 个分层横截面形态为一个等腰三角形，第 2 至第 50 个分层横截面形态为一个倒"V"形。

选取矿山正常生产的四个班次 MgO 品位数据进行对比分析，以每小时取样化验结果为基准，对比整个班次的品位均值与基于矿石堆场品位模型的取料品位预测结果，四个班次的品位偏差如图 6-19 所示。将整个班次的品位均值 1.47 作

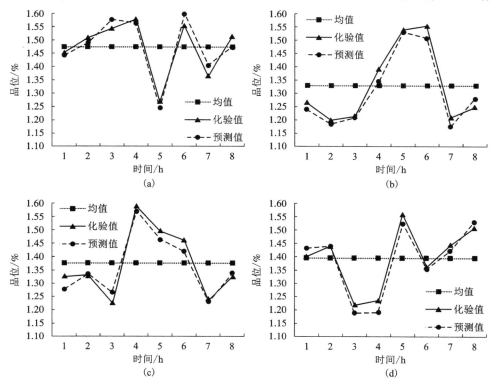

图 6-19　品位均值、化验值与预测值对比分析

为取料品位均值时，四个班次的每小时品位偏差最大值分别为 0.2、0.23、0.21 和 0.18，偏差率分别为 13.87%、17.04%、15.65% 和 12.54%，班品位偏差分别为 0.08、0.13、0.11 和 0.09，偏差率分别为 5.66%、9.41%、7.76% 和 6.63%；基于矿石堆场品位模型的取料品位预测结果四个班次的每小时品位偏差最大值分别为 2.93、3.44、3.44 和 3.16，偏差率分别为 2.93%、3.44%、3.50% 和 3.16%，班品位偏差分别为 0.04、0.05、0.05 和 0.04，偏差率分别为 1.88%、1.98%、1.83% 和 1.73%。试验结果表明基于矿石堆场品位模型的取料品位估算结果准确，实时性高，极大提高了矿山生产品位控制的实时性和精度。

第7章 露天矿卡车动态调度决策

露天矿卡车动态调度是在露天配矿的基础上，结合数字业务模型中道路网的建立和维护，通过对运输车流的规划和卡车分配的优化，降低露天矿运输成本，提高露天矿车铲效率。

露天矿运输成本的控制对露天矿山总体效益的提高至关重要，而矿山运输总能耗是运输成本的直接体现。本章首先研究兼顾运距和矿山道路条件的当量运距计算方法，以及当量运距下的最短路径搜索算法；其次，研究如何构建露天矿车流规划优化数学模型，实现运输总能耗最小化；最后，研究一种卡车动态自适应调度方法，以充分发挥车铲效率。

露天采矿中设备生产效率的发挥受到各种参数的影响，包括矿岩性质、作业气候、设备工况、采剥条件和运输道路条件等，上述参数均制约着生产目标能否按质按量完成。为此需要进行动态调整，以实现在众多约束条件下，最大化地发挥生产效能，其中卡车动态调度是最为关键的调整方式之一。

矿山结合采剥计划及配矿结果，并根据矿山工程发展、矿石质量控制、剥采比以及采剥工程量要求确定当班铲装设备及排卸点的计划产量。在此基础上，通过路径优化、货流规划优化计算，进一步明确由哪些电铲的物料经由哪些路径、排卸到哪些卸载点去，这是对班生产计划的具体细化，实现了矿坑生产系统的优化配置，是对班生产的一个静态规划，其结果是动态优化调度的依据。

国内外许多研究学者对动态调度做了深入的研究，并提出了一些通用的调度准则和调度算法。根据动态调度的目标，大致可分为两类：其一是以最大化发挥车铲效率为目标，例如最早装载卡车法、最小卡车等待法、最小电铲等待法、最小铲车饱和度法、最小卡车运输周期法和最小铲车任务量偏差法等；其二是以尽量完成任务量为目标，例如最小比值方差算法、比率法和两阶段法。

第一类动态调度算法均属于局部性调度准备，无法从整体和全局上进行优化，仅适用于某些特定的、突发情况较少的调度场景。第二类动态调度算法的典型代表是美国模块公司的 DISPATCH 系统，该系统的调度算法是在车流分配的基础上，根据当前车铲分配情况，分别生成一个需车路径表和一个卡车表，当卡车动态调度程序启动时，将卡车表中的卡车按最佳卡车指派至最需车路径的原则，将卡车分配至各需车路径。

分析上述派车逻辑可知,所谓最佳卡车仅仅是指卡车表中对最需车电铲而言最佳的卡车,而不是全局调度最优原则。当存在多种车型时,这种调派逻辑显得力不从心。此外,当卡车数量有富余时,最先分派的卡车空闲时间最长,而产量损失最小的卡车是将来最后分派的卡车,从而导致当前待分派的卡车分派给了卡车数量过饱和的非最优路径。因此,该动态调度逻辑存在一定的局限性。

7.1 露天矿山道路网模型

露天矿山道路网是一种真实反映露天矿山道路地理位置信息及道路间拓扑关系的路网,是露天矿山卡车调度系统及矿山设备运营监控管理的基础。随着信息化、智能化在矿山中的应用和发展,对露天矿山道路网自动构建和快速更新的需求日益迫切,现有露天矿山道路网构建技术存在诸如自动化程度低、周期长、成本高和精度差等问题,从而导致露天道路网构建跟不上实际发展变化的窘境。

现有的道路网构建方法主要分为三类:一是传统的测绘方法,存在着自动化程度低、周期长、成本高等缺陷,同时由于矿山开采的不断推进,矿山道路网变动频繁且无规律可循,该类方法无法有效应用于露天矿山实际生产中;二是基于遥感影像的道路提取方法,由于露天矿山道路光谱及空间特征较为模糊,非目标噪声干扰严重,使得该类方法无法适用于露天矿山道路网的提取;三是基于GNSS 数据采集的路网构建方法,许多研究学者在 GNSS 数据的基础上研究了城市道路网的自动构建方法,且取得了一定的成果,但尚无人研究露天矿山道路网的自动构建。

张莉婷等提出一种出租车轨迹数据快速提取道路骨架线的方法,该方法生成的是一种栅格数字地图,缺乏道路网拓扑关系信息,无法满足露天矿山卡车调度的需求。张占伟提出城市公交 GNSS 轨迹线路图制作方法,Costa 等提出基于GNSS 轨迹的拟合、光滑和合并生成道路图方法,此类方法均只适用于城市道路网的自动构建,方法或者以公交站点作为参考,或者以城市道路线路较为固定作为前提,无法应用于露天矿山道路网的复杂情况。Li 等提出采样频率低及范围广时的道路网构建方法,与露天矿山道路的实际情况恰好相反。徐玉军提出基于机载激光雷达点云数据的分层道路提取算法,该算法主要研究道路点云裁切、高架桥道路自动分层和高程内插等,而露天矿山道路均不存在上述问题,故该方法也不适用。

7.1.1　露天矿山道路栅格化方法

露天矿山道路模型和拓扑关系是矿山信息化建设、智能化调度和无人化驾驶的重要基础，构建矿山道路几何模型的方法可分为直接法和间接法。直接法包括利用全站仪、RTK 等测量工具，在矿山道路上每隔一段距离测量出一个点，进而构建出矿山道路几何模型。面对实时变化的露天矿山道路，直接法的不足在于构建周期长，工作量大。间接法是指露天矿山使用卡车运输时，安装在卡车上的 GNSS 可实时采集卡车的位置信息，进而利用 GNSS 轨迹线通过算法构建出矿山道路几何模型。间接法面临的问题是卡车 GNSS 轨迹点精度较低，同时断断续续，可能存在 GNSS 轨迹点漂移、丢失等现象，从而导致间接法构建的道路不准确以及拓扑关系错误。露天矿山道路轨迹线栅格化方法包括以下步骤：

（1）用户设置时间差、距离差、角度差、弦高比差、分辨率和可信度参数。N 条露天矿山道路轨迹线的表达形式为 $\{P_1, P_2, \cdots, P_n\}$，其对应 N 辆矿用卡车在一段时间内的 GNSS 轨迹点按采集时间顺序连接而成的线段，各轨迹点具有空间坐标和采集时间属性。矢量轨迹线栅格化所需的参数中，时间差 t 指同一轨迹线上相邻两个 GNSS 轨迹点采集时间间隔的阈值；距离差 d 指同一轨迹线上相邻两个 GNSS 轨迹点空间坐标距离的阈值；角度差 r 指同一轨迹线上除端点以外的其他中间轨迹点，与相邻两个轨迹点构建的锐角的阈值；弦高比差 c 指同一轨迹线上除端点以外的其他中间轨迹点到相邻两个轨迹点之间的垂直距离，与相邻两个轨迹点之间的距离比值的阈值；分辨率 r 指栅格化后每个像素的尺寸；可信度 s 指栅格化后的各像素是否为栅格道路的判断依据。统计出所有露天矿山道路轨迹线上所有相邻两个 GNSS 轨迹点的采集时间间隔，按采集时间间隔从小到大的顺序构建出采集时间间隔与频次的累计概率图，取累计概率 80% 处对应的空间坐标距离作为时间差 t 的初始值；统计出所有露天矿山道路轨迹线上所有相邻两个 GNSS 轨迹点的空间坐标距离，按空间坐标距离从小到大的顺序构建出空间坐标距离与频次的累计概率图，取累计概率 80% 处对应的空间坐标距离作为距离差 d 的初始值；统计出所有露天矿山道路轨迹线上所有除端点以外的中间轨迹点的锐角角度，按角度值从大到小的顺序构建出角度值与频次的累计概率图，取累计概率为 80% 处对应的角度作为角度差 r 的初始值；统计出所有露天矿山道路轨迹线上所有除端点以外的中间轨迹点的弦高比，按弦高比从小到大的顺序构建出弦高比与频次的累计概率图，取累计概率为 80% 处对应的弦高比作为弦高比差 c 的初始值。用户可参考时间差、距离差、角度差和弦高比差的初始值，设置时间差、距离差、角度差、弦高比差、分辨率和可信度参数。

（2）根据时间差对道路轨迹线去噪。对于任意露天矿山道路轨迹线上的相邻两个 GNSS 轨迹点，若其采集时间间隔大于时间差 t，则删除该相邻两个 GNSS 轨迹点之间的道路。

（3）根据距离差对道路轨迹线去噪。对于任意露天矿山道路轨迹线上的相邻两个 GNSS 轨迹点，若其空间坐标距离大于距离差 d，则删除该相邻两个 GNSS 轨迹点之间的道路。

（4）根据角度差对道路轨迹线去噪。对于任意露天矿山道路轨迹线上除端点以外的其他中间轨迹点，若该轨迹点与相邻两个轨迹点构建的锐角小于角度差 r，则删除该轨迹点与相邻两个轨迹点之间的道路。

（5）根据弦高比差对道路轨迹线去噪。对于任意露天矿山道路轨迹线上除端点以外的其他中间轨迹点，若该轨迹点到相邻两个轨迹点之间的垂直距离与相邻两个轨迹点之间的距离比值大于弦高比差 c，则删除该轨迹点与相邻两个轨迹点之间的道路。

（6）根据分辨率和可信度构建栅格道路。计算出去噪后的露天矿山道路轨迹线上所有 GNSS 轨迹点的坐标极值 $\{X_{\min}, X_{\max}, Y_{\min}, Y_{\max}\}$，根据分辨率 r，得到栅格图像横向像素点为 $\mathrm{ceil}(X_{\max}/r - X_{\min}/r) + 2$ 个，纵向像素点为 $\mathrm{ceil}(Y_{\max}/r - Y_{\min}/r) + 2$ 个。设露天矿山道路栅格图像为二值图像，初始值为 0，若去噪后的露天矿山道路轨迹线经过某像素的次数大于可信度 s，则将该像素赋值为 1。

以某露天矿山为例，该矿山 17 辆卡车在某班次前两个小时的 GNSS 轨迹线如图 7-1 所示，用户设置矢量轨迹线栅格化所需的参数，其中，时间差 t 为 20 s，距离差 d 为 80 m，角度差 r 为 30°，弦高比差 c 为 0.6，分辨率 r 为 5 m，可信度 s 为 4 个。

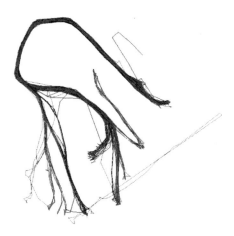

图 7-1　露天矿山道路轨迹线的示意图

根据时间差对道路轨迹线去噪。对于 GNSS 轨迹点 p_1、p_2，其采集时间间隔为 47.39 s，大于时间差 20 s，则删除 p_1、p_2 之间的道路，如图 7-2 所示。

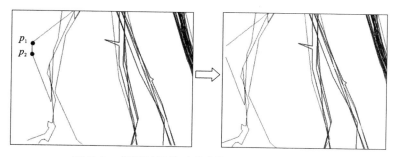

图 7-2　根据时间差对道路轨迹线去噪的示意图

根据距离差对道路轨迹线去噪。对于 GNSS 轨迹点 p_3、p_4，其空间坐标距离为 94.21 m，大于距离差 80 m，则删除 p_3、p_4 之间的道路，如图 7-3 所示。

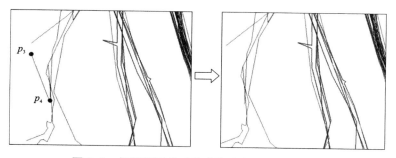

图 7-3　根据距离差对道路轨迹线去噪的示意图

根据角度差对道路轨迹线去噪。对于 GNSS 轨迹点 p_6，其与相邻两个轨迹点 p_5、p_7 构建的锐角为 23.42°，小于角度差 30°，则删除 p_5、p_6、p_7 之间的道路，如图 7-4 所示。

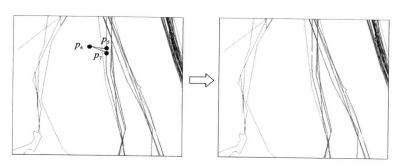

图 7-4　根据角度差对道路轨迹线去噪的示意图

根据弦高比差对道路轨迹线去噪。GNSS 轨迹点 p_9 到相邻两个轨迹点 p_8、p_{10} 之间的垂直距离与 p_8、p_{10} 之间的距离比值为 0.67，大于弦高比差 0.6，则删除 p_8、p_9、p_{10} 之间的道路，如图 7-5 所示。

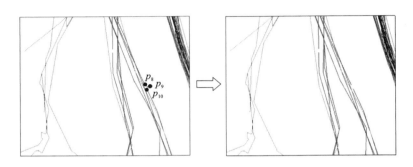

图 7-5   根据弦高比差对道路轨迹线去噪的示意图

计算出去噪后的露天矿山道路轨迹线上所有 GNSS 轨迹点的坐标极值 {584353.87，585255.32，87389.86，88253.64}。因为分辨率为 5 m，所以栅格图像横向像素点为 183 个，纵向像素点为 175 个，由此构建出露天矿山道路栅格二值图像，初始值为 0，去噪后的露天矿山道路轨迹线经过某像素的次数大于 4，则将该像素赋值为 1，从而构建出的露天矿山栅格道路，如图 7-6 所示。

图 7-6   构建的栅格道路示意图

7.1.2   露天矿山道路栅格图像生成

7.1.2.1   栅格道路模型

安装了 GNSS 系统的卡车在露天矿山道路上运行，实时采集各卡车当前的坐标位置信息，一定时间范围内的 GNSS 历史数据将覆盖矿山道路信息。

卡车 GNSS 轨迹点数据通常以经纬度及高程的形式记录，通过高斯-克吕格投影可得到对应的 XYZ 坐标。设矿山对道路网的精度要求为 Tol，为了避免重复点或距离较近点对自动构建方法正确性和效率的影响，基于八叉树数据组织技术，以 Tol 为容差对转化后的 XYZ 点数据进行精简，得到大地坐标系下的轨迹点云数据。

$$\begin{cases} X = M + N\tan B\left[\dfrac{A^2}{2} + (5-T+9C+4C^2)\dfrac{A^4}{24} + (61-58T+T^2+2700C-330TC)\dfrac{A^6}{720}\right] \\ Y = FE + N\left[A + (1-T+C)\dfrac{A^3}{6} + (5-18T+T^2+14C-58TC)\dfrac{A^5}{120}\right] \\ Z = H \end{cases}$$

$$(7-1)$$

式中：

$$M = a\left[1 - \dfrac{e^2}{4} - \dfrac{3e^4}{64} - \dfrac{5e^6}{256}B - \left(\dfrac{3e^2}{8} - \dfrac{3e^4}{32} - \dfrac{45e^6}{1024}\right)\sin 2B + \left(\dfrac{15e^4}{256} - \dfrac{45e^6}{1024}\right)\sin 4B - \dfrac{35e^6}{3072}\sin 6B\right]$$

$$N = \dfrac{a}{\sqrt{1-e^2\sin^2 B}} = \dfrac{a^2/b}{\sqrt{1+e'^2\cos^2 B}}$$

$$e = \sqrt{1 - \left(\dfrac{b}{a}\right)^2}$$

$$e' = \sqrt{\left(\dfrac{a}{b}\right)^2 - 1}$$

$$A = (L - L_0)\cos B$$

$$T = \tan^2 B$$

$$C = e'^2\cos^2 B$$

$$FE = 500000 + 1000000\varphi$$

其中，X、Y 和 Z 表示坐标转化后的轨迹点坐标值，L、B 和 H 分别代表 GNSS 数据的经度、纬度和高程，a 和 b 分别代表椭球的长半轴和短半轴，L_0 代表中央子午线经度，φ 代表投影带带号。

设横向跨度 Xspan 是 GNSS 点数中 X 坐标的最大值与最小值的差，纵向跨度 Yspan 指 GNSS 点数中 Y 坐标的最大值与最小值的差，路网的精度 Tol 是 GNSS 采集数据本身的系统误差以及露天矿山道路生产应用要求所允许的精度。根据 GNSS 数据在空间分布的横向跨度 Xspan 和纵向跨度 Yspan，以及路网的精度 Tol，构建 $M \times N$ 的网格，其中 $M = X$span$/$Tol，$N = Y$span$/$Tol。

根据构建的 $M \times N$ 的网格，相应地初始化一个像素为 $M \times N$ 的二值图像，并根据 $M \times N$ 网格中落入的 GNSS 点数，对图像的各个像素点赋值 0 或 1。为有效去除 GNSS 数据的异常点和噪声点，规定当有两个或两个以上的 GNSS 点落入某一网格时，该网格对应的二值图像像素点赋值为 1，否则赋值为 0，其中黑色的像素点表示值为1，白色的像素点表示值为0。

7.1.2.2 矢量道路网生成

栅格化后的露天矿山道路网仅在图形学上表达了矿山道路的形态，而矿山实际应用中需要得到矿山道路网的几何路径和拓扑结构关系。因此本章提出基于Hilditch细化算法的二值图像骨架提取算法和栅格数据矢量化方法，提取露天矿山道路骨架并形成具有拓扑关系的矿山道路网络。

假设像素点 p 的3×3邻域结构为：

$$
\begin{array}{ccc}
p3 & p2 & p1 \\
p4 & p & p0 \\
p5 & p6 & p7
\end{array}
$$

通过Hilditch细化算法，提取像素为 $M×N$ 的二值图像的骨架，即得到露天矿山的栅格道路网骨架的步骤为：

（1）按照从左至右、从上而下的方式遍历图像的像素点，并称之为一个迭代周期。

（2）在当前迭代周期中，对于每一个像素 p，如果其满足标记条件，则标记该像素点。

（3）当前迭代周期遍历完成之后，判断当前迭代周期中被标记的像素点是否为0个，若是，算法终止；若否，继续执行下一步。

（4）把当前迭代周期中所有被标记的像素点赋值为0，跳转至步骤（1）。

标记条件是指同时满足以下6个条件：

（1）像素点 p 的值为1。

（2）像素点 $p0$、$p2$、$p4$ 和 $p6$ 的值不全为1。

（3）像素点 $p0 \sim p7$ 中值为1的像素点的个数不为1。

（4）像素点 p 的八连通联结数为1。

（5）若像素点 $p2$ 已经被标记，假设 $p2$ 值为0时，像素点 p 的八连通联结数为1。

（6）若像素点 $p4$ 已经被标记，假设 $p4$ 值为0时，像素点 p 的八连通联结数为1。

以上条件中像素点 p 的八连通联结数 n 的计算公式如下：

$$n = p6 - p6 \times p7 \times p0 + \sum_{k=0,2,4} \left[pk - pk \times p(k+1) \times p(k+2) \right] \qquad (7-2)$$

图7-7所示为Hilditch细化算法中像素点是否需要被标记的部分情况具体实例，其中（3）和（5）被标记，（1）、（2）、（4）和（6）不被标记。

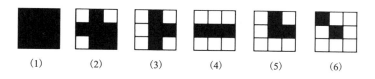

(1)　　(2)　　(3)　　(4)　　(5)　　(6)

图 7-7　像素点标记实例

通过栅格图像矢量化方法，将像素点 p 的空间位置赋值为对应网格的中心坐标。若像素点 p 的值为 1，则连接像素点 p 及其邻域中值为 1 的像素点，可以将露天矿山的栅格道路网矢量化，得到露天矿山道路的拓扑关系网络。

7.1.2.3　应用分析

结合某露天矿山实际数据，车载 GNSS 系统采集的矿山道路上 GNSS 点数据经坐标转换后如图 7-8 所示。根据 GNSS 数据在空间分布的横向跨度 3200 m 和纵向跨度 6000 m，以及路网的精度 5 m，构建 640×1200 的网格。相应地初始化一个像素为 640×1200 的二值图像，根据 640×1200 网格中落入的 GNSS 点数，对图像的各个像素点赋值 0 或 1，赋值后的二值图像如图 7-9 所示，黑色像素点表示值为 1，白色像素点表示值为 0。

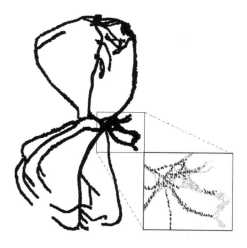

图 7-8　露天矿 GNSS 轨迹点示意图

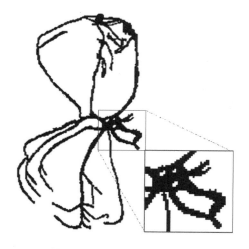

图 7-9　赋值后的二值图像

通过 Hilditch 细化算法，提取像素为 640×1200 的二值图像的骨架，即得到露天矿山的栅格道路网，如图 7-10 所示。最后通过栅格图像矢量化方法，将露天矿山的栅格道路网矢量化，得到露天矿山道路的拓扑关系网络，如图 7-11 所示，从而实现露天矿山道路网的自动构建。

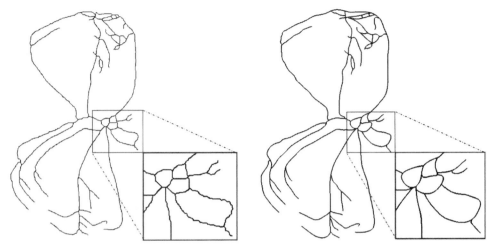

图 7-10　露天矿山栅格道路网骨架　　　　图 7-11　露天矿山道路的拓扑关系网络

　　将构建的露天矿山道路网与该矿山采剥场开采现状进行复合比较可以看出，该方法自动构建的露天矿山道路网与实际的道路网吻合度很高，能够体现某露天矿山实际的道路网络拓扑关系，如图 7-12 所示。

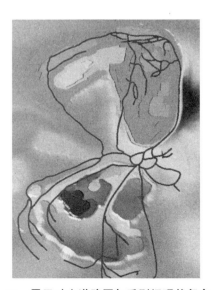

图 7-12　露天矿山道路网与采剥场现状复合效果

7.1.3　露天矿山道路骨架栅格图像矢量化方法

露天矿山道路模型和拓扑关系是矿山信息化建设、智能化调度和无人化驾驶的重要基础，构建矿山道路几何模型的方法可分为直接法和间接法。直接法包括利用全站仪、RTK 等测量工具，在矿山道路上每隔一段距离测量出一个点，进而构建出矿山道路几何模型。面对实时变化的露天矿山道路，直接法的不足在于构建周期长，工作量大。间接法是指利用露天矿山卡车 GNSS 轨迹线或矿区影像提取出道路骨架栅格图像，进一步追踪出露天矿山道路几何模型。间接法面临的问题是栅格模型矢量化过程中可能存在道路重复和拓扑关系错误等。露天矿山道路骨架栅格图像矢量化方法包括以下步骤：

（1）像素点特征分类。标准的二值骨架栅格图像具备的基本特性是各像素点的八邻域中，值为 1 的像素点最多有 2 个聚集在一起。将露天矿山道路骨架栅格图像的各像素点根据其八邻域的聚集分布情况分为孤立像素点、单连通像素点、双连通像素点、三连通像素点和四连通像素点。孤立像素点指其八邻域的值均为0；单连通像素点指其八邻域中有且仅有 1 处聚集的值为 1 的像素点；双连通像素点指其八邻域中有且仅有 2 处聚集的值为 1 的像素点，双连通像素点的八邻域的聚集分布情况可进一步分为"1+5""2+4""3+3""1+4""2+3""1+3"和"2+2"七种形式；三连通像素点指其八邻域中有且仅有 3 处聚集的值为 1 的像素点，三连通像素点的八邻域的聚集分布情况可进一步分为"1+1+3""1+2+2""1+1+2"和"1+1+1"四种形式；四连通像素点指其八邻域中有且仅有 4 处聚集的值为 1 的像素点。

（2）像素点追踪状态初始化。将所有值为 1 的非孤立像素点的追踪状态初始化为"未追踪"，删除其余像素点。

（3）四连通像素点出发及追踪。定义像素点的八邻域中，东、西、南、北四个方向的邻域为强相邻关系，其余四个方向的邻域为弱相邻关系。判断四连通像素点是否均标记为"已追踪"，若是，则执行下一步；若否，则进一步判断与四连通像素点相邻的像素点是否均标记为"已追踪"，若是，则重新执行本步骤，若否，则从四连通像素点出发，优先沿其强相邻像素点方向，追踪并标记像素点为"已追踪"至类型变为单连通、三连通或四连通。

（4）三连通像素点出发及追踪。判断三连通像素点是否均标记为"已追踪"，若是，则执行下一步；若否，则进一步判断与三连通像素点相邻的像素点是否均标记为"已追踪"，若是，则重新执行本步骤，若否，则从三连通像素点出发，优先沿其强相邻像素点方向，追踪并标记像素点为"已追踪"至类型变为单连通或三连通。

（5）单连通像素点出发及追踪。判断单连通像素点是否均标记为"已追踪"，若是，则执行结束，露天矿山矢量道路模型构建成功；若否，则从单连通像素点出发，优先沿其强相邻像素点方向，追踪并标记像素点为"已追踪"至类型变为单连通。

露天矿山道路骨架栅格图像矢量化方法流程如图 7-13 所示。

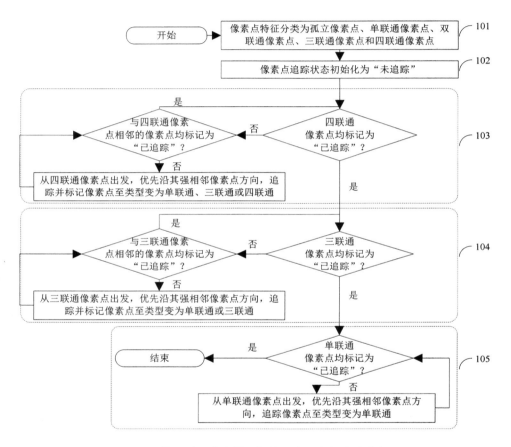

图 7-13　露天矿山道路骨架栅格图像矢量化方法流程图

以某露天矿山为例，该矿山道路骨架栅格图像如图 7-14 所示，将露天矿山道路骨架栅格图像的各像素点根据其八邻域的聚集分布情况分为孤立像素点、单连通像素点、双连通像素点、三连通像素点和四连通像素点。

孤立像素点指其八邻域的值均为 0；单连通像素点指其八邻域中有且仅有 1 处聚集的值为 1 的像素点，如图 7-15 所示。

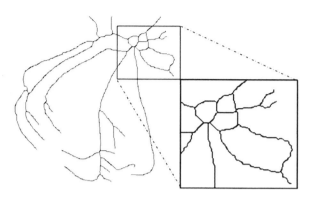

图 7-14　露天矿山道路骨架栅格图像的示意图

图 7-15　单连通像素点的示意图

双连通像素点指其八邻域中有且仅有 2 处聚集的值为 1 的像素点，双连通像素点的八邻域的聚集分布情况可进一步分为"1+5""2+4""3+3""1+4""2+3""1+3"和"2+2"七种形式，如图 7-16 所示。

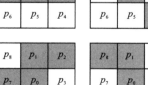

图 7-16　双连通像素点的示意图

三连通像素点指其八邻域中有且仅有 3 处聚集的值为 1 的像素点，三连通像素点的八邻域的聚集分布情况可进一步分为"1+1+3""1+2+2""1+1+2"和"1+1+1"四种形式，如图 7-17 所示。

图 7-17　三连通像素点的示意图

四连通像素点指其八邻域中有且仅有 4 处聚集的值为 1 的像素点，如图 7-18 所示。

图 7-18　四连通像素点的示意图

将所有值为 1 的非孤立像素点的追踪状态初始化为"未追踪"，删除其余像素点。依次进行四连通像素点出发及追踪、三连通像素点出发及追踪、单连通像素点出发及追踪，执行结束后，进一步利用线段抽稀和平滑算法，即可构建出露天矿山矢量化几何道路模型和拓扑关系，如图 7-19 所示。

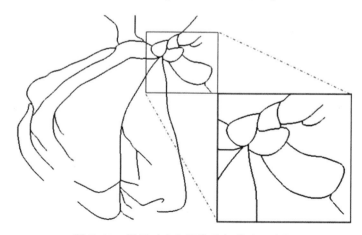

图 7-19　露天矿山矢量化几何道路示意图

7.1.4　露天矿山道路网自动更新

7.1.4.1　自动更新基本原理

随着露天矿山开采的不断推进,矿山道路网也在不断更新,其中矿山的主干交通网一般变化较小,而进入采场内部的临时道路网在实时变化。由于矿山主干道服务周期长,且行驶的车流量较大,故卡车 GNSS 轨迹点较为密集,适用于道路网自动生成算法。而采场内部的临时道路网通常是新建的道路,往返行驶车辆相对较少,无历史轨迹数据可供参考,故无法通过栅格化的方法自动更新,需要相应的自动更新算法实现道路的更新。

设 D 是平面区域,如果 D 是道路连通的,且 D 内任一闭合曲线所围的部分都属于 D,则称 D 为单连通域。多连通域是指存在分叉、复合、岛、洞等特殊情况的复杂多边形区域。如图 7-20 所示,图 7-20(a)为单连通域,图 7-20(b)~图 7-20(d)均为多连通域。多连通域三角化是指将多连通域按照一定的规则拆分为一个或多个单连通域,然后通过对单连通域三角化来实现多连通域的三角化。

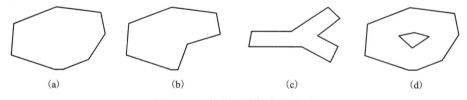

(a)　　　　　　(b)　　　　　　(c)　　　　　　(d)

图 7-20　单连通域与多连通域

在 Delaunay 三角剖分和多连通域三角化的基础上,实现露天矿山道路网自动更新的流程如下:

(1)根据 Delaunay 方法对新增轨迹点云数据进行三角剖分,构建出道路初始三角网。

(2)对初始三角网进行过滤,去除道路外三角形,得到道路内三角形。

(3)提取道路内三角形的三条边中不与其他任何三角形相邻的边,形成双线道路网,即形成一个多连通域。

(4)使用多连通域三角化算法对双线道路网三角化,得到道路三角网。

(5)遍历道路三角网中的各个三角形,分别提取出各个三角形的特征点。

(6)根据道路三角网中三角形的相邻关系连接特征点,建立新增的露天矿山道路网。

7.1.4.2 初始三角网过滤

由于 GNSS 轨迹点数据有在露天道路上较为密集、在道路外较为稀疏的空间分布特点，所以其生成的初始三角网也具有一定的特点，即道路上的三角形大多是周长较短、面积较小且最小内角较大的近规则三角形，而道路外的三角形大多是周长较长、面积较大且最小内角较小的奇异三角形。

设初始三角网中三角形的集合为 AT，道路内三角形的集合为 IT，道路外三角形的集合为 OT。为了区别对待 AT 中的元素，将 AT 中的各元素赋予"是否标记"和"道路内外"属性。

初始化 AT 中各元素的"是否标记"和"道路内外"属性，将 AT 中周长大于 l_u 的元素的"是否标记"属性赋值为"是"，将"道路内外"属性赋值为"道路外"，并移除该元素至 OT 中；将 AT 中周长小于 l_d 且最小内角大于 α_d 的元素的"是否标记"属性赋值为"是"，将"道路内外"属性赋值为"道路内"，并移除该元素至 IT 中。

为定量评判参数 l_u、l_d 和 α_d 的取值，对 GNSS 轨迹点数据的采样频率进行分析，定义当量间距的概念，其计算公式如下：

$$E_i = \frac{\sum_{j=1}^{4} \mathrm{dist}_{j\min,\,i}}{4} \tag{7-3}$$

式中：E_i 表示点 Pt_i 的当量间距；$\mathrm{dist}_{j\min,\,i}$ 表示点 $Pt_{j\min}$ 与点 Pt_i 之间的距离，$Pt_{j\min}$ 的下标 $j\min$ 表示以 Pt_i 为圆心的搜索圆第 j 象限中距离 Pt_i 最近的点。若某一象限中没有搜索到点，则将 $\mathrm{dist}_{j\min,\,i}$ 设为最大值 $\mathrm{dist}_{\max}$，$\mathrm{dist}_{\max}$ 取值一般为露天矿台阶宽度。

统计 GNSS 轨迹点的当量间距分布情况，得到峰值对应的当量间距为 E_n。当量间距下限及上限分别为 E_d 和 E_u，从而 $l_u = 3E_u$，$l_d = 3E_d$，$\alpha_d = \arctan\,(\mathrm{Tol}/E_n)$。

初始三角网过滤的主要判别依据是两相邻三角形外接圆交点与圆心之间夹角的余弦值，记为相邻三角形相似度指标。如图 7-21 所示，点 O_1 和 O_2 分别是三角形 ABC 和 ABD 外接圆的圆心，根据各三角形的外接圆圆心和交点坐标可求得两相邻三角形的相似度指标值，即 $\cos\theta$。

为了精确评判初始三角网过滤准则，设置自适应阈值 ts 进行控制。将 ts

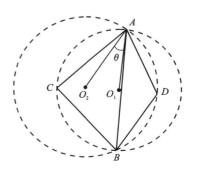

图 7-21 相邻三角形相似度指标

初始值取为 0.95，严格控制过滤标准。将相似度指标大于 ts 的两相邻三角形视为属性相似三角形，将相似度指标小于 $-ts$ 的两相邻三角形视为属性相反三角形，一次循环后采取降阈值措施继续进行相邻三角形属性相似相反性检测，直至循环结束，此时，得到道路内三角形集合 IT。初始三角网过滤流程如图 7-22 所示。

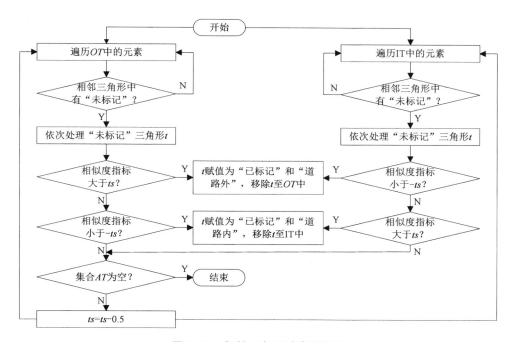

图 7-22　初始三角网过滤流程图

7.1.4.3　双线道路网提取及三角化

初始三角网过滤后得到露天道路内三角形集合 IT，遍历 IT 中的各元素，将三角形的三条边中不与其他任何三角形相邻的边提取出来，得到双线道路网，即一个多连通域。

多连通域三角化是指在不产生新顶点的条件下，将多连通域划分成一系列不相重叠的三角形。多连通域三角化算法有多种，其中，毕林等提出的三角化算法适合存在分叉、复合、岛、洞等特殊情况的复杂多连通域，同时有效避免了 Ear Clipping 等算法三角化结果中会产生 Ear 的现象，满足露天矿山道路网实际情况，因此采用该算法对双线道路网三角化可得到道路三角网。

7.1.4.4 特征点提取及道路拓扑网络建立

设道路三角网中的三角形集合为 RT，RT 中的元素可分为以下三类：①三角形的三条边均与另外三个三角形相邻，称该三角形为种子三角形，种子三角形构成的集合记为 seed$T$；②三角形中有且仅有两条边与另外两个三角形相邻，称该三角形为常规三角形，常规三角形构成的集合记为 normal$T$；③三角形中有且仅有一条边与另外一个三角形相邻，称该三角形为边界三角形，边界三角形构成的集合记为 boundary$T$。种子三角形的特征点即为该三角形的形心，常规三角形和边界三角形的特征点可按如下公式计算。

$$Pt(X, Y) = \left(\frac{X_1 + X_2 + 2X_3}{4}, \frac{Y_1 + Y_2 + 2Y_3}{4} \right)$$

$$(7-4)$$

式中：$Pt(X, Y)$ 是常规三角形或边界三角形的特征点，(X_3, Y_3) 是该三角形最小内角对应的顶点，(X_1, Y_1) 和 (X_2, Y_2) 是该三角形的另外两顶点。

道路在种子三角形处出现分叉或复合，在常规三角形处为直线段，在边界三角形处终止，结合上述现象，露天矿山道路拓扑网络的建立流程如图 7-23 所示。为有区别地对待 RT 中的元素，将 RT 中的元素赋予"是否标记"属性，初始化各元素赋值为"未标记"。

7.1.4.5 应用分析

结合某露天矿山实际卡车轨迹点云数据，车载 GNSS 的部分新增轨迹数据如图 7-24 所示，共含有原始 GNSS 轨迹点 21908 个，其中 2576 个

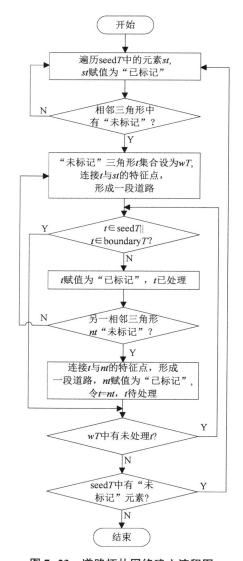

图 7-23 道路拓扑网络建立流程图

GNSS 轨迹点成为历史轨迹，新增 GNSS 轨迹点 3427 个。通过 Delaunay 三角剖分得到新增轨迹部分初始三角网，共含有三角形 3291 个，如图 7-25 所示，其中 Delaunay 三角剖分通过 QHull 实现。

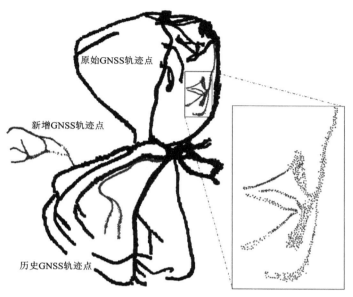

扫一扫看彩图

图 7-24　车载 GNSS 数据

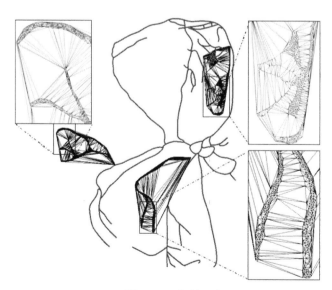

图 7-25　初始三角网

试验过程中，矿山台阶高度为 15 m，对道路网的精度要求为 Tol = 0.5 m。统计 GNSS 轨迹点分布情况，如图 7-26 所示，$E_n = 1.5$ m，$E_d = 1$ m，$E_u = 10$ m，从而得到过滤参数分别取值为 $l_u = 30$ m，$l_d = 3$ m，$\alpha_d = 18.4°$，自适应阈值 ts 初始取值为 0.95，每次迭代过程中阈值降低幅度为 0.05。初次迭代后得到道路内三角形 2577 个，道路外三角形 886 个，初次迭代后的道路内外三角形分布情况如图 7-27 所示。迭代终止时 $ts = 0.55$，得到道路内三角形 2978 个，初始三角网过滤后如图 7-28 所示。

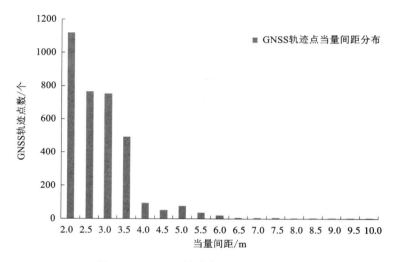

图 7-26　GNSS 轨迹点当量间距分布

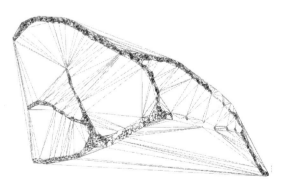

图 7-27　初次迭代后道路内外三角形

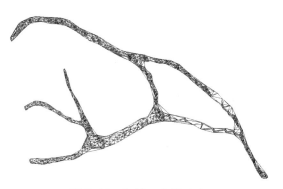

图 7-28　初始三角网过滤

经双线道路网提取及三角化后，得到的双线道路网和多连通域三角化效果分别如图 7-29 和图 7-30 所示。

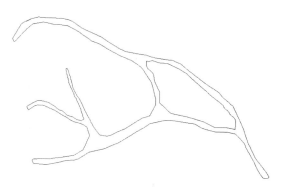

图 7-29　双线道路网提取

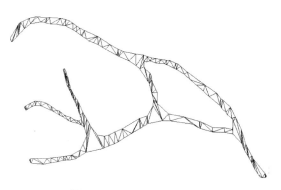

图 7-30　多连通域三角化

　　提取道路三角网中各三角形的特征点，根据特征点属性，露天矿山道路网络按照建立流程不断生长，如图 7-31 所示，最终形成完整的道路拓扑网络，如图 7-32 所示。

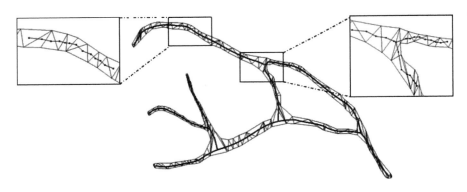

图 7-31　道路网建立

图 7-32　更新后的露天矿山道路网

7.2　基于当量运距的最优路径决策

7.2.1　当量运距计算方法

露天矿运输道路网复杂，且随着生产的推进不断更替。露天矿道路网中的道路根据道路的服务周期大致可分为三类：第一类是固定道路，主要是用于连接采剥场、排土场和其他工业场地的道路，固定道路质量要求较高，路面较为平整，卡车运行速度相对较快；第二类是半固定道路，主要是用于出入采剥场各台阶和出入排土场的道路，随着开采的推进，道路定期更新，半固定道路质量要求一般，路面平整度一般，卡车运行速度一般；第三类是临时道路，主要用于建立供矿爆堆、剥离爆堆及倒运爆堆至半固定道路的联系，随着开采的推进，道路动态更新，临时道路质量低，路面不平整，卡车运行速度低。

卡车在露天矿道路上运行时，除受道路质量的影响，还受道路坡度、道路限速和道路转弯半径等因素的影响。露天矿卡车调度运输的当量运距是指综合考虑道路自身长度、道路质量、道路坡度、道路限速和道路转弯半径等因素的影响，以相应的影响系数修正实际道路长度，从而客观反映卡车在道路上运行时间的运距值。当量运距是露天矿山最优径决策和车流规划优化的基础，当量运距 l_E 计算表达式如下：

$$l_E = k_r k_g k_v k_t l \tag{7-5}$$

式中：k_r 为矿山道路质量修正系数；k_g 为矿山道路坡度修正系数；k_v 为矿山道路限速修正系数；k_t 为矿山道路转弯半径修正系数；l 为矿山道路运距。

7.2.2　最优路径决策

设露天矿装载点的集合为 I，卸载点的集合为 J，其他中间节点的集合为 K，根据构建的露天矿山矢量道路网，可将道路网构建成无向图 $G = (V, I \cup J \cup K)$。露天矿最优路径决策是指寻找任意装载点 i 与任意卸载点 j 之间当量运距最短的路径，因此，最优路径决策属于多源、无向、无负权边最短路径问题。基于 Floyd-Warshall 算法的最优路径决策算法步骤如下：

（1）从无向图中任意一条与装载点连接的单边道路开始寻找，任意两个节点之间的距离均初始化为道路的当量运距，若两点之间没有边相连，则权值设为 ∞ 。

（2）对于任意两个节点 i 和 j，判断是否存在一个中间节点 w，使得从节点 i 出发经过节点 w 再到节点 j 的当量运距总长度比已知的当量运距总长度更短，若存在，则将该边的权值更新为当前更短的当量运距总长度。

（3）重复步骤（2），遍历完所有的装载点节点和所有的卸载点节点，此时便得到矿山道路网中任意装载点与任意卸载点之间的最短当量运距路径及最优路径。

最优路径决策的结果可为露天矿车流规划优化和露天矿卡车动态调度决策优化提供以下信息：

（1）任意装载点与任意卸载点之间的最优运输路径。

（2）任意装载点与任意卸载点之间重车运输和空车运输的预计运行时间。

（3）卡车调度过程中应通过的各中间调度点。

7.3 车流规划优化数学模型

7.3.1 数学模型构建

集合：

I：装载点集合；

J：卸载点集合；

O：供矿爆堆集合；

E：金属元素集合；

W：剥离爆堆集合；

H：倒运爆堆集合；

S：电铲集合；

L：钩机集合；

T：卡车集合；

C：破碎站集合。

索引：

i：装载点的索引；

j：卸载点的索引；

o：供矿爆堆的索引；

w：剥离爆堆的索引；

h：倒运爆堆的索引；

e：金属元素的索引；

s：电铲的索引；

l：钩机的索引；

t：卡车的索引；

c：破碎站的索引。

参数：

t_a：调度运输周期的总时间；

n_O：供矿爆堆数目；

n_W：剥离爆堆数目；

n_H：倒运爆堆数目；

n_S：电铲数目；

n_L：钩机数目；

n_T：卡车数目；

f_S：电铲能力；

f_L：钩机能力；

t_S：电铲装矿时间；

t_L：钩机装矿时间；

t_D：卸矿时间；

f_T：卡车容量；

w_T：卡车自重；

v_E：空车速度；

v_W：重车速度；

p_i：装载点产量；

n_I：装载点数目；

p_o：供矿爆堆矿石量；

$g_{o,e}$：供矿爆堆品位；

p_w：剥离爆堆岩石量；

p_h：倒运爆堆矿石量；

$d_{i,j}^r$：运距；

$c_{i,j}^r$：路径约束；

p_j：卸点产量；

n_J：卸点数目；

$\overline{g}_{c,e}$：破碎站的品位要求上限；

$\underline{g}_{c,e}$：破碎站的品位要求下限。

决策变量：

$x_{i,j}$：从第 i 个供矿点到第 j 个卸矿点的重车车次；

$y_{i,j}$：从第 j 个卸矿点到第 i 个供矿点的空车车次。

目标函数：

$$\min \sum_{i \in I} \sum_{j \in J} (f_T + w_T) x_{i,j} d_{i,j}^r + w_T y_{i,j} d_{i,j}^r \tag{7-6}$$

约束条件：

（1）卡车调度运输往返车次一致性约束：

$$\sum_j x_{i,j} = \sum_j y_{i,j}, \ \forall i \tag{7-7}$$

$$\sum_i x_{i,j} = \sum_i y_{i,j}, \ \forall j \tag{7-8}$$

（2）装载点产量约束：

$$\sum_j f_T x_{i,j} \geqslant p_i, \ \forall i \tag{7-9}$$

（3）卸载点产量约束：

$$\sum_i f_T x_{i,j} \geqslant p_j, \ \forall j \tag{7-10}$$

（4）供矿爆堆生产能力约束：

$$\sum_j f_S t_S x_{o,j} \geqslant p_o, \ \sum_j t_S x_{o,j} \leqslant t_a, \ \forall o \tag{7-11}$$

（5）剥离爆堆生产能力约束：

$$\sum_j f_L t_L x_{w,j} \geqslant p_w, \ \sum_j t_L x_{w,j} \leqslant t_a, \ \forall w \tag{7-12}$$

（6）倒运爆堆生产能力约束：

$$\sum_j f_L t_L x_{h,j} \geqslant p_h, \ \sum_j t_L x_{h,j} \leqslant t_a, \ \forall h \tag{7-13}$$

（7）卸载点生产能力约束：

$$\sum_i t_D x_{i,j} \leqslant t_a, \ \forall j \tag{7-14}$$

（8）重车运输总时间约束：

$$\sum_i \sum_j \frac{d_{i,j}^r}{v_w} x_{i,j} \leqslant t_a \tag{7-15}$$

（9）空车运输总时间约束：

$$\sum_i \sum_j \frac{d_{i,j}^r}{v_e} x_{i,j} \leqslant t_a \tag{7-16}$$

（10）破碎站品位约束：

$$\sum_o (\overline{g}_{c,e} - g_{c,e}) x_{o,c} \geqslant 0, \ \forall c, e \tag{7-17}$$

$$\sum_o (g_{c,e} - \underline{g}_{c,e}) x_{o,c} \geqslant 0, \ \forall c, e \qquad (7-18)$$

（11）路径逻辑性约束：

$$x_{i,j} = 0, \ \text{if} \ c_{i,j}^r = 0, \ \forall i, j \qquad (7-19)$$

（12）决策变量逻辑性约束：

$$x_{i,j} \geqslant 0, \ y_{i,j} \geqslant 0, \ \forall i, j, \text{整数} \qquad (7-20)$$

露天矿运输能耗是指运距与卡车总重量的乘积。露天矿运输车流规划的主要目的是使总能耗最小化，总能耗既包含重车运输的总能耗，也包含空车运输的总能耗。以此为目标函数，建立基于整数规划的露天矿运输车流规划数学模型。

约束条件（1）保证卡车调度运输时的往返车次一致性，即从某装载点运往各个卸载点的总车次等于从各个卸载点返回该装载点的总车次，同时从某卸载点发回各个装载点的总车次等于从各个装载点运往该卸载点的总车次。约束条件（2）实现各个装载点的装载能力大于装载点的产量，从而保证完成各个装载点的产量需求。约束条件（3）实现各个卸载点的卸载能力大于卸载点的产量，从而保证完成各个卸载点的产量需求。

约束条件（4）实现各个供矿爆堆在调度周期内完成供矿产量需求，即供矿爆堆电铲装载总量大于供矿爆堆的产量需求，同时总的装矿时间在调度周期时间范围以内。约束条件（5）实现各个剥离爆堆在调度周期内完成剥离产量需求，即剥离爆堆钩机装载总量大于剥离爆堆的产量需求，同时总的装载时间在调度周期时间范围以内。约束条件（6）实现各个倒运爆堆在调度周期内完成倒运产量需求，即倒运爆堆钩机装载总量大于倒运爆堆的产量需求，同时总的装载时间在调度周期时间范围以内。约束条件（7）实现各个卸载点在调度周期内完成卸载产量需求，保证总的卸载时间在调度周期时间范围以内。约束条件（8）实现重车约束总时间限制，保证重车车次运输总时间在调度周期时间范围以内。约束条件（9）实现空车约束总时间限制，保证空车车次运输总时间在调度周期时间范围以内。

约束条件（10）实现破碎站品位波动限制，保证各个破碎站各个元素的平均品位在其允许的波动范围以内。约束条件（11）实现路径逻辑性约束，各个供矿爆堆装载的卡车只能相应地运往破碎站，各个剥离爆堆装载的卡车只能相应地运往排土场，各个倒运爆堆装载的卡车只能相应地运往堆场，避免物流装卸错乱。约束条件（12）保证各决策变量的非负性，整数规划中要求其决策变量为大于等于 0 的整数。

7.3.2 求解及分析

结合某露天矿山实际调度运输需求，调度周期内的基本情况为：供矿爆堆共6个，剥离爆堆共3个，倒运爆堆共2个，分别由4台电铲和7台钩机进行装载工作，一期破碎站和二期破碎站的需求量均为40000 t，剥离爆堆的总量为100000 t，倒运爆堆的总量为50000 t，电铲生产能力为25000 t/天，钩机生产能力为18000 t/天，电铲平均装矿时间为5 min，钩机平均装矿时间为7 min，卡车平均卸矿时间为2 min，运输的卡车数为92辆，卡车平均自重和容重分别为44.13 t和35 t，卡车空车速度和重车速度分别为36 km/h和25 km/h。各供矿爆堆的产量和金属元素品位情况如表7-1所示，各破碎站的产量和金属元素品位需求如表7-2所示。

表7-1 供矿爆堆产量及金属元素品位

供矿爆堆	Cu 品位/%	Mo 品位/%	产量/t
R-1	0.29	0.057	13000
R-2	0.35	0.015	13000
R-3	0.32	0.012	14000
R-4	0.29	0.011	14000
R-5	0.28	0.01	13000
R-6	0.4	0.039	13000

表7-2 破碎站产量及金属元素品位

破碎站	矿量/t	Cu 品位/%	Mo 品位/%
一期	40000	0.325±0.005	0.025±0.005
二期	40000	0.32±0.005	0.025±0.005

剥离爆堆共3个，其产量需求分别为35000 t、30000 t和35000 t；倒运爆堆共2个，其产量需求分别为25000 t和20000 t。卡车往返于各装载点和各卸载点的运距如表7-3所示，其中路径约束如表7-4所示。

表 7-3　装载点与卸载点之间运距　　　　　单位：m

	装载点	一期破碎站	二期破碎站	堆场	排土场
供矿	R-1	1649	1829	1744	2323
	R-2	1983	2160	2180	2647
	R-3	1870	2050	2069	2542
	R-4	1711	1863	1852	2728
	R-5	1824	2004	1909	2495
	R-6	662	830	831	1401
剥离	W-1	2056	2241	1271	3033
	W-2	1347	1697	1058	2959
	W-3	308	456	547	1630
倒运	H-1	1329	1582	1873	2546
	H-2	1143	1312	1607	1999

表 7-4　装载点与卸载点之间路径约束

	装载点	一期破碎站	二期破碎站	堆场	排土场
供矿	R-1	1	1	0	0
	R-2	1	1	0	0
	R-3	1	1	0	0
	R-4	1	1	0	0
	R-5	1	1	0	0
	R-6	1	1	0	0
剥离	W-1	0	0	0	1
	W-2	0	0	0	1
	W-3	0	0	0	1
倒运	H-1	0	0	1	0
	H-2	0	0	1	0

注："1"表示装载点与卸载点之间可运行；"0"表示装载点与卸载点之间不可运行。

运输车流规划优化之前，矿山采用固定车铲的方式组织调度运输，即卡车固定往返于指定的装载点与卸载点之间，此时各装载点至其相应的卸载点之间的重车车次必定等于空车车次，运输周期内的重车车次、空车车次、重车能耗和空车能耗如表 7-5 所示。

表 7-5　运输车流规划优化前的能耗情况

爆堆	矿量/t	运距/m	车次/次	空车能耗/(t·m⁻¹)	重车能耗/(t·m⁻¹)
R-1	13000	1829	289	18525230	42343382
R-2	13000	2160	289	21877800	50006400
R-3	14000	2050	312	22358097	51104222
R-4	14000	1711	312	18660831	42653329
R-5	13000	1824	289	18474587	42227627
R-6	13000	662	289	6705141	15326036
W-1	35000	3033	778	82618078	188841320
W-2	30000	2959	667	69095116	157931693
W-3	35000	1630	778	44400747	101487422
H-1	25000	1873	556	36452222	83319364
H-2	25000	1607	556	31275345	71486502

采用运输车流规划整数规划数学模型对上述车流进行规划优化，求解数学模型，得到优化后的重车车次和空车车次分布如表 7-6 和表 7-7 所示。

表 7-6　运输车流规划优化后的重车车次分布　　　　　　　　单位：车次

	装载点	一期破碎站	二期破碎站	堆场	排土场
供矿	R-1	284	5	0	0
	R-2	289	0	0	0
	R-3	312	0	0	0
	R-4	0	312	0	0
	R-5	5	284	0	0
	R-6	1	288	0	0
剥离	W-1	0	0	0	778
	W-2	0	0	0	667
	W-3	0	0	0	778
倒运	H-1	0	0	556	0
	H-2	0	0	556	0

表 7-7　运输车流规划优化后的空车车次分布　　　单位：车次

	装载点	一期破碎站	二期破碎站	堆场	排土场
供矿	R-1	0	0	0	289
	R-2	0	0	0	289
	R-3	0	0	0	312
	R-4	2	111	0	199
	R-5	0	0	0	289
	R-6	0	0	0	289
剥离	W-1	0	0	778	0
	W-2	333	0	334	0
	W-3	0	778	0	0
倒运	H-1	556	0	0	0
	H-2	0	0	0	556

统计分析得到，当装载量及卸载量目标相同时，运输车流规划优化前，其总能耗为 1.217×10^9 t/m，运输车流规划优化后，其总能耗为 1.030×10^9 t/m，总能耗降低了 15.4%。

7.4　动态调度准则

7.4.1　固定车铲分配

固定车铲分配算法中，卡车调度开始前确定卡车与铲车的搭配关系，同时确定各卡车的卸矿位置，且在整个调度周期内都保持固定的往返路线，只有出现重大运营故障时才重新确定卡车与铲车的搭配关系，如卡车故障、铲车故障和运输线路改变等。各铲车所分配的卡车数量根据铲车当前的任务量、铲车的生产能力、卡车运输行驶时间和装卸矿预计等待时间确定。

固定车铲分配算法是一种理想化的卡车调度方法，不考虑运营环境和运行条件是否变化，也不考虑调度系统中的路径流量、路径产量目标完成度、装卸点产量完成度和配车饱和度等问题，其优点是调度管理简单。而实际的生产运营过程中，诸如设备检修等特殊情况时常发生，固定车铲分配算法必然会导致卡车排队等待以及铲车闲置等效率问题愈加突出。

为更加形象地说明固定车铲分配算法，以一个由两辆铲车和六辆卡车组成的简单调度系统为例进行详细论述。如表 7-8 所示，重车时间是指各卡车装矿完成以后运往指定卸矿点的重车运输时间；铲车闲置时间是指卡车调度过程中没有卡车及时前往装矿造成的闲置时间；铲车准备时间是指铲车装载完成队列中所有排队等待装载和路径中正运往该装矿点的所有卡车的持续时间；卡车准备时间是指卡车从调度点至装矿点所需要的运行时间；卡车等待时间是指卡车到达装矿点时，铲车正在服务其他卡车造成的额外等待时间。

实例中，两辆铲车的装矿时间分别是 7 min 和 5 min，卡车 K1、K3 和 K5 被固定地分配给 1 号电铲，卡车 K2、K4 和 K6 被固定地分配给 2 号电铲，故调度中各卡车总是被分配给对应的铲车。数据统计表明，截至调度开始后 43 min 内，铲车闲置时间累计为 20.8 min，卡车等待时间累计为 22 min。

表 7-8　固定车铲分配卡车调度示例

当前时间 /min	卡车名称	重车时间 /min		铲车闲置时间/min		铲车准备时间/min		卡车准备时间/min		卡车等待时间/min		分配的铲车序号
		S1	S2	S1	S2	S1	S2	S1	S2	S1	S2	
0	K1	6.0	6.4	—	—	0	0	6.0	6.4	-6.0	-6.4	1
5	K2	6.8	7.2	—	—	8.0	0.0	6.8	7.2	1.2	-7.2	2
8	K3	6.1	6.5	—	—	5.0	9.2	6.1	6.5	-1.1	2.7	1
15	K4	6.4	6.8	—	—	5.0	2.2	6.4	6.8	-1.4	-4.6	2
18	K5	3.6	4.0	—	—	2.0	4.2	3.6	4.0	-1.6	0.2	1
26	K6	6.9	7.4	—	3.8	1.0	0.0	6.9	7.4	-6.0	-7.4	2
32	K1	5.2	6.1	5	6	0.0	0.0	5.2	6.1	-5.2	-6.1	1
35	K2	5.9	6.7	—	6	9.2	0	5.9	6.7	3.3	-6.7	2
40	K3	6.1	6.9	—	—	11.2	6.7	6.1	6.9	5.1	-0.2	1
43	K4	5.7	6.3	—	—	15.2	3.7	5.7	6.3	9.5	-2.6	2

S1—第 1 辆铲车；S2—第 2 辆铲车。

7.4.2 最早装载卡车优先

最早装载卡车优先算法中,将调度点的空车分配给预计最早能够对其进行装矿服务的铲车。其目标主要是减少卡车运距,并且预防卡车排队等车。该算法优化的核心是基于卡车,为最大程度地发挥卡车的效能,可能导致的结果是铲车之间产量不均衡。

最早装载卡车优先算法数学模型如下:

$$s \leftarrow \min \max \{t_i^S, t_i^T\} \tag{7-21}$$

式中:s 为分配的铲车序号;t_i^S 为卡车被派往铲车 i 处时该铲车的准备时间;t_i^T 为卡车被派往铲车 i 处时该卡车的准备时间。

同样以一个由两辆铲车和六辆卡车组成的简单调度系统为例对最早装载卡车优先算法进行详细说明,如表 7-9 所示,数据统计表明,使用最早装载卡车优先调度算法,截至调度开始后 43 min 内,铲车闲置时间累计为 18.6 min,卡车等待时间累计为 7.6 min。

表 7-9 最早装载卡车优先卡车调度示例

当前时间/min	卡车名称	重车时间/min		铲车闲置时间/min		铲车准备时间/min		卡车准备时间/min		$\max\{t_i^S, t_i^T\}$/min		分配的铲车序号
		S1	S2	S1	S2	S1	S2	S1	S2	S1	S2	
0	K1	6.0	6.4	—	—	0	0	6.0	6.4	6.0	6.4	1
5	K2	6.8	7.2	—	—	8.0	0.0	6.8	7.2	8.0	7.2	2
8	K3	6.1	6.5	—	—	5.0	9.2	6.1	6.5	6.1	9.2	1
15	K4	6.4	6.8	—	—	5.0	2.2	6.4	6.8	6.4	6.8	2
18	K5	3.6	4.0	—	—	2.0	4.2	3.6	4.0	3.6	4.2	2
26	K6	6.9	7.4	6		0.0	1.2	6.9	7.4	6.9	7.4	1
32	K1	5.2	6.1		4.8	1.0	0.0	5.2	6.1	5.2	6.1	1
35	K2	5.9	6.7		6.1	5.0	0	5.9	6.7	5.9	6.7	1
40	K3	6.1	6.9		1.7	7.0	0.0	6.1	6.9	7.0	6.9	2
43	K4	5.7	6.3	—	—	4.0	8.9	5.7	6.3	5.7	8.9	1

7.4.3 铲车等待时间最小化

铲车等待时间最小化算法中，将调度点的空车指派给等待时间最长的铲车，或者预计之后最先处于闲置状态的铲车。该算法的主要目标是通过最小化铲车等待时间来实现铲车效率的最大化利用，算法趋于将装矿任务量更加均匀地分配给各铲车，从而达到目标产量。与此同时，算法中难以避免地增加将卡车派往较远的状况点处的频率，从而可能在整体上导致卡调周期增加或总生产量减少。该算法适用于品位控制要求较高的矿山生产调度。

铲车等待时间最小化算法数学模型如下：

$$s \leftarrow \min\{t_i^{\mathrm{T}} - t_i^{\mathrm{S}}\} \tag{7-22}$$

式中：s 为分配的铲车序号；t_i^{S} 为卡车被派往铲车 i 处时该铲车的准备时间；t_i^{T} 为卡车被派往铲车 i 处时该卡车的准备时间。

同样以一个由两辆铲车和六辆卡车组成的简单调度系统为例对铲车等待时间最小化算法进行详细说明，如表 7-10 所示。数据统计表明，使用铲车等待时间最小化调度算法，截至调度开始后 43 min 内，铲车闲置时间累计为 11.0 min，卡车等待时间累计为 7.7 min。

表 7-10 铲车等待时间最小化卡车调度示例

当前时间/min	卡车名称	重车时间/min		铲车闲置时间/min		铲车准备时间/min		卡车准备时间/min		卡车等待时间/min		分配的铲车序号
		S1	S2	S1	S2	S1	S2	S1	S2	S1	S2	
0	K1	6.0	6.4	—	—	0	0	6.0	6.4	-6.0	-6.4	1
5	K2	6.8	7.2	—	—	8.0	0.0	6.8	7.2	1.2	-7.2	2
8	K3	6.1	6.5	—	—	5.0	9.2	6.1	6.5	-1.1	2.7	1
15	K4	6.4	6.8	—	—	5.0	2.2	6.4	6.8	-1.4	-4.6	2
18	K5	3.6	4.0	—	—	2.0	4.2	3.6	4.0	-1.6	0.2	1
26	K6	6.9	7.4	—	6	1.0	0.0	6.9	7.4	-6.0	-7.4	2
32	K1	5.2	6.1	5		0.0	6.4	5.2	6.1	-5.2	0.3	1
35	K2	5.9	6.7	—	—	9.2	3.4	5.9	6.7	3.3	-3.3	2
40	K3	6.1	6.9	—	—	4.2	3.4	6.1	6.9	-1.9	-3.5	2
43	K4	5.7	6.3	—	—	1.2	5.4	5.7	6.3	-4.5	-0.9	1

7.4.4 卡车等待时间最小化

卡车等待时间最小化算法中,将调度点的空车指派给卡车等待装载时间最小的铲车。该算法的目标是最大化卡车的效能,当调度系统中卡车数量较少时,算法可能会导致铲车效能无法充分发挥。该算法适用于没有明确的装矿任务量和品位控制要求的矿山生产调度。

卡车等待时间最小化算法数学模型如下:

$$s \leftarrow \min\{t_i^S - t_i^T\} \tag{7-23}$$

式中:s 为分配的铲车序号;t_i^S 为卡车被派往铲车 i 处时该铲车的准备时间;t_i^T 为卡车被派往铲车 i 处时该卡车的准备时间。

同样以一个由两辆铲车和六辆卡车组成的简单调度系统为例对卡车等待时间最小化算法进行详细说明,如表 7-11 所示,数据统计表明,使用卡车等待时间最小化调度算法,截至调度开始后 43 min 内,铲车闲置时间累计为 10.0 min,卡车等待时间累计为 9.4 min。

表 7-11 卡车等待时间最小化卡车调度示例

当前时间/min	卡车名称	重车时间/min		铲车闲置时间/min		铲车准备时间/min		卡车准备时间/min		卡车等待时间/min		分配的铲车序号
		S1	S2	S1	S2	S1	S2	S1	S2	S1	S2	
0	K1	6.0	6.4	—	—	0	0	6.0	6.4	−6.0	−6.4	2
5	K2	6.8	7.2	—	—	0	6.4	6.8	7.2	−6.8	−0.8	1
8	K3	6.1	6.5	—	—	10.8	3.4	6.1	6.5	4.7	−3.1	2
15	K4	6.4	6.8	—	—	3.8	1.4	6.4	6.8	−2.6	−5.4	1
18	K5	3.6	4.0	—	—	0.8	3.4	3.6	4.0	−2.8	−0.6	1
26	K6	6.9	7.4	0.2	4.6	0.0	0.0	6.9	7.4	−6.9	−7.4	2
32	K1	5.2	6.1	5.2	—	0	7.4	5.2	6.1	−5.2	1.3	1
35	K2	5.9	6.7	—	—	9.2	4.4	5.9	6.7	3.3	−2.3	2
40	K3	6.1	6.9	—	—	4.2	4.4	6.1	6.9	−1.9	−2.5	2
43	K4	5.7	6.3	—	—	1.2	6.4	5.7	6.3	−4.5	0.1	1

7.4.5　铲车饱和度最小化

铲车饱和度最小化算法中，将调度点的空车分配给饱和度最小的铲车。该算法的目标是将卡车均衡分配给铲车，以保证铲车持续运作，尽量避免铲车闲置及卡车等待。饱和度是指铲车已服务的铲车数、铲车处正在排队的卡车数及正在驶往该铲车处的卡车数之和与系统分配给该铲车服务的卡车总数之比。

铲车饱和度最小化算法数学模型如下：

$$s \leftarrow \min\left\{\frac{t_i^S - t_{now}}{t_i^E}\right\} \tag{7-24}$$

式中：s 为分配的铲车序号；t_i^S 为卡车被派往铲车 i 处时该铲车的准备时间；t_{now} 为调度点当前时间；t_i^E 为调度点至铲车的预计空运时间。

同样以一个由两辆铲车和六辆卡车组成的简单调度系统为例对铲车饱和度最小化算法进行详细说明，如表 7-12 所示，数据统计表明，使用铲车饱和度最小化调度算法，截至调度开始后 43 min 内，铲车闲置时间累计为 12.8 min，卡车等待时间累计为 12.3 min。

表 7-12　铲车饱和度最小化卡车调度示例

当前时间 /min	卡车名称	重车时间 /min		铲车闲置时间/min		铲车准备时间/min		卡车准备时间/min		$(t_i^S - t_{now})/t_i^E$		分配的铲车序号
		S1	S2	S1	S2	S1	S2	S1	S2	S1	S2	
0	K1	6.0	6.4	—	—	0	0	6.0	6.4	0.0	0.0	1
5	K2	6.8	7.2	—	—	8.0	0.0	6.8	7.2	0.4	-0.7	2
8	K3	6.1	6.5	—	—	5.0	9.2	6.1	6.5	-0.5	0.2	1
15	K4	6.4	6.8	—	—	5.0	2.2	6.4	6.8	-1.6	-1.9	2
18	K5	3.6	4.0	—	—	2.0	4.2	3.6	4.0	-4.5	-3.5	1
26	K6	6.9	7.4	—	3.8	1.0	—	6.9	7.4	-3.6	-3.5	1
32	K1	5.2	6.1	—	6	2.0	—	5.2	6.1	-5.7	-5.3	1
35	K2	5.9	6.7	—	3	6.0	0	5.9	6.7	-4.9	-5.2	2
40	K3	6.1	6.9	—	—	8.0	6.7	6.1	6.9	-5.3	-4.8	1
43	K4	5.7	6.3	—	—	12.0	3.7	5.7	6.3	-5.4	-6.2	2

7.4.6　卡车运输周期最小化

卡车运输周期最小化算法中,将调度点的空车分配给卡车往返运输时间最短的铲车。该算法的目标是最大化卡车调度周期中卡车的往返次数。卡车往返时间是指卡车从卸矿点至装矿点的空运时间、卡车在装矿点的排队等待时间、卡车所在装矿点处铲车的装矿时间、卡车从装矿点至卸矿点的重运时间及卡车在卸矿点的卸矿时间之和。

卡车运输周期最小化算法数学模型如下:

$$s \leftarrow \min\{t_i^A\} \tag{7-25}$$

式中:s 为分配的铲车序号;t_i^A 为卡车被派往铲车 i 处装矿时卡车的往返时间。

同样以一个由两辆铲车和六辆卡车组成的简单调度系统为例对卡车运输周期最小化算法进行详细说明,如表 7-13 所示,数据统计表明,使用卡车运输周期最小化调度算法,截至调度开始后 43 min 内,铲车闲置时间累计为 7.8 min,卡车等待时间累计为 19.1 min。

表 7-13　卡车运输周期最小化卡车调度示例

当前时间/min	卡车名称	重车时间/min		空车时间/min		铲车闲置时间/min		卸载时间/min		卡车运输时间/min		分配的铲车序号
		S1	S2	S1	S2	S1	S2	S1	S2	S1	S2	
0	K1	6.0	6.4	4.7	5.0	—		2	2	19.7	18.4	2
5	K2	6.8	7.2	5.3	5.6	—		2	2	21.1	19.8	2
8	K3	6.1	6.5	5.1	5.4	—	2.7	2	2	20.2	21.6	1
15	K4	6.4	6.8	4.9	5.1	—		2	2	20.2	18.9	2
18	K5	3.6	4.0	5.0	5.3	—	1.5	2	2	17.6	17.8	1
26	K6	6.9	7.4	3.1	3.4	—		2	2	19.0	17.8	2
32	K1	5.2	6.1	5.4	5.7	—		2	2	19.7	18.8	2
35	K2	5.9	6.7	4.2	4.8	—	2.4	2	2	19.1	20.9	1
40	K3	6.1	6.9	2.5	2.8	—		2	2	17.6	16.7	2
43	K4	5.7	6.3	4.2	4.6	—	1.2	2	2	18.9	19.1	1

7.4.7 铲车任务量偏差最小化

铲车任务量偏差最小化算法中，将调度点的空车分配给任务完成情况最滞后的铲车。该算法适用于具有严格品位控制要求的矿山卡车调度。实际应用中最主要的缺陷是当某辆铲车出现故障时，可能会出现多辆卡车在故障铲车处配对等候，而其他铲车处于闲置的现象。

铲车任务量偏差最小化算法数学模型如下：

$$s \leftarrow \min\left\{\left(p_i^{\mathrm{C}} + p_i^{\mathrm{O}}\right) - \frac{t_{\mathrm{now}} p_i^{\mathrm{S}}}{t_a}\right\} \quad (7-26)$$

式中：s 为分配的铲车序号；t_{now} 为卡车调度当前时间；p_i^{S} 为铲车 i 的目标产量；t_a 为调度周期总时间；p_i^{C} 为铲车 i 的当前产量；p_i^{O} 为路径中正在派往铲车 i 处的途中运量。

同样以一个由两辆铲车和六辆卡车组成的简单调度系统为例对铲车任务量偏差最小化算法进行详细说明，如表 7-14 所示，数据统计表明，使用铲车任务量偏差最小化调度算法，截至调度开始后 43 min 内，铲车闲置时间累计为 9.8 min，卡车等待时间累计为 22.1 min。

表 7-14 铲车任务量偏差最小化卡车调度示例

当前时间 /min	卡车名称	目标产量 /车		当前产量 /车		途中运量 /车		SP+TP /车		$\dfrac{t_{\mathrm{now}} p_i^{\mathrm{S}}}{t_a}$ /车		分配的铲车序号
		S1	S2	S1	S2	S1	S2	S1	S2	S1	S2	
0	K1	289	312	0	0	1	0	1	0	0.0	0.0	2
5	K2	289	312	0	1	1	2	1	3	3.0	3.3	1
8	K3	289	312	1	1	2	2	3	3	4.8	5.2	2
15	K4	289	312	2	3	3	3	5	6	9.0	9.8	1
18	K5	289	312	2	2	3	3	5	5	10.8	11.7	2
26	K6	289	312	3	5	2	3	5	8	15.7	16.9	1
32	K1	289	312	4	6	3	3	7	9	19.3	20.8	1
35	K2	289	312	5	7	3	2	8	9	21.1	22.8	2
40	K3	289	312	5	8	2	2	7	10	24.1	26.0	1
43	K4	289	312	6	8	2	2	8	10	25.9	28.0	2

注：SP+TP 表示当前产量+途中运量。

7.5 需车路径及可分配卡车数

7.5.1 需车路径确定方法

需车路径以露天矿车流规划优化得到的各路径目标货流率作为依据，路径货流率是指单位长度路径上单位时间内所应承担的货流量。若路径的当前货流率低于目标货流率，则该路径可视为需车路径。同理，若路径的当前货流率高于或等于目标货流率，则该路径为非需车路径。

设函数 floor 表示向负无穷大方向取整，需车路径所需的卡车数 $N_{i,j}^{\mathrm{R}}$ 计算表达式为：

$$N_{i,j}^{\mathrm{R}} = \mathrm{floor}\left[\frac{(q_{i,j}^{\mathrm{S}} - q_{i,j}^{\mathrm{C}})\,l_{i,j}^{\mathrm{E}}}{c}\right] \qquad (7-27)$$

式中：$q_{i,j}^{\mathrm{S}}$ 为调度点 i 到电铲 j 的目标货流率；$q_{i,j}^{\mathrm{C}}$ 为调度点 i 到电铲 j 的当前货流率；$l_{i,j}^{\mathrm{E}}$ 为调度点 i 到电铲 j 的路径当量运距；c 为卡车平均载重。

7.5.2 可分配卡车数

可分配卡车数是指卡车调度过程中启动动态调度程序时需要请求调度指令的卡车数目。卡车的状态主要分为以下六种基本情形：等待装载、正在装载、装载后重运、等待卸载、正在卸载和卸载后空运。其中等待卸载和正在卸载的卡车称为速动可分配卡车，等待卸载、正在卸载和卸载完成之后空运的卡车为流动可分配卡车。

7.6 卡车动态自适应调度算法

7.6.1 动态自适应调度算法

动态自适应调度算法充分发挥了基本动态调度准则可最大限度发挥电铲和卡车生产效率的优势，同时兼顾了两阶段动态调度算法可实现调度结果尽量满足货流分配目标的优势。其基本思路为当路径需车数小于速动可分配卡车数时，自适应调用卡车等待时间最小化算法；当路径需车数大于流动可分配卡车数时，自适应调用铲车等待时间最小化算法；当路径需车数介于速动可分配卡车数和流动可分配卡车数时，自适应调用基于铲车饱和度最小化和铲产任务量偏差最小化的动态调度算法。

动态自适应调度算法数学模型如下：

$$s \leftarrow \begin{cases} \min\{t_i^S - t_i^T\}, & N_{i,j}^R < N_{i,j}^Q \\ \min\left\{(p_i^C + p_i^O) - \dfrac{t_{now} p_i^S}{t_a} + k\dfrac{t_i^S - t_{now}}{t_i^E}\right\}, & N_{i,j}^Q \leqslant N_{i,j}^R \leqslant N_{i,j}^F \\ \min\{t_i^T - t_i^S\}, & N_{i,j}^R < N_{i,j}^F \end{cases} \quad (7-28)$$

式中：s 为分配的铲车序号；t_i^S 为卡车被派往铲车 i 处时该铲车的准备时间；t_i^T 为卡车被派往铲车 i 处时该卡车的准备时间；$N_{i,j}^R$ 为需车路径所需卡车数；$N_{i,j}^Q$ 为速动可分配卡车数；$N_{i,j}^F$ 为流动可分配卡车数；t_{now} 为调度当前时间；t_i^E 为调度点至铲车的预计空运时间；p_i^S 为铲车 i 的目标产量；t_a 为调度周期总时间；p_i^C 为铲车 i 的当前产量；p_i^O 为路径中正在派往铲车 i 处的卡车数。

7.6.2 求解及分析

结合某露天矿山卡车调度实际情况，调度周期内的基本情况为：供矿爆堆共6个，剥离爆堆共3个，倒运爆堆共2个，分别由4台电铲和7台钩机进行装载工作，一期破碎站和二期破碎站的需求量均为40000 t，剥离爆堆的总量为100000 t，倒运爆堆的总量为50000 t，电铲生产能力为25000 t/天，钩机生产能力为18000 t/天，电铲平均装矿时间为5 min，钩机平均装矿时间为7 min，卡车平均卸矿时间为2 min，运输的卡车数为92辆，卡车平均自重和容重分别为44.13 t和35 t，卡车空车速度和重车速度分别为36 km/h和25 km/h。固定车铲分配方式下统计矿山某调度周期内的调度信息，如表7-15所示。

为了比较使用动态自适应调度算法后卡车的调度效率，采用相同场景标定回放模拟的方法，即对统计的调度周期内的调度情形进行模拟重现，模拟过程中保证各装载点的产量、卸载点的产量、品位波动情况、电铲数目、挖掘机数目、卡车数目、设备故障时间、非工作时间、卡车运行分布和装卸载时间等信息均相同，仅改变调度指令，统计分析使用动态自适应调度算法后卡车调度效率情况，如表7-16所示。

表 7-15　固定车铲分配调度信息统计分析

	装载点	装载时间 /h	闲置时间 /h	故障时间 /h	非工作时间 /h	卡车等待 时间/h	产量 /t
供矿	R-1	14.5	2.6	—	1.2	32.0	13574
	R-2	15.6	0.7	1.8	0.2	22.8	12178
	R-3	14.9	2.2	—	1.2	33.3	14256
	R-4	16.6	1.4	—	0.3	32.6	14002
	R-5	16.1	1.7	—	0.5	32.6	13133
	R-6	15.2	3.1	—	0	49.8	13064
剥离	W-1	13.9	1.9	2.3	0.2	15.8	21187
	W-2	14	3.9	-	0.4	78.8	23985
	W-3	15.3	2.5	-	0.5	38.4	25054
倒运	H-1	16.2	1.6		0.5	40.8	28408
	H-2	16.8	1.4	—	0.1	28.7	25083

表 7-16　相同场景下动态自适应调度信息统计分析

	装载点	装载时间 /h	闲置时间 /h	故障时间 /h	非工作时间 /h	卡车等待 时间/h	产量 /t
供矿	R-1	15.3	0.3	—	1.0	27.1	13229
	R-2	14.6	0.1	1.8	0.1	27.6	12965
	R-3	15.1	1.5	—	0.0	34.4	14007
	R-4	15	1.2	—	0.4	17.5	13994
	R-5	15.3	0.8	—	0.5	10.5	13081
	R-6	14.3	2.3	—	0.0	14.8	13099
剥离	W-1	13.4	0.5	2.3	0.4	22.8	22784
	W-2	14.2	1.7	—	0.7	12.7	24365
	W-3	13.8	2.1		0.7	31.4	24998
倒运	H-1	15.2	0.8	—	0.6	13.7	26787
	H-2	15.1	0.5	—	1.0	22.3	25412

对比结果表明，相同的卡车调度场景下，使用动态自适应调度算法后，电铲和钩机的闲置时间、卡车的排队等待时间均有所减少，从而在完成相同产量的条件下，总的调度周期时间更少。为了进一步验证相同场景下减少卡车数目是否同样能完成调度周期内的产量任务，将标定场景中的卡车数目减少 3 辆，其他参数不变，统计分析该场景下使用动态自适应调度算法后卡车调度效率情况，如表 7-17 所示。

表 7-17　减少 3 辆卡车场景下动态自适应调度信息统计分析

	装载点	装载时间/h	闲置时间/h	故障时间/h	非工作时间/h	卡车等待时间/h	产量/t
供矿	R-1	15.5	1.1	—	0.9	15.0	13229
	R-2	15.0	0.7	1.8	0.0	17.7	12965
	R-3	14.4	0.9	—	2.2	14.4	14007
	R-4	15.3	2.1	—	0.1	17.2	13994
	R-5	14.8	1.3	—	1.4	10.1	13081
	R-6	14.6	1.5	—	1.4	9.7	13099
剥离	W-1	14.6	0.5	2.3	0.1	12.7	22784
	W-2	14.7	1.4		1.4	12.2	24365
	W-3	13.9	1.8	—	1.8	11.5	24998
倒运	H-1	14.8	0.7		2.0	11.2	26787
	H-2	14.6	1.2	—	1.7	8.6	25412

统计分析表明，相同场景下减少 3 辆卡车同样能完成调度周期内的产量任务。

第 8 章　露天矿生产管理

露天矿生产管理为露天矿山数字化生产作业链全过程是否执行到位提供管理依据，主要包括露天矿山基本信息标准配置、露天矿山资源储量管理、露天矿山生产调度管理、露天矿山生产设备管理、露天矿山质量控制管理和整个过程的生产统计分析，最终为管理者和决策者提供生产数据看板。

8.1　标准配置

8.1.1　作业地点配置

矿山生产管理系统需要对平台基础参数进行标准化配置，以保证各部门在统一的标准下进行工作。标准化是信息化的基础，在此需对中段、盘区、采场、巷道等开采单元进行配置，对生产工艺、生产工序、生产指标、预警参数、业务参数、工程单价等进行定义。

1）作业地点管理/单元管理

作业地点管理/单元管理是指定义工程在空间位置的属性，形成工程信息维护界面中的目录树，建立工程基础信息库。

2）作业地点维护

作业地点维护是指维护巷道信息、采场信息、安装工程信息及其他工程信息。维护巷道信息时，同时维护巷道的支护信息和安装信息；维护采场信息时，同时维护采场的支护和充填信息、安装信息。

8.1.2　业务配置

1）工程对应到工区

将工程信息与工区进行关联。

2）工程对应到工艺

将工程信息与工艺关联。

3）工艺管理

根据实际管理需要，定义生产工艺。生产工艺具有上下级关系，作为计划验收的功能菜单，可根据实际需要选择哪些工艺需要计划和验收。

4）工序管理

根据实际管理需要，定义生产工序以及每个工序对应的指标和单位。

5）工艺对应到工序

建立生产工艺与生产工序之间的关系，确定要参与计划和验收的工序。

6）工序对应设备

建立工序与设备之间的关系。

7）工序对应到班组

建立工序与班组之间的关系。

8）班组对应到设备

建立班组与设备之间的关系。

9）业务参数配置

定义岩石体重、矿石体重、验收日期、周完成率预警、周完成率告警、日完成率告警等参数。

10）生产成本定价

定义工程施工的价格，分为按工序定价和按作业地点+工序定价两种方式。

11）生产运营标准管理

建立生产运营标准，实现多级预警显示。通过系统对一些生产指标进行预警、报警的提醒或警示，首先需要创建一个预警、报警限值的标准。

12）班次配置

定义矿山生产的班次。

13）数据字典管理

动态维护资源类型和资源类型的属性信息。

8.2　资源储量管理

资源储量管理所涉及的资源储量模型及信息来源于地下资源品位模型。资源储量管理过程中，通过数据中心将资源储量模型及信息接入资源储量管理模块。同理，资源储量管理模块中的储量增减、升级、消耗等信息也通过数据中心接入技术平台软件，指导更新资源储量模型及进一步统计计算资源储量信息。

8.2.1　地质储量管理

地质资源储量管理内容包括储量、金属元素及品位信息。地质资源储量的数据可通过三维模型获取。

8.2.2　设计资源储量管理

设计资源储量管理的内容包括储量、金属元素、储量级别及品位。设计资源储量的数据可通过三维模型获取。

8.2.3　储量增减和升级管理

储量增减和升级管理的内容包括增减/升级储量、金属元素、储量级别及品位。

8.2.4　资源储量消耗管理

资源储量消耗管理的内容主要包括采出矿量、设计采出矿量、采出品位、设计采出品位等。

8.3　生产调度管理

每个生产岗位将实际生产数据填报至系统(部分台账数据可以从调度系统中自动获取),实现碎片化的一线数据一线填报。其生产台账数据包括穿孔台账、掘进台账、爆破台账、出矿台账、提升台账、充填台账、药剂消耗台账、耗材消耗台账、水/电/油消耗台账。各业务主管人员审批填报的生产台账审批通过后,将生产台账发布给具有相关权限的人员,方便相关人员及时查看。

按照班组、班次、日期、位置等管理、维护日常生产过程中的穿孔、爆破、铲装、运输、破碎台账数据,为日、周、月等统计分析提供数据支撑。

对采矿生产过程的信息进行采集、记录,数据来源主要包括自动化采集、App维护以及与其他系统模块进行数据共享。其中自动采集数据如计量数据,App维护数据如日期、班次、爆破量,与其他系统模块进行共享的数据如质检化验数据。这些数据可形成生产过程数据库,利用这些生产过程数据形成生产调度台账,并为生产统计分析的基础数据，其中包括穿孔、爆破、铲装、运输、破碎、辅助等台账。

8.3.1 生产台账

1）穿孔台账

穿孔台账主要包括生产日期、班次、班组、人员、穿孔量、设备运行情况，如图 8-1 所示。

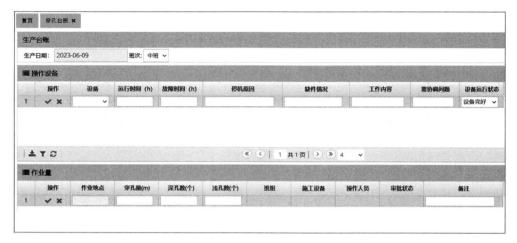

图 8-1 穿孔台账

2）爆破台账

爆破台账主要包括日期、班次、爆破位置、爆破方量、爆破参数、火工器材消耗，如图 8-2 所示。

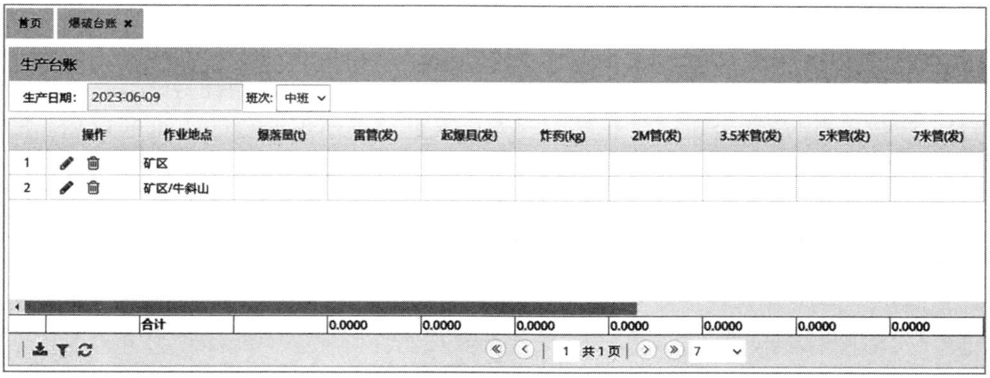

图 8-2 爆破台账

3）铲装台账

铲装台账主要包括日期、班次、设备、运行时间、故障时间、提交时间、缺件情况、作业地点、铲装量，如图 8-3 所示。

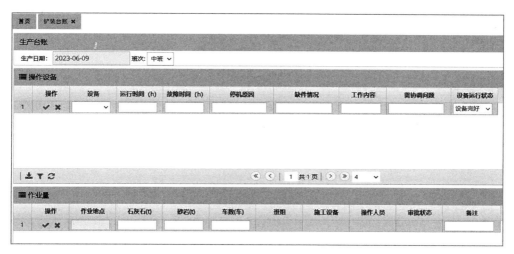

图 8-3　铲装台账

4）运输台账

运输台账主要包括日期、班次、班组、人员、作业地点、产量、设备运行情况，如图 8-4 所示。

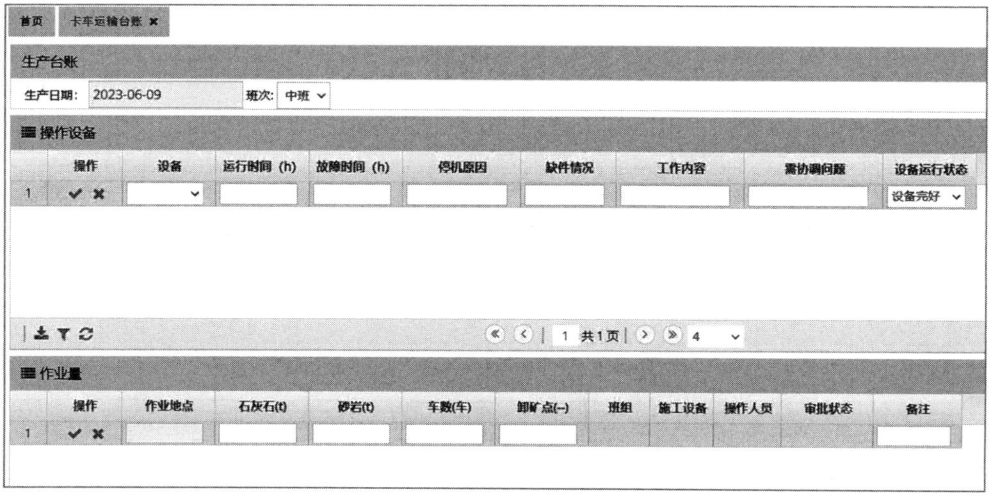

图 8-4　运输台账

5）破碎台账

破碎台账主要包括日期、班次、产量等，如图 8-5 所示。

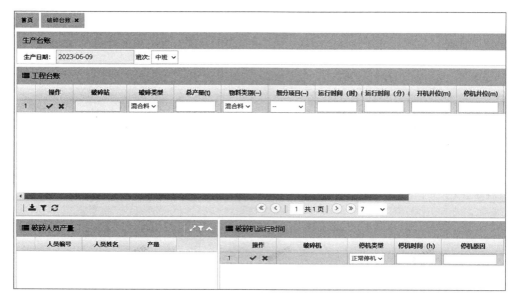

图 8-5　破碎台账

6）转运台账

转运台账主要包括员工姓名、生产日期、班次、作业地点、转场量、装仓地点、设备名称，如图 8-6 所示。

图 8-6　转运台账

7) 辅助台账

辅助台账主要包括生产日期、班次、班组、辅助产量、辅助工时、工作内容等，如图 8-7 所示。

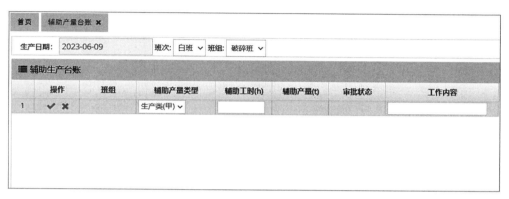

图 8-7　辅助台账

8.3.2　生产日志

每班对安全生产情况进行描述，对当班遇到的问题、处理措施以及相关人员进行说明，形成生产日志。通过系统，可以按日期、班次、人物、地点、信息重要性对日志进行统计查询。系统针对内容支持模糊查询。

8.4　生产设备管理

8.4.1　设备基础数据与类型分类

在设备基础数据中，对每台设备进行编码。在设备管理系统中，每台设备都有一个独一无二的 ID、设备类型、设备名称、设备编码、设备原值等，同时反映设备使用状态，如在用、封存、故障、大修等，信息可以手动进行录入、修改，数据可以随意在系统内调取，如图 8-8 所示。

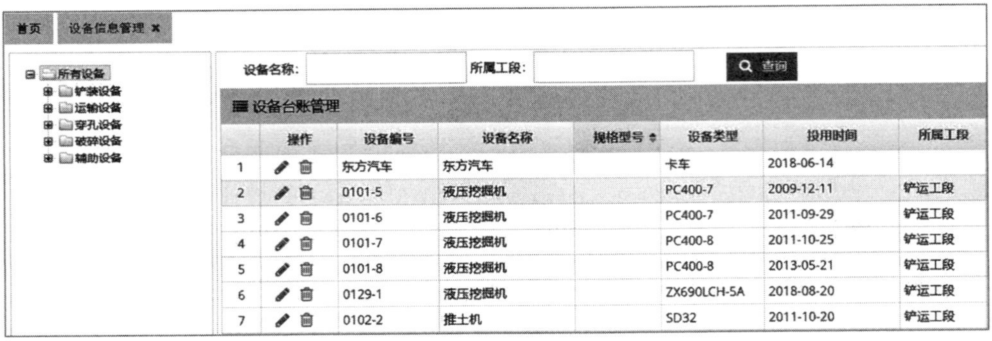

图 8-8　设备基础数据

新购设备还包括采购信息、来源、各种总成件的编号、所属工段、设备管理责任人、机长信息等，这些信息可修改。

同时将设备对应到各工段，并制定每台设备的管理责任人和机长。

编制标准的设备分类，其分类由人工自主定义，如图 8-9 所示。设备可设两个子目录：工程机械设备和工艺线设备。在工程机械设备分类中，增加穿孔、铲装、运输及辅助设备等分类，做到每台设备的记录表格分开统计、查询。

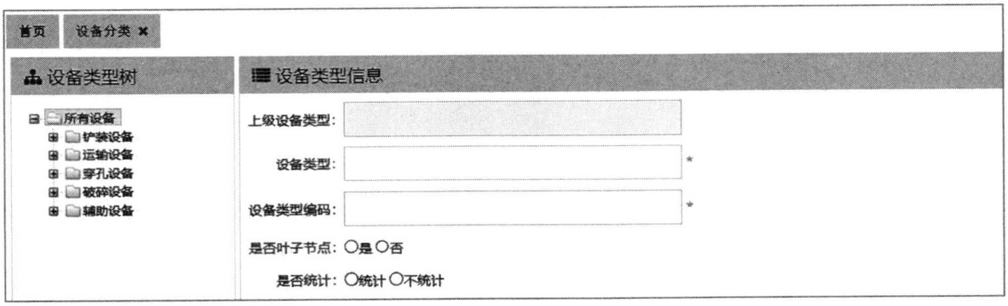

图 8-9　设备分类

8.4.2　设备运行台账

设备的日常运行数据主要包括设备状态、设备使用时间、日台时产量、运转率，管理这些数据，可以为后续的统计分析提供基础数据，自动统计产量，如图 8-10 所示。

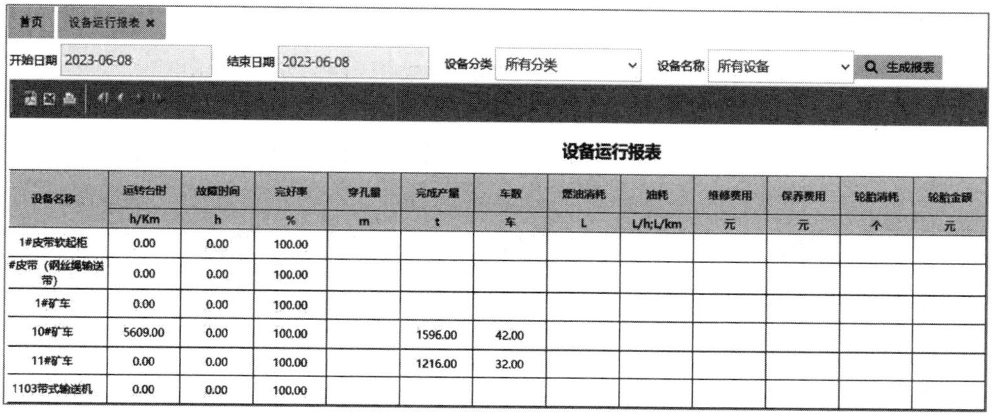

设备名称	运转台时	故障时间	完好率	穿孔量	完成产量	车数	燃油消耗	油耗	维修费用	保养费用	轮胎消耗	轮胎金额
	h/Km	h	%	m	t	车	L	L/h;L/km	元	元	个	元
1#皮带软起柜	0.00	0.00	100.00									
#皮带（钢丝绳输送带）	0.00	0.00	100.00									
1#矿车	0.00	0.00	100.00									
10#矿车	5609.00	0.00	100.00		1596.00	42.00						
11#矿车	0.00	0.00	100.00		1216.00	32.00						
1103带式输送机	0.00	0.00	100.00									

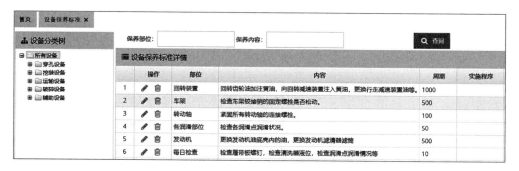

图 8-10　设备运行台账

8.4.3　设备保养管理

设备保养管理包括设备保养标准、保养到期提醒、设备保养台账三部分。

1）设备保养标准

设备保养标准详情包括保养部位、保养内容、保养标准、保养周期和备注信息，如图 8-11 所示。

	操作	部位	内容	周期	实施程序
1		回转装置	回转齿轮油加注黄油，向回转减速装置注入黄油，更换行走减速装置油等。	1000	
2		车架	检查车架铰接销的固定螺栓是否松动。	500	
3		转动轴	紧固所有转动轴的连接螺栓。	100	
4		各润滑部位	检查各润滑点润滑状况。	50	
5		发动机	更换发动机油底壳内的油，更换发动机滤清器滤筒	500	
6		每日检查	检查履带板螺钉，检查清洗器液位，检查润滑点润滑情况等	10	

图 8-11　设备保养

2）保养到期提醒

根据用户需求，灵活设置设备的专项检查预警、保养预警等一切有周期的、可以根据周期预警的信息。预警分为提醒和警告信息，具备推送功能，可以在系统中查看，可将各项保养及周期性检查项目操作标准录入系统，方便后期岗位人员操作，如图 8-12 所示。

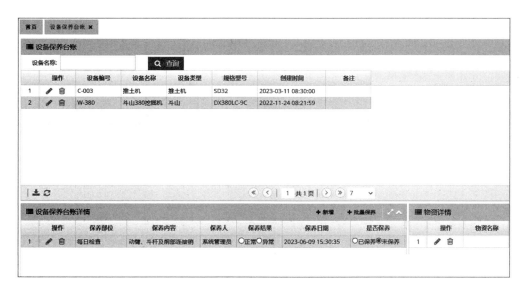

图 8-12 保养到期提醒

3）设备保养台账

设备保养记录详情对设备保养台账进行记录统计，包括保养部位、保养内容、保养时间、保养人员、保养描述、保养费用、保养工时、保养结果和备注信息，如图 8-13 所示。

图 8-13 设备保养台账

8.4.4　设备故障与维修

维修记录的申报、审核、保存记录可查。单机维修台账的统计、汇总可以导出为表格。手动输入设备维修时间，为计算设备完好率提供故障时间数据。

1）设备检修计划申请

设备在进行停机维修前，先进行设备状况鉴定，确定需要进行维修的设备，提交设备维修申请，如图 8-14 所示。

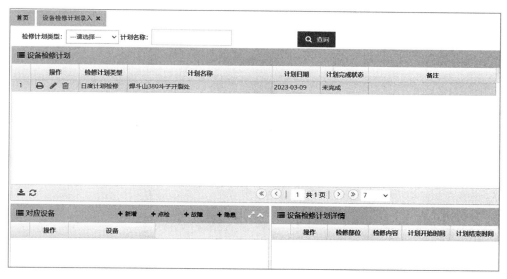

图 8-14　设备维修申请

2）设备维修审批

相关责任人对申请的设备维修计划进行审批，同意后按计划统一进行维修，如图 8-15 所示。

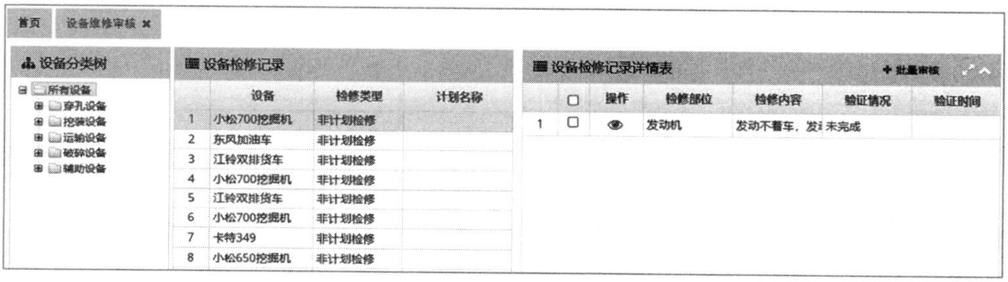

图 8-15　维修计划审批

3）设备计划维修

根据计划对设备进行维修，记录设备维修更换的零配件及材料，同时可对检修过程中的图像资料进行上传，对到期未进行维修的设备进行预警和提醒，如图8-16所示。

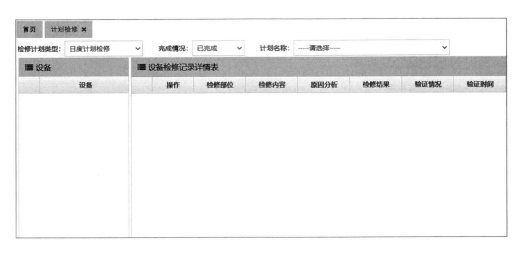

图 8-16　计划维修跟踪

4）设备非计划维修

对于已经损坏、需要及时进行维修的设备，进行非计划维修，记录设备维修更换的零配件及材料，如图8-17所示。

图 8-17　非计划维修跟踪

5) 设备大修

设备大修施工结束后，根据大修情况填写设备检修记录详情表，如图 8-18 所示。

首页
设备大修
检修计划类型：
-----请选择-----
完成情况：
未完成
计划名称：
-----请选择-----
设备
设备检修记录详情表
设备
操作
检修部位
检修内容
原因分析
检修结果
验证情况
验证时间

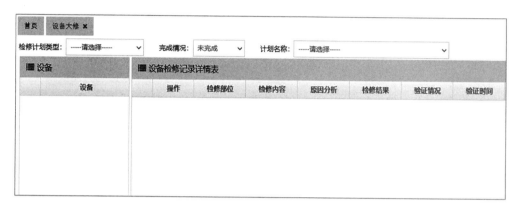

图 8-18　设备大修

6) 设备故障

对故障设备进行现场保修，故障保修需记录设备名称、故障位置、故障来源、故障描述，同时记录故障开始和结束时间，如图 8-19 所示。

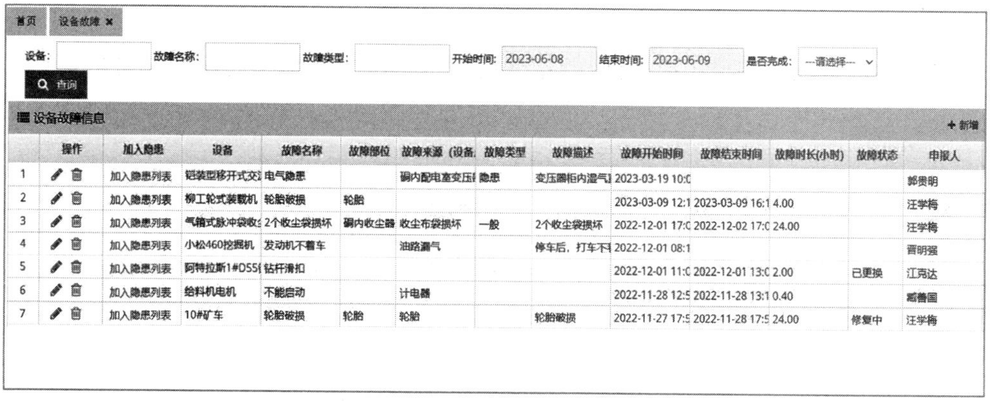

首页
设备故障
设备：
故障名称：
故障类型：
开始时间：2023-06-08
结束时间：2023-06-09
是否完成：
---请选择---
查询
设备故障信息
+ 新增
操作 加入隐患 设备 故障名称 故障部位 故障来源（设备 故障类型 故障描述 故障开始时间 故障结束时间 故障时长(小时) 故障状态 申报人
1 加入隐患列表 铠装型移开式交 电气隐患 硐内配电室变压 隐患 变压器柜内湿气 2023-03-19 10: 郭贵明
2 加入隐患列表 柳工轮式装载机 轮胎破损 轮胎 2023-03-09 12:1 2023-03-09 16:1 4.00 汪学梅
3 加入隐患列表 气箱式脉冲袋收 2个收尘袋损坏 硐内收尘器 收尘布袋损坏 一般 2个收尘袋损坏 2022-12-01 17: 2022-12-02 17: 24.00 汪学梅
4 加入隐患列表 小松460挖掘机 发动机不着车 油路漏气 停车后，打车不 2022-12-01 08:1 晋明强
5 加入隐患列表 阿特拉斯1#D55 钻杆滑扣 2022-12-01 11: 2022-12-01 13: 2.00 已更换 江克达
6 加入隐患列表 给料机电机 不能启动 计电器 2022-11-28 12:5 2022-11-28 13:1 0.40 臧善国
7 加入隐患列表 10#矿车 轮胎破损 轮胎 轮胎 轮胎破损 2022-11-27 17:5 2022-11-28 17:5 24.00 修复中 汪学梅

图 8-19　设备故障管理

8.4.5 设备隐患管理

对设备巡检中发现的隐患进行登记，并通知相关人员。建立设备隐患跟踪表功能，隐患来源可以是各级点检数据，如图 8-20 所示。

图 8-20 设备隐患管理

8.4.6 设备消耗管理

设备消耗管理主要包括柴油消耗管理、备件消耗管理、轮胎单机消耗管理、润滑油消耗管理。可手动导入柴油消耗、备件消耗、轮胎单机消耗、润滑油消耗信息，也可由物资系统自动导入。设备消耗可设置异常报警值，报警信息传给相关管理人员，工段、分厂审核后处理。柴油、燃油、轮胎、润滑油、炸药及雷管消耗信息从物资系统中读取，加油数据从 IC 卡加油系统中读取，如图 8-21 所示。

| 首页 | 设备消耗分析 ✕ | | | | | | | |

| 开始时间 2023-06-01 | 结束时间 2023-06-30 | 设备 | 设备分类 | 🔍 生成报表 |

设备消耗分析

序号	设备名称	燃油消耗 (L)	运转台时/公里数 (h;km)	台时单耗 (L/h;L/km)	吨/米单耗 (L/t;L/m)	维修费用 (元)	保养费用 (元)	轮胎数量 (个)	轮胎消耗 (元)
1	阿特拉斯1#D55钻机	1711.81	32.50	52.67	0.31				
2	20#矿车	233.39	0.00		0.02				
3	3#矿车	202.00			0.03				
4	4#矿车	193.09	0.00		0.04				
5	10#矿车	197.78	0.00		0.02				
6	18#矿车	141.00	0.00		0.06				
7	小松700挖掘机	3198.00	67.00	47.73	0.02				

图 8-21 设备消耗管理

8.4.7　设备点检管理

设备点检管理包括设备点检标准、设备点检台账、设备点检记录三部分。设备点检等级按权限分为分厂、工段(班组)、岗位三级，并明确岗位人员点检标准，方便后期岗位人员操作。系统能够打印设备二维码，并采用二维码点检，点检人员用手机 App 扫描二维码，根据预先定义的点检内容，在 App 中添加点检信息，点检信息将自动汇总到设备隐患跟踪表中。

1) 点检通报

按照工段、分厂对设备点检情况进行通报，让各工段了解本工段点检情况，如图 8-22 所示。

首页
点检通报（分厂）
2023-06-08
查询
设备点检通报(分厂)
操作
检查内容
通报时间
通报录入系统时间
通报人

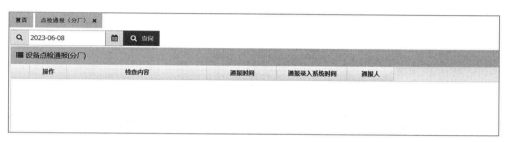

图 8-22　点检通报

2) 岗位交接班

根据岗位交接班点检情况记录设备点检信息。交接班检查形成明细项目由手机 App 完成(直接打√或×)，对有问题的地方，可备注文件并上传照片，如图 8-23 所示。

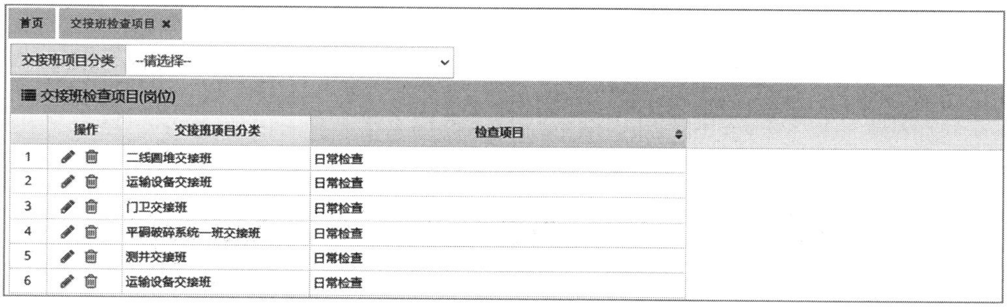

首页
交接班检查项目
交接班项目分类
--请选择--
交接班检查项目(岗位)
操作
交接班项目分类
检查项目
1
二线圆堆交接班
日常检查
2
运输设备交接班
日常检查
3
门卫交接班
日常检查
4
平硐破碎系统一班交接班
日常检查
5
测井交接班
日常检查
6
运输设备交接班
日常检查

图 8-23　交接班点检

8.4.8 设备运行监控

1）工艺线设备参数展示

工艺线设备监控点信息数据从矿山已有设备管理信息系统或 DCS 系统提供的数据接口采集数据并进行展示。数据采集接口根据设备厂家和类型进行提供。接口开发需要设备原厂家提供接口开发包。采集的数据包括设备开停状态，以及其他参数，包括温度、振动、电流等，如图 8-24 所示。

工艺代号	设备名称	监控部位	监控点	信号名称	DCS 标签名	参考值
1001	板喂机	电机	电机	运行信号	A1001	0或1
			1#Q轴承	温度	DT10011DQC	0-70℃
			2#Q轴承	温度	DT10012DQC	0-70℃
		减速机	1#一级Q轴承	温度	DT10011J1JQC	0-85℃
			1#一级H轴承	温度	DT10011J1JHC	0-85℃
			2#一级Q轴承	振动	DX10012J1JQC	0-6mm/s
			2#一级H轴承	振动	DX10012J1JHC	0-6mm/s
			1#齿箱	油位	DYW10011	0或1
			2#齿箱	油位	DYW10012	0或1
		电机	1#电机运行信号		A10011	0或1
			2#电机运行信号		A10012	0或1
			1#电机电流		II10011C	0-106A
			2#电机电流		II10012C	0-106A
			1#电机频率		SI10011C	0-50HZ
			2#电机频率		SI10012C	0-50HZ
		电机	1#电机	运行信号	A10021	0或1
				振动	DX1002D1C	0-6mm/s
			2#电机	运行信号	A10022	0或1
				振动	DX1002D2C	0-6mm/s

图 8-24　工艺线机电设备监控

2）工程机械设备参数展示

系统应支持数据采集接口扩展，可通过第三方平台提供的数据接口读取矿山机械设备车载信息，并对信息进行汇总、分析、展示、查阅。数据接口需要设备供应方提供。

8.4.9 设备统计分析

设备月报、日报表等按照上报集团统一要求和各矿山实际需要定制出表格形式，如图 8-25 所示。

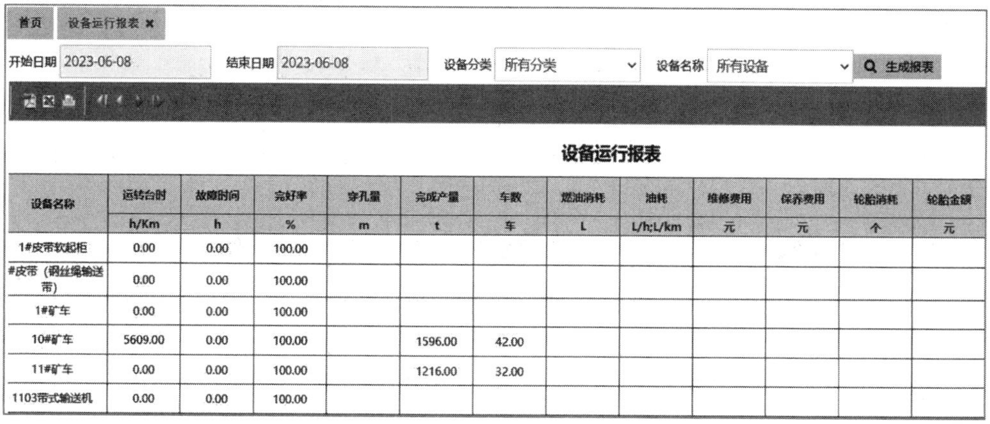

设备名称	运转台时	故障时间	完好率	穿孔量	完成产量	车数	燃油消耗	油耗	维修费用	保养费用	轮胎消耗	轮胎金额
	h/Km	h	%	m	t	车	L	L/h;L/km	元	元	个	元
1#皮带软起柜	0.00	0.00	100.00									
#皮带（钢丝绳输送带）	0.00	0.00	100.00									
1#矿车	0.00	0.00	100.00									
10#矿车	5609.00	0.00	100.00		1596.00	42.00						
11#矿车	0.00	0.00	100.00		1216.00	32.00						
1103带式输送机	0.00	0.00	100.00									

图 8-25　设备日报表

8.5　质量控制管理

8.5.1　生产指标反算

针对露天石灰石矿山，在水泥制造生产时，需要根据水泥原料矿山提供的下山石灰石指标，以及煤灰、粉煤灰、砂岩和铁粉等其他原料的指标情况，结合燃料指标、熟料热耗、熟料三率，计算各原料的配比，以满足水泥制造的性能要求。煤灰、粉煤灰、砂岩和铁粉等其他原料用量少，且成分较为固定，下山石灰石指标控制范围要求较严苛时，易导致部分矿产资源难以利用，排废量大；下山石灰石指标控制范围要求较宽泛时，易导致水泥制造生料配料困难，出现制造的水泥性能不满足要求的现象。与此同时，下山石灰石指标调整后，传统的尝试误差法、递减试凑法和烧失量法等生料配料方法计算过程复杂、耗时耗力，且计算精度不高。

针对上述现象，亟须一种水泥原料矿山石灰石指标控制范围确定方法，实现快速、精准确定水泥原料矿山石灰石指标控制范围，进行生料配料自动计算，指导水泥原料矿山生产计划编制和水泥制造，最大化利用矿产资源，较少排放废石，延长矿山服务年限。

1）从数据服务器获取原材料、燃料指标数据。从数据服务器获取的原材料指标数据包括煤灰、粉煤灰、砂岩和铁粉的烧失量，以及 SiO_2、Al_2O_3、Fe_2O_3、CaO、MgO 和其他化合物占比；从数据服务器获取的燃料指标数据包括挥发物、固定碳、灰分、水分占比和热值。

2）用户设置熟料指标极值和石灰石指标极值。设置熟料热耗、熟料石灰饱和系数上限、熟料石灰饱和系数下限、熟料硅率上限、熟料硅率下限、熟料铝率上限、熟料铝率下限、石灰石 SiO_2 上限、石灰石 SiO_2 下限、石灰石 Al_2O_3 上限、石灰石 Al_2O_3 下限、石灰石 Fe_2O_3 上限、石灰石 Fe_2O_3 下限、石灰石 CaO 上限、石灰石 CaO 下限、石灰石 MgO 上限、石灰石 MgO 下限，其中，石灰石指标极值大于 0 表示受控，否则表示不受控。

3）自动构建石灰石指标控制范围确定方法数学模型，进而解算数学模型，得到石灰石 SiO_2、Al_2O_3、Fe_2O_3、CaO 和 MgO 的占比控制范围，以及相应的石灰石、粉煤灰、砂岩和铁粉的配比。

石灰石指标控制范围确定方法数学模型如下：

已知参数：

r_{Loss}^{M}、$r_{SiO_2}^{M}$、$r_{Al_2O_3}^{M}$、$r_{Fe_2O_3}^{M}$、r_{CaO}^{M}、r_{MgO}^{M}、r_{Other}^{M} 分别表示煤灰的烧失量、SiO_2、Al_2O_3、Fe_2O_3、CaO、MgO 和其他化合物占比。

r_{Loss}^{F}、$r_{SiO_2}^{F}$、$r_{Al_2O_3}^{F}$、$r_{Fe_2O_3}^{F}$、r_{CaO}^{F}、r_{MgO}^{F}、r_{Other}^{F} 分别表示粉煤灰的烧失量、SiO_2、Al_2O_3、Fe_2O_3、CaO、MgO 和其他化合物占比。

r_{Loss}^{S}、$r_{SiO_2}^{S}$、$r_{Al_2O_3}^{S}$、$r_{Fe_2O_3}^{S}$、r_{CaO}^{S}、r_{MgO}^{S}、r_{Other}^{S} 分别表示砂岩的烧失量、SiO_2、Al_2O_3、Fe_2O_3、CaO、MgO 和其他化合物占比。

r_{Loss}^{T}、$r_{SiO_2}^{T}$、$r_{Al_2O_3}^{T}$、$r_{Fe_2O_3}^{T}$、r_{CaO}^{T}、r_{MgO}^{T}、r_{Other}^{T} 分别表示铁粉的烧失量、SiO_2、Al_2O_3、Fe_2O_3、CaO、MgO 和其他化合物占比。

Q^{V}、Q^{FC}、Q^{A}、Q^{W}、Q 分别表示燃料的挥发物、固定碳、灰分、水分占比和热值。

Q' 表示熟料热耗。

r_{Total}^{D} 表示熟料化学成分 SiO_2、Al_2O_3、Fe_2O_3、CaO 占比总和。

$\overline{\delta}^{KH}$、$\underline{\delta}^{KH}$ 分别表示熟料石灰饱和系数上限、熟料石灰饱和系数下限。

$\overline{\delta}^{SM}$、$\underline{\delta}^{SM}$ 分别表示熟料硅率上限、熟料硅率下限。

$\overline{\delta}^{IM}$、$\underline{\delta}^{IM}$ 分别表示熟料铝率上限、熟料铝率下限。

$\overline{r}_{SiO_2}^{L}$、$\overline{r}_{Al_2O_3}^{L}$、$\overline{r}_{Fe_2O_3}^{L}$、$\overline{r}_{CaO}^{L}$、$\overline{r}_{MgO}^{L}$ 分别表示石灰石 SiO_2、Al_2O_3、Fe_2O_3、CaO、MgO 占比的上限。

$\underline{r}_{SiO_2}^{L}$、$\underline{r}_{Al_2O_3}^{L}$、$\underline{r}_{Fe_2O_3}^{L}$、$\underline{r}_{CaO}^{L}$、$\underline{r}_{MgO}^{L}$ 分别表示石灰石 SiO_2、Al_2O_3、Fe_2O_3、CaO、MgO

占比的下限。

决策变量：

$x_{\mathrm{LOSS}}^{\mathrm{L}}$、$x_{\mathrm{SiO_2}}^{\mathrm{L}}$、$x_{\mathrm{Al_2O_3}}^{\mathrm{L}}$、$x_{\mathrm{Fe_2O_3}}^{\mathrm{L}}$、$x_{\mathrm{CaO}}^{\mathrm{L}}$、$x_{\mathrm{MgO}}^{\mathrm{L}}$ 分别表示石灰石烧失量、SiO_2、Al_2O_3、Fe_2O_3、CaO、MgO 的占比。

y^{L}、y^{F}、y^{S}、y^{T} 分别表示石灰石、粉煤灰、砂岩和铁粉的配比。

计算参数：

G 表示 100 kg 熟料的煤灰渗入量占比，$G = \dfrac{Q'Q^{\mathrm{A}}}{100Q}$

G^{R} 表示 100 kg 熟料的灼烧生料总量占比，$G^{\mathrm{R}} = \dfrac{100-G}{100}$

$r_{\mathrm{SiO_2}}^{\mathrm{D}}$ 表示设计熟料的 SiO_2 占比，

$$r_{\mathrm{SiO_2}}^{\mathrm{D}} = Gr_{\mathrm{SiO_2}}^{\mathrm{M}} + y^{\mathrm{L}}G^{\mathrm{R}}x_{\mathrm{SiO_2}}^{\mathrm{L}} + y^{\mathrm{F}}G^{\mathrm{R}}r_{\mathrm{SiO_2}}^{\mathrm{F}} + y^{\mathrm{S}}G^{\mathrm{R}}r_{\mathrm{SiO_2}}^{\mathrm{S}} + y^{\mathrm{T}}G^{\mathrm{R}}r_{\mathrm{SiO_2}}^{\mathrm{T}}$$

$r_{\mathrm{Al_2O_3}}^{\mathrm{D}}$ 表示设计熟料的 Al_2O_3 占比，

$$r_{\mathrm{Al_2O_3}}^{\mathrm{D}} = Gr_{\mathrm{Al_2O_3}}^{\mathrm{M}} + y^{\mathrm{L}}G^{\mathrm{R}}x_{\mathrm{Al_2O_3}}^{\mathrm{L}} + y^{\mathrm{F}}G^{\mathrm{R}}r_{\mathrm{Al_2O_3}}^{\mathrm{F}} + y^{\mathrm{S}}G^{\mathrm{R}}r_{\mathrm{Al_2O_3}}^{\mathrm{S}} + y^{\mathrm{T}}G^{\mathrm{R}}r_{\mathrm{Al_2O_3}}^{\mathrm{T}}$$

$r_{\mathrm{Fe_2O_3}}^{\mathrm{D}}$ 表示设计熟料的 Fe_2O_3 占比，

$$r_{\mathrm{Fe_2O_3}}^{\mathrm{D}} = Gr_{\mathrm{Fe_2O_3}}^{\mathrm{M}} + y^{\mathrm{L}}G^{\mathrm{R}}x_{\mathrm{Fe_2O_3}}^{\mathrm{L}} + y^{\mathrm{F}}G^{\mathrm{R}}r_{\mathrm{Fe_2O_3}}^{\mathrm{F}} + y^{\mathrm{S}}G^{\mathrm{R}}r_{\mathrm{Fe_2O_3}}^{\mathrm{S}} + y^{\mathrm{T}}G^{\mathrm{R}}r_{\mathrm{Fe_2O_3}}^{\mathrm{T}}$$

$r_{\mathrm{CaO}}^{\mathrm{D}}$ 表示设计熟料的 CaO 占比，

$$r_{\mathrm{CaO}}^{\mathrm{D}} = Gr_{\mathrm{CaO}}^{\mathrm{M}} + y^{\mathrm{L}}G^{\mathrm{R}}x_{\mathrm{CaO}}^{\mathrm{L}} + y^{\mathrm{F}}G^{\mathrm{R}}r_{\mathrm{CaO}}^{\mathrm{F}} + y^{\mathrm{S}}G^{\mathrm{R}}r_{\mathrm{CaO}}^{\mathrm{S}} + y^{\mathrm{T}}G^{\mathrm{R}}r_{\mathrm{CaO}}^{\mathrm{T}}$$

目标函数：

（1）
$$\min(x_{\mathrm{CaO}}^{\mathrm{L}}) \tag{8-1}$$

（2）
$$\min(-x_{\mathrm{CaO}}^{\mathrm{L}}) \tag{8-2}$$

约束：

（1）变量逻辑性约束：

$$x_{\mathrm{SiO_2}}^{\mathrm{L}} < \overline{r}_{\mathrm{SiO_2}}^{\mathrm{L}} \quad \text{if} \quad \overline{r}_{\mathrm{SiO_2}}^{\mathrm{L}} > 0 \tag{8-3}$$

$$x_{\mathrm{Al_2O_3}}^{\mathrm{L}} < \overline{r}_{\mathrm{Al_2O_3}}^{\mathrm{L}} \quad \text{if} \quad \overline{r}_{\mathrm{Al_2O_3}}^{\mathrm{L}} > 0 \tag{8-4}$$

$$x_{\mathrm{Fe_2O_3}}^{\mathrm{L}} < \overline{r}_{\mathrm{Fe_2O_3}}^{\mathrm{L}} \quad \text{if} \quad \overline{r}_{\mathrm{Fe_2O_3}}^{\mathrm{L}} > 0 \tag{8-5}$$

$$x_{\mathrm{CaO}}^{\mathrm{L}} < \overline{r}_{\mathrm{CaO}}^{\mathrm{L}} \quad \text{if} \quad \overline{r}_{\mathrm{CaO}}^{\mathrm{L}} > 0 \tag{8-6}$$

$$x_{\mathrm{MgO}}^{\mathrm{L}} < \overline{r}_{\mathrm{MgO}}^{\mathrm{L}} \quad \text{if} \quad \overline{r}_{\mathrm{MgO}}^{\mathrm{L}} > 0 \tag{8-7}$$

$$x_{\mathrm{SiO_2}}^{\mathrm{L}} > \underline{r}_{\mathrm{SiO_2}}^{\mathrm{L}} \quad \text{if} \quad \underline{r}_{\mathrm{SiO_2}}^{\mathrm{L}} > 0 \tag{8-8}$$

$$x_{\mathrm{Al_2O_3}}^{\mathrm{L}} > \underline{r}_{\mathrm{Al_2O_3}}^{\mathrm{L}} \quad \text{if} \quad \underline{r}_{\mathrm{Al_2O_3}}^{\mathrm{L}} > 0 \tag{8-9}$$

$$x_{\mathrm{Fe_2O_3}}^{\mathrm{L}} > \underline{r}_{\mathrm{Fe_2O_3}}^{\mathrm{L}} \quad \text{if} \quad \underline{r}_{\mathrm{Fe_2O_3}}^{\mathrm{L}} > 0 \tag{8-10}$$

$$x_{\mathrm{CaO}}^{\mathrm{L}} > \underline{r}_{\mathrm{CaO}}^{\mathrm{L}} \quad \text{if} \quad \underline{r}_{\mathrm{CaO}}^{\mathrm{L}} > 0 \tag{8-11}$$

$$x_{MgO}^L > \underline{r}_{MgO}^L \qquad if \qquad \underline{r}_{MgO}^L > 0 \tag{8-12}$$

$$\frac{44x_{CaO}^L}{56} < x_{LOSS}^L < 100 - x_{SiO_2}^L - x_{Al_2O_3}^L - x_{Fe_2O_3}^L - x_{CaO}^L - x_{MgO}^L \tag{8-13}$$

$$y^L \geqslant 0 \tag{8-14}$$

$$y^F \geqslant 0 \tag{8-15}$$

$$y^S \geqslant 0 \tag{8-16}$$

$$y^T \geqslant 0 \tag{8-17}$$

$$y^L + y^F + y^S + y^T = 100 \tag{8-18}$$

（2）熟料化学成分 SiO_2、Al_2O_3、Fe_2O_3、CaO 占比总和约束：

$$r_{SiO_2}^D + r_{Al_2O_3}^D + r_{Fe_2O_3}^D + r_{CaO}^D = r_{Total}^D \tag{8-19}$$

（3）熟料率值指标约束：

$$\underline{\delta}^{KH} < \frac{r_{CaO}^D - 1.65r_{Al_2O_3}^D - 0.35r_{Fe_2O_3}^D}{2.8r_{SiO_2}^D} < \overline{\delta}^{KH} \tag{8-20}$$

$$\underline{\delta}^{SM} < \frac{r_{SiO_2}^D}{r_{Al_2O_3}^D + r_{Fe_2O_3}^D} < \overline{\delta}^{SM} \tag{8-21}$$

$$\underline{\delta}^{IM} < \frac{r_{Al_2O_3}^D}{r_{Fe_2O_3}^D} < \overline{\delta}^{IM} \tag{8-22}$$

以某露天水泥原料矿山为例，该矿山石灰石指标控制范围确定时，从数据服务器获取的原材料指标数据包括煤灰、粉煤灰、砂岩和铁粉的烧失量，以及 SiO_2、Al_2O_3、Fe_2O_3、CaO、MgO 和其他化合物占比，如表 8-1 所示。

表 8-1　原材料指标

	烧失量 /%	$w(SiO_2)$ /%	$w(Al_2O_3)$ /%	$w(Fe_2O_3)$ /%	$w(CaO)$ /%	$w(MgO)$ /%	其他化合物 质量分数/%
煤灰	0	54.62	32.80	6.00	3.57	3.01	1.23
粉煤灰	6.00	67.27	14.25	6.05	1.12	5.31	1.26
砂岩	4.89	49.51	26.15	7.32	6.10	6.03	0.30
铁粉	2.53	33.16	7.08	41.22	7.00	9.02	1.33

从数据服务器获取的燃料指标数据如下：挥发物质量分数 26.99%、固定碳质量分数 61.13%、灰分质量分数 22.76%、水分质量分数 0.9% 和热值 23486 kJ/kg。

设置熟料热耗 3052 kJ/kg，熟料石灰饱和系数控制范围为（0.89±0.02），熟料硅率控制范围为（2.1±0.1），熟料铝率控制范围为（1.3±0.1）。石灰石指标极值设置如表 8-2 所示。

表 8-2　石灰石指标极值

	$w(SiO_2)/\%$	$w(Al_2O_3)/\%$	$w(Fe_2O_3)/\%$	$w(CaO)/\%$	$w(MgO)/\%$
上限	18.00	−1	−1	52.00	−1
下限	4.00	−1	−1	45.30	−1

注："−1"表示不设置极值。

自动构建石灰石指标控制范围确定方法数学模型并解算，得到石灰石 SiO_2、Al_2O_3、Fe_2O_3、CaO 和 MgO 的质量分数控制范围，如表 8-3 所示。

表 8-3　质量分数控制范围

	$w(SiO_2)/\%$	$w(Al_2O_3)/\%$	$w(Fe_2O_3)/\%$	$w(CaO)/\%$	$w(MgO)/\%$
上限	18.00	3.56	0.86	52.00	2.78
下限	7.31	2.01	0.45	46.15	1.32
设置值	11.38	2.01	0.64	46.28	2.21

根据设置的石灰石指标得到相应的石灰石、粉煤灰、砂岩和铁粉的配比为 93.19：0.95：2.38：3.48。

8.5.2　取样登记

8.5.2.1　基于样品号的露天矿山炮孔样取样登记方法

露天矿山开采时，将矿山在垂直方向上划分成多个台阶，各个台阶上进行穿孔、装药、爆破作业，形成爆堆，用于铲装和运输。为了更加明晰地掌握台阶上元素品位的分布情况，在穿孔后，对炮孔进行孔口坐标测量和取岩粉样化验，获取炮孔的 X、Y、Z 坐标，以及岩性和元素品位等信息，进而根据炮孔的品位信息对台阶的品位分布情况进行推估，以利于指导后期的精细化计划编制、铲装和配矿。

露天矿山目前进行炮孔样取样登记的方法是人工录入法，录入工作量大且往往会出现不可避免的数据录入错误和对应关系错误。

针对上述问题，提出一种基于样品号的露天矿山炮孔样取样登记方法，包括

以下步骤:

(1)根据取样位置、穿孔数目和岩粉性质分布情况自动生成样品号。取样位置包含露天矿山的矿区编号、台阶编号及方位编号。自动生成样品号的形式为"RRYYYYMMDD-BBBANN",其中"RR"为矿区编码,"YYYYMMDD"为日期编码,"BBB"为台阶编码,"A"为方位编码,"NN"为序号。

(2)将各样品号生成二维码,并使用打印机打印输出。

(3)到达取样点后,取样登记手持设备根据炮孔所属的取样位置信息,加载相应的炮孔孔口坐标信息,炮孔孔口坐标以图形的形式显示其相对位置。

(4)根据取样规则,取岩粉样至取样袋,在取样登记手持设备中给相应的炮孔标记一个样品号,并将对应的二维码放入取样袋。

(5)返回化验室制样,通过扫码枪扫描二维码获取样品号,并自动输入至质检化验设备,同时对样品进行化验。

(6)各炮孔通过步骤(4)赋值样品号信息,化验结束后,各化验结果也包含样品号信息,各炮孔通过样品号关联化验结果。

基于样品号的露天矿山炮孔样取样登记方法的装置架构示意图如图8-26所示。

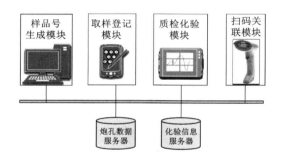

图8-26 基于样品号的露天矿山炮孔样取样登记方法的装置架构示意图

结合露天矿山生产实际,取样登记方法一般包括逐孔取样、隔孔取样和取组合样三种。某露天矿山076台阶北部穿孔区域需要进行取样登记,如图8-27所示,采用取组合样方式,穿孔数目22个,结合岩粉性质分布情况确定取4个样,自动生成4个样品号:KQ20200202-076N01、KQ20200202-076N02、KQ20200202-076N03和KQ20200202-076N04。

将各样品号生成二维码,如图8-28所示,并使用打印机打印输出。

到达取样点后,取样登记手持设备根据炮孔所属的取样位置KQ076,加载相应的炮孔孔口坐标信息,炮孔孔口坐标以图形的形式显示其相对位置。

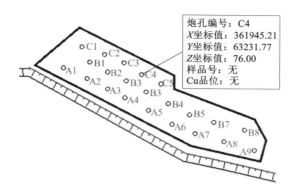

图 8-27　某露天矿山台阶上的炮孔孔口坐标示意图

图 8-28　样品号二维码示意图

　　根据取样规则，取岩粉样至取样袋。以取第 2 组样为例，在取样登记手持设备中给相应的炮孔标记对应的样品号 KQ20200202-076N02，并将对应的二维码放入取样袋。在取样登记手持设备图形界面，先选择样品号 KQ20200202-076N02，再选择所有取了样的炮孔，如图 8-29 所示。

　　返回化验室制样，通过扫码枪扫描二维码获取样品号，并自动输入至质检化验设备，同时对样品进行化验。

　　各炮孔通过步骤（4），赋值样品号信息，如图 8-30 所示，化验结束后，各化验结果也包含样品号信息，各炮孔通过样品号关联化验结果，如图 8-31 所示。

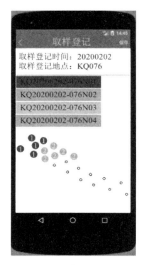

图 8-29 取样登记手持设备图形界面示意图

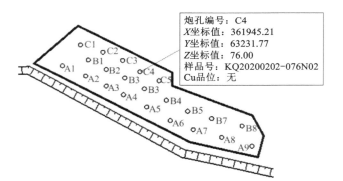

图 8-30 炮孔标记样品号后的属性信息示意图

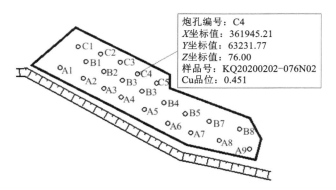

图 8-31 炮孔关联化验结果后的属性信息示意图

8.5.2.2　基于唯一标识码的露天矿山炮孔样取样登记方法

基于样品号二维码的取样登记方法，存在取样袋中的样品与二维码不对应或取样过程中二维码破损难以补救的情况。因此，一种基于唯一标识码的露天矿山炮孔样取样登记方法提供了另一种解决途径，包括以下步骤：

（1）自动生成足量的唯一标识码 UUID，保障取样登记时数量充足。

（2）将各唯一标识码生成二维码，并使用打印机打印输出。

（3）到达取样点后，加载炮孔孔口坐标信息至取样登记手持设备。

（4）根据取样规则，取岩粉样至取样袋，并随机放入一个二维码。

（5）取样登记手持设备以图形的形式显示炮孔孔口相对位置，以触摸屏幕的方式选择每次取了样的所有炮孔，选择完成后，通过取样登记手持设备摄像头扫描对应的二维码，使炮孔关联该唯一标识码。

（6）返回化验室制样，通过扫码枪扫描二维码获取唯一标识码，并自动输入至质检化验设备，同时对样品进行化验。

（7）各炮孔通过步骤（5），赋值唯一标识码信息，化验结束后，各化验结果也包含唯一标识码信息，各炮孔通过唯一标识码关联化验结果。

基于样品号的露天矿山炮孔样取样登记方法的装置架构示意图如图 8-32 所示。

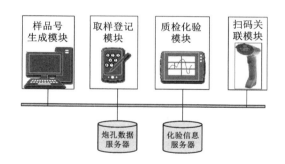

图 8-32　基于样品号的露天矿山炮孔样取样登记方法的装置架构示意图

某露天矿山 076 台阶北部穿孔区域需要进行取样登记，如图 8-33 所示，采用取组合样方式，自动生成足量唯一标识码，如 UUID，随机使用若干个，如 afd399ac64f046d88fdc81967752de40、　d5cc3fdc58bd430da039e39828dbf721、e65b1511befe49a89a040c3a8917731c 和 1827a0a17739470dacadbd1b203bb4e3。

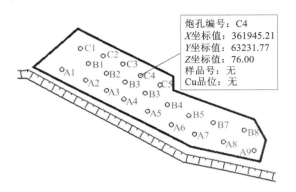

图 8-33　某露天矿山台阶上的炮孔孔口坐标示意图

将各唯一标识码生成二维码，如图 8-34 所示，并使用打印机打印输出。

图 8-34　唯一标识码对应的二维码示意图

到达取样点后，取样登记手持设备根据炮孔所属的取样位置 KQ076，加载相应的炮孔孔口坐标信息，炮孔孔口坐标以图形的形式显示其相对位置。

根据取样规则，取岩粉样至取样袋。以取第 2 组样为例，随机放入一个二维码至取样袋，如 d5cc3fdc58bd430da039e39828dbf721 对应的二维码。

取样登记手持设备以图形的形式显示炮孔孔口相对位置，以触摸屏幕的方式选择本次取了样的所有炮孔，选择完成后，扫描对应的二维码，如图 8-35 所示。

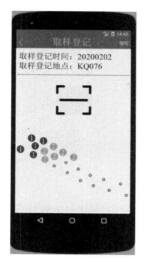

图 8-35　取样登记手持设备图形界面示意图

　　返回化验室制样,通过扫码枪扫描二维码获取唯一标识码,并自动输入至质检化验设备,同时对样品进行化验。

　　各炮孔通过步骤(5),赋值唯一标识码信息,如图 8-36 所示,化验结束后,各化验结果也包含唯一标识码信息,各炮孔通过唯一标识码关联化验结果,如 8-37 所示。

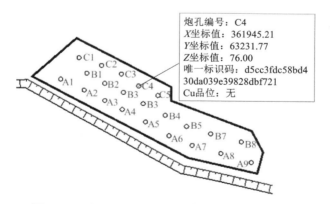

图 8-36　炮孔标记唯一标识码后的属性信息示意图

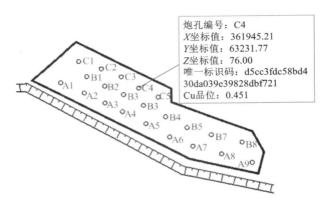

炮孔编号：C4
X坐标值：361945.21
Y坐标值：63231.77
Z坐标值：76.00
唯一标识码：d5cc3fdc58bd4
30da039e39828dbf721
Cu品位：0.451

图 8-37   炮孔关联化验结果后的属性信息示意图

8.6   生产统计分析

8.6.1   生产作业统计分析

生产作业统计是对生产调度数据进行进一步加工、处理，根据用户的实际需求定制各类型的生产统计报表，形成生产管理所需的日报、周报、月报、季报、年报等，包括主要技术经济指标报表，产量、作业量报表，矿石质量统计报表等，如图 8-38 所示。

日期 2020-09-17   Q 生成报表

矿山生产综合日报表

单位：吨、小时、分   填报日期：2020-09-17   制表：矿山分厂   表号：HL-KS-001

平台开采量报表

采场		日实际			月累计			年累计		
		爆落量	下料量	转场量	爆落量	下料量	转场量	爆落量	下料量	转场量
钝山	N5+290→+300	0.00	0.00	0.00	0.00	0.00	0.00	40,869.00	0.00	0.00
	N5+280→+290	0.00	0.00	0.00	0.00	0.00	0.00	9,221.00	0.00	0.00
	N5+270→+280	0.00	0.00	0.00	0.00	0.00	0.00	137,585.00	0.00	0.00
	N5+260→+270	0.00	0.00	0.00	0.00	0.00	0.00	103,705.00	60,799.00	6,991.00
	N5+250→+260	0.00	2,970.00	675.00	18,189.00	86,454.00	8,154.00	357,261.00	393,702.00	28,637.00
	N5+240→+250	7,421.00	0.00	0.00	98,241.00	0.00	0.00	389,651.00	61,722.00	1,431.00
	N5+230→+240	0.00	0.00	0.00	22,632.00	0.00	0.00	53,074.00	0.00	0.00
	N5+050→+060	0.00	1,134.00	0.00	0.00	8,262.00	54.00	0.00	19,672.00	205.00
	小计	7,421.00	4,104.00	675.00	139,062.00	94,716.00	8,208.00	1,091,366.00	535,895.00	37,264.00
北山	BS+90→+102	0.00	3,182.00	344.00	97,137.00	15,609.00	1,075.00	1,571,992.00	1,013,649.38	13,545.00
	BS+77→+90	56,526.00	11,309.00	1,032.00	272,810.00	277,006.00	11,868.00	2,449,994.00	2,464,996.75	44,419.00
	BS+66→+80	0.00	0.00	0.00	37,958.00	9,804.00	4,257.00	490,443.00	232,027.25	13,803.00
	BS+55→+68	0.00	0.00	0.00	0.00	0.00	0.00	1,061,326.00	670,023.00	3,644.25
	BS+42→+55	0.00	15,652.00	0.00	423,165.00	372,165.00	2,021.00	1,875,698.00	1,911,403.50	24,404.00
	BS+30→+42	0.00	8,643.00	0.00	210,989.00	239,209.00	2,064.00	2,924,806.00	2,653,352.25	35,755.50
	BS+150→+160	0.00	0.00	0.00	0.00	0.00	0.00	36,505.00	0.00	0.00
	BS+135→+150	0.00	0.00	0.00	45,684.00	0.00	0.00	191,559.00	98,883.25	5,547.00
	BS+130→+130	0.00	1,720.00	0.00	0.00	69,488.00	989.00	70,316.00	180,514.00	4,429.00
	小计	56,526.00	40,506.00	1,376.00	1,087,632.00	983,281.00	22,274.00	10,675,067.00	9,224,759.38	145,546.75

图 8-38   生产日报

8.6.2　生产设备报表

系统支持用户按天进行查询，也可以按区队、施工设备、施工班组等条件进行查询，如图 8-39 所示。

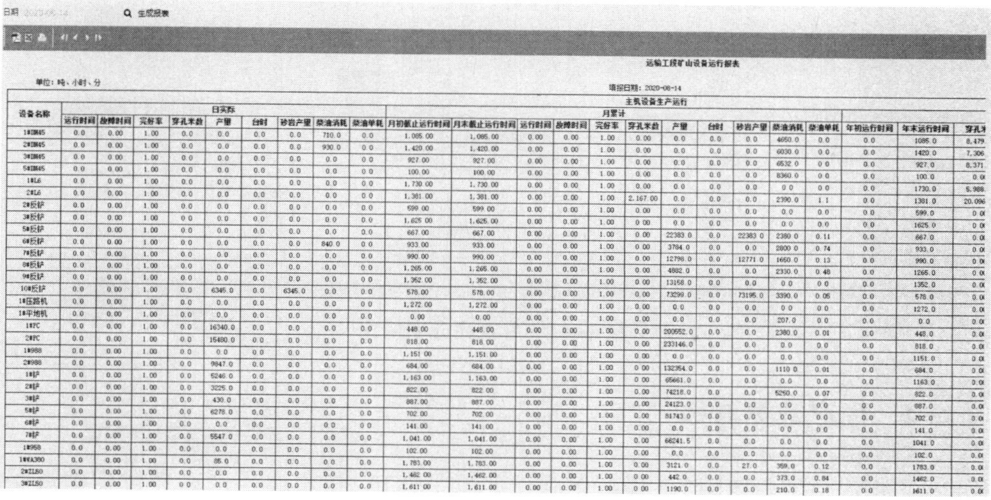

设备名称	日实际								
	运行时间	故障时间	完好率	穿孔米数	产量	台时	砂岩产量	柴油消耗	柴油单耗
1#DM45	0.0	0.00	1.00	0.0	0.0	0.0	0.0	710.0	0.0
2#DM45	0.0	0.00	1.00	0.0	0.0	0.0	0.0	930.0	0.0
3#DM45	0.0	0.00	1.00	0.0	0.0	0.0	0.0	0.0	0.0
5#DM45	0.0	0.00	1.00	0.0	0.0	0.0	0.0	0.0	0.0
1#L6	0.0	0.00	1.00	0.0	0.0	0.0	0.0	0.0	0.0
2#L6	0.0	0.00	1.00	0.0	0.0	0.0	0.0	0.0	0.0
2#反铲	0.0	0.00	1.00	0.0	0.0	0.0	0.0	0.0	0.0
3#反铲	0.0	0.00	1.00	0.0	0.0	0.0	0.0	0.0	0.0
5#反铲	0.0	0.00	1.00	0.0	0.0	0.0	0.0	0.0	0.0
6#反铲	0.0	0.00	1.00	0.0	0.0	0.0	0.0	840.0	0.0
7#反铲	0.0	0.00	1.00	0.0	0.0	0.0	0.0	0.0	0.0
8#反铲	0.0	0.00	1.00	0.0	0.0	0.0	0.0	0.0	0.0
9#反铲	0.0	0.00	1.00	0.0	0.0	0.0	0.0	0.0	0.0
10#反铲	0.0	0.00	1.00	0.0	6345.0	0.0	6345.0	0.0	0.0
1#压路机	0.0	0.00	1.00	0.0	0.0	0.0	0.0	0.0	0.0
1#平地机	0.0	0.00	1.00	0.0	0.0	0.0	0.0	0.0	0.0
1#PC	0.0	0.00	1.00	0.0	16340.0	0.0	0.0	0.0	0.0
2#PC	0.0	0.00	1.00	0.0	15480.0	0.0	0.0	0.0	0.0
1#988	0.0	0.00	1.00	0.0	0.0	0.0	0.0	0.0	0.0
2#988	0.0	0.00	1.00	0.0	9847.0	0.0	0.0	0.0	0.0
1#铲	0.0	0.00	1.00	0.0	5246.0	0.0	0.0	0.0	0.0
2#铲	0.0	0.00	1.00	0.0	3225.0	0.0	0.0	0.0	0.0
3#铲	0.0	0.00	1.00	0.0	430.0	0.0	0.0	0.0	0.0
5#铲	0.0	0.00	1.00	0.0	6278.0	0.0	0.0	0.0	0.0
6#铲	0.0	0.00	1.00	0.0	0.0	0.0	0.0	0.0	0.0
7#铲	0.0	0.00	1.00	0.0	5547.0	0.0	0.0	0.0	0.0
1#958	0.0	0.00	1.00	0.0	0.0	0.0	0.0	0.0	0.0
1#WA380	0.0	0.00	1.00	0.0	85.0	0.0	0.0	0.0	0.0
2#ZL50	0.0	0.00	1.00	0.0	0.0	0.0	0.0	0.0	0.0
3#ZL50	0.0	0.00	1.00	0.0	0.0	0.0	0.0	0.0	0.0

设备名称	月累计														
	月初截止运行时间	月末截止运行时间	运行时间	故障时间	完好率	穿孔米数	产量	台时	砂岩产量	柴油消耗	柴油单耗	年初运行时间	年末运行时间	穿孔米
1#DM45	1,085.00	1,085.00	0.00	0.00	1.00	0.00	0.0	0.0	0.0	4650.0	0.0	0.0	1085.0	8,479
2#DM45	1,420.00	1,420.00	0.00	0.00	1.00	0.00	0.0	0.0	0.0	6030.0	0.0	0.0	1420.0	7,306
3#DM45	927.00	927.00	0.00	0.00	1.00	0.00	0.0	0.0	0.0	6532.0	0.0	0.0	927.0	8,371
5#DM45	100.00	100.00	0.00	0.00	1.00	0.00	0.0	0.0	0.0	8360.0	0.0	0.0	100.0	0.0
1#L6	1,730.00	1,730.00	0.00	0.00	1.00	0.00	0.0	0.0	0.0	0.0	0.0	0.0	1730.0	5,988
2#L6	1,381.00	1,381.00	0.00	0.00	1.00	2,167.00	0.0	0.0	0.0	2390.0	1.1	0.0	1381.0	20,096
2#反铲	599.00	599.00	0.00	0.00	1.00	0.00	0.0	0.0	0.0	0.0	0.0	0.0	599.0	0.0
3#反铲	1,625.00	1,625.00	0.00	0.00	1.00	0.00	0.0	0.0	0.0	0.0	0.0	0.0	1625.0	0.0
5#反铲	667.00	667.00	0.00	0.00	1.00	0.00	22383.0	0.0	22383.0	2380.0	0.11	0.0	667.0	0.0
6#反铲	933.00	933.00	0.00	0.00	1.00	0.00	3784.0	0.0	0.0	2800.0	0.74	0.0	933.0	0.0
7#反铲	990.00	990.00	0.00	0.00	1.00	0.00	12796.0	0.0	12771.0	1650.0	0.13	0.0	990.0	0.0
8#反铲	1,265.00	1,265.00	0.00	0.00	1.00	0.00	4882.0	0.0	0.0	2330.0	0.48	0.0	1265.0	0.0
9#反铲	1,352.00	1,352.00	0.00	0.00	1.00	0.00	13158.0	0.0	0.0	0.0	0.0	0.0	1352.0	0.0
10#反铲	578.00	578.00	0.00	0.00	1.00	0.00	73299.0	0.0	73195.0	3390.0	0.05	0.0	578.0	0.0
1#压路机	1,272.00	1,272.00	0.00	0.00	1.00	0.00	0.0	0.0	0.0	0.0	0.0	0.0	1272.0	0.0
1#平地机	0.00	0.00	0.00	0.00	1.00	0.00	0.0	0.0	0.0	207.0	0.0	0.0	0.0	0.0
1#PC	448.00	448.00	0.00	0.00	1.00	0.00	200552.0	0.0	0.0	2380.0	0.01	0.0	448.0	0.0
2#PC	818.00	818.00	0.00	0.00	1.00	0.00	233146.0	0.0	0.0	0.0	0.0	0.0	818.0	0.0
1#988	1,151.00	1,151.00	0.00	0.00	1.00	0.00	0.0	0.0	0.0	0.0	0.0	0.0	1151.0	0.0
2#988	684.00	684.00	0.00	0.00	1.00	0.00	132354.0	0.0	0.0	1110.0	0.01	0.0	684.0	0.0
1#铲	1,163.00	1,163.00	0.00	0.00	1.00	0.00	65661.0	0.0	0.0	0.0	0.0	0.0	1163.0	0.0
2#铲	822.00	822.00	0.00	0.00	1.00	0.00	74218.0	0.0	0.0	5250.0	0.07	0.0	822.0	0.0
3#铲	887.00	887.00	0.00	0.00	1.00	0.00	24123.0	0.0	0.0	0.0	0.0	0.0	887.0	0.0
5#铲	702.00	702.00	0.00	0.00	1.00	0.00	81743.0	0.0	0.0	0.0	0.0	0.0	702.0	0.0
6#铲	141.00	141.00	0.00	0.00	1.00	0.00	0.0	0.0	0.0	0.0	0.0	0.0	141.0	0.0
7#铲	1,041.00	1,041.00	0.00	0.00	1.00	0.00	66241.5	0.0	0.0	0.0	0.0	0.0	1041.0	0.0
1#958	102.00	102.00	0.00	0.00	1.00	0.00	0.0	0.0	0.0	0.0	0.0	0.0	102.0	0.0
1#WA380	1,783.00	1,783.00	0.00	0.00	1.00	0.00	3121.0	0.0	27.0	359.0	0.12	0.0	1783.0	0.0
2#ZL50	1,462.00	1,462.00	0.00	0.00	1.00	0.00	442.0	0.0	0.0	373.0	0.84	0.0	1462.0	0.0
3#ZL50	1,611.00	1,611.00	0.00	0.00	1.00	0.00	1190.0	0.0	0.0	210.0	0.18	0.0	1611.0	0.0

图 8-39　设备日报

系统还可根据设备生产量自动对月度台时产量进行统计，如图 8-40 所示。

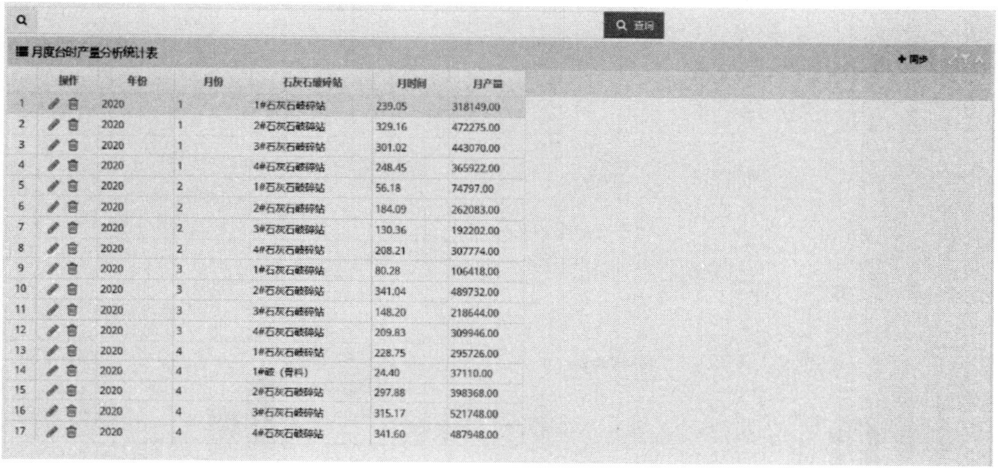

	操作	年份	月份	石灰石破碎站	月时间	月产量
1		2020	1	1#石灰石破碎站	239.05	318149.00
2		2020	1	2#石灰石破碎站	329.16	472275.00
3		2020	1	3#石灰石破碎站	301.02	443070.00
4		2020	1	4#石灰石破碎站	248.45	365922.00
5		2020	2	1#石灰石破碎站	56.18	74797.00
6		2020	2	2#石灰石破碎站	184.09	262083.00
7		2020	2	3#石灰石破碎站	130.36	192202.00
8		2020	2	4#石灰石破碎站	208.21	307774.00
9		2020	3	1#石灰石破碎站	80.28	106418.00
10		2020	3	2#石灰石破碎站	341.04	489732.00
11		2020	3	3#石灰石破碎站	148.20	218644.00
12		2020	3	4#石灰石破碎站	209.83	309946.00
13		2020	4	1#石灰石破碎站	228.75	295726.00
14		2020	4	1#破（辅料）	24.40	37110.00
15		2020	4	2#石灰石破碎站	297.88	398368.00
16		2020	4	3#石灰石破碎站	315.17	521748.00
17		2020	4	4#石灰石破碎站	341.60	487948.00

图 8-40　月度台时产量

8.6.3 执行率统计分析

系统提供开采计划执行率、劳动生产率、成本指标等的数据显示，自动生成月度矿山生产信息综合月报表及生产运行分析，可以保存为 Office 文档。结合月度生产计划和实际情况，对矿石计划执行率进行统计，如图 8-41 所示。

首页 生产堆料完成情况统计指标 月度台时产量统计指标 月度计划完成率统计率统计指标

月份 查询

月度开采计划完成率统计表 + 同步

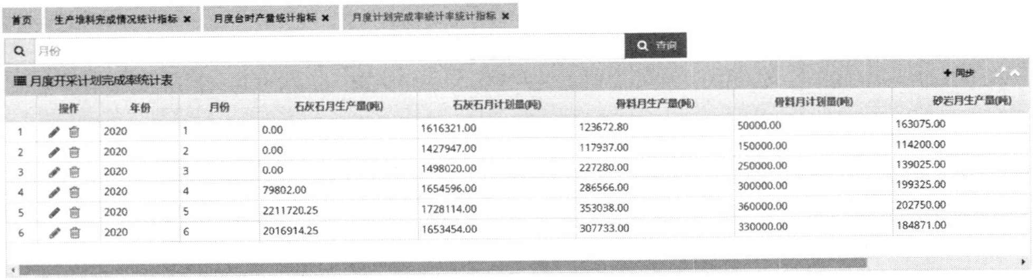

	操作	年份	月份	石灰石月生产量(吨)	石灰石月计划量(吨)	骨料月生产量(吨)	骨料月计划量(吨)	砂岩月生产量(吨)
1		2020	1	0.00	1616321.00	123672.80	50000.00	163075.00
2		2020	2	0.00	1427947.00	117937.00	150000.00	114200.00
3		2020	3	0.00	1498020.00	227280.00	250000.00	139025.00
4		2020	4	79802.00	1654596.00	286566.00	300000.00	199325.00
5		2020	5	2211720.25	1728114.00	353038.00	360000.00	202750.00
6		2020	6	2016914.25	1653454.00	307733.00	330000.00	184871.00

图 8-41 月度完成率情况

8.6.4 生产数据看板

对采集、记录的生产过程信息进行汇总、加工，检索出生产管理过程中最关心的指标，形成生产数据看板，并以图形的方式展现，同时区分常态和非常态的展现效果，使管理者对生产情况更加一目了然，如图 8-42 所示。

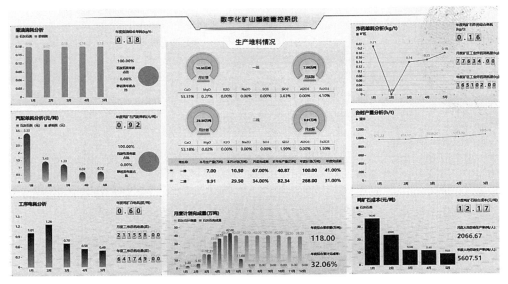

图 8-42 数据驾驶舱

第 9 章 露天矿三维可视化集中管控

露天矿三维可视化集中管控将露天矿山数字化生产作业链的全过程以虚拟现实和增强现实的方式呈现出来，包括资源与开采环境可视化、自动化控制系统集成、生产管理数据集成、生产与安全预警、安全监测监控系统集成等。

9.1 资源与开采环境可视化

9.1.1 地表地物可视化

利用地表广场主要构筑物的实测数据，对地表主要构筑物进行三维建模。地表构筑物包括主要采矿工业场地、选矿厂工业场地、办公楼、调度中心、环境景观、植被，构筑物内的生产设备、生产装备、传感器、地磅房、变电所、炸药库等。通过现场实际的影像拍摄还可以实现构筑物模型的高度仿真，可对整个矿区有一个清晰直观的了解，如图 9-1 所示。展现地形、地物、运输路线等三维仿真模型的同时，更加需要实现在三维场景下对重要场所的实时监测监控，以及对接入的数据进行分析预警，为矿山生产指挥和调度提供有力依据。

图 9-1 工业场地可视化

9.1.2　地质资源可视化

为充分利用矿产资源，保护生态环境，为矿山企业创造更大的效益和价值，矿山安全生产管控系统需实现对探矿过程的模拟展示以及全程监控，展示各个阶段的地质模型及其属性信息，如图 9-2 所示。

图 9-2　矿体及品位分布模型

9.1.3　采矿工艺数字化

采矿工艺数字化可展示采矿单元的划分过程，实现各个生产工序动作过程的模拟仿真，主要包括凿岩爆破、铲装运输、装载运输等过程。其可在三维场景下实现车辆运行、供水供电、排水及紧急避险等设备运行状态及工艺路径展示，如图 9-3 所示。

图 9-3　开采工艺数字化

9.1.4　设备信息仿真

设备信息仿真可以在三维场景下显示生产自动化和安全监控、车辆定位等相关数据，实时对接卡车调度系统数据、监控设备位置和装卸情况，通过数据接口实现智能语音识别、语音查询定位。

1）挖机作业状态监控

挖机上安装定位终端，在采场三维实时监控系统中可以虚拟划定挖机作业区域，系统获得作业区域数据，通过定位系统的应用，系统可精确监控挖机在作业区中的位置，如图 9-4 所示。

图 9-4　挖机作业状态监控

2）卡车作业过程监控

如图 9-5 所示，采场设备将北斗卫星导航系统经纬度数据传递给三维监控系统，三维监控系统通过坐标计算车辆运行路线，根据爆堆出矿计划和卸矿点出矿

图 9-5　卡车作业过程监控

计划，系统自动计算和判断卡车运行轨迹，直接监控配矿生产情况，判断混矿、混岩、矿岩颠倒、配矿不力等情况，并输出报警信息。

3）历史回放

根据后台存储的设备实时位置信息，实现铲装运设备及钻机运行轨迹和工作状态保存与回放，以便于监督和问题追踪。

9.2 自动化控制系统集成

9.2.1 卡车调度系统

卡车调度系统集成需要多种类型的数据，包括基础数据，如卡车编号、型号、吨位、速度、司机名称、单位等；实时定位数据，如 GNSS 数据；调度指令数据，如车辆编号、装车点、卸车点、装车/卸车/加油/维修/上班/下班等。

以上所有数据通过 TCP/IP 协议以报文的形式实现数据传送，如表 9-1、表9-2 所示。

表 9-1 定位数据字段

字段名	类型	长度	说明备注
电文类型	char	4	电文类型暂时有两个值，分别是 01、02。 01 代表定位数据，02 代表调度数据
电文发送时间	char	20	时间格式（yyyy-MM-dd HH：mm：ss）
设备编号	char	8	
设备类型	char	4	01 代表卡车，02 代表铲装设备，03 代表钻机，04 代表钩机
设备型号	char	20	
司机名称	char	20	
经度	char	12	
纬度	char	12	
速度	char	12	
高度	char	12	

表9-2 调度数据字段

字段名	类型	长度	说明备注
电文类型	char	4	电文类型暂时有两个值,分别是01、02。01代表定位数据,02代表调度数据
电文发送时间	char	20	时间格式(yyyy-MM-dd HH:mm:ss)
设备编号	char	8	
设备类型	char	4	01代表卡车,02代表铲装设备,03代表钻机,04代表钩机
卡车型号	char	20	
司机名称	char	20	
指令类型	char	4	电文类型有三个值,分别是01、02、03。01代表无指令、02代表装车指令、03代表卸车指令
目标点	char	20	装车点/卸车点/临时待命时为空
调度指令时间	char	20	时间格式(yyyy-MM-dd HH:mm:ss)

1)实时定位数据

将卡车调度系统中的车辆实时定位数据对接至三维可视化管控平台,在平台中可以实时查看车辆位置以及跟踪车辆运行轨迹。

2)车辆工况信息

将卡车调度系统中的车辆工况信息接入三维可视化管控平台,通过平台即可查询到车辆基本信息(编号、司机、任务状态、装载量)、车辆运行速度,如图9-6所示。

图9-6 车辆工况信息查询

3)爆堆品位模型

爆堆品位模型配合卡车实时定位数据，可以真实展现卡车运矿场景，仿真还原现场生产情况，如图9-7所示。

图9-7　爆堆品位模型

9.2.2　皮带运输系统

1)系统集成内容

通过组态软件采集模式获取皮带运输系统数据，数据内容包括皮带开停状态、报警状态、计量数据等信息。

2)场景构建

建立皮带运输巷道、皮带控制装备、皮带道、皮带秤等皮带运输相关设备设施的三维场景模型，如图9-8所示。

图9-8　皮带运输系统三维场景模型

3）业务功能

系统可实时仿真展示皮带开停状态、报警状态、计量数据等信息。

9.3　生产管理数据集成

9.3.1　爆堆信息管理

在三维场景中利用数字采矿软件平台建立三维模型（图9-9），动态更新采场、爆堆数据，动态展示生产计划完成情况、爆堆矿量变化情况，同时显示爆堆位置、大小、品位、出矿状态等信息。

接入智能管控执行软件平台数据，根据卡调铲装设备的出矿量数据和爆堆累积存量自动计算对应爆堆的当前矿石剩余量、岩石剩余量。

对矿山生产爆堆总量进行统计，并计算出爆堆已开采量和剩余量。对矿山生产爆堆的品位进行预警，在爆堆信息表格中用"↓""↑"提醒。

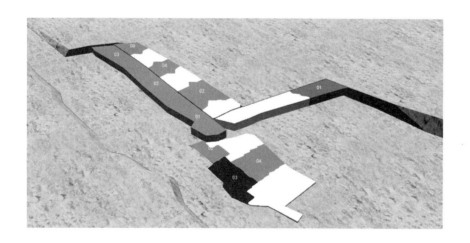

图9-9　爆堆可视化

9.3.2 供矿信息监控

各卸矿点(粗破站)根据卸载车辆装载的矿石质量信息计算矿石品位平均值,系统可以实时显示品位变化,如图9-10所示。

图 9-10 卸矿点品位监控

9.4 生产与安全预警

9.4.1 生产预警

通过对接 GNSS 卡车调度系统与智能管控执行业务数据,实现卡车作业过程仿真、生产执行过程各种自动预警,集中显示报警信息,平台实现的报警内容有:

(1)采准设备到矿权边界时自动报警。

(2)设备超速警示,空车、重车超速阈值可以分别设置。

(3)设备故障报警。

引发报警的对象要能在移动的对象上附加报警标志的功能,报警的图案及方式可自定义,同时提供在软件界面特定位置显示报警信息的功能,如图 9-11 所示。

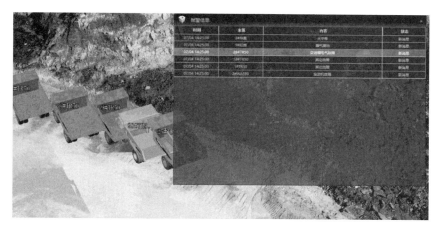

图 9-11　铲装设备故障报警

9.4.2　视频监控系统

　　露天矿山生产的视频监控主要包括三类场景，其一是在矿山的制高点安装球机，实现 360°监控矿山生产全貌；其二是在一些重要场所，如破碎站、交叉路口等，安装枪机，定向监控；其三是在矿山设备的驾驶舱，监测操作人员的不安全行为。视频监控信息均可接入三维可视化管控系统，如图 9-12～图 9-14 所示。

图 9-12　球机视频监控接入

图 9-13　枪机视频监控接入

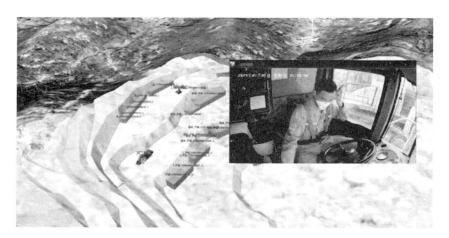

图 9-14　驾驶舱视频监控接入

第 10 章　露天矿生产技术协同

随着 CAD 及各类矿业工具软件的不断使用，矿山生产技术管理和团队协作出现了诸多新问题。多数矿山目前累计的资料达到 TB 量级，资料查找困难，这些资料有的会根据矿区、坑口等分类存放在共享服务器上，有的甚至存放在个人电脑上，制约了数据进一步共享。各类数据未进行有效数字化，有效数字化是指将业务数据赋予真实的业务含义，不是简单地用三维软件将矿山模型建立起来，或者将图档扫描存在电脑中，那仅仅是电子化。有效数字化后，各个数据都有其业务含义，如空间中的一条线，需要明确是巷道中心线，还是实测边帮线，又或者是地质编录界。由于缺少数据标准，不同平台、不同软件之间的数据交换往往需要二次整理和编辑。

此外，随着矿山信息化和智能化进程的不断加快，很多矿山企业逐步建立了各类系统。由于一些历史包袱，矿山已建或新建的信息化系统往往"各自为政"，数据难以互通共享，尤其与三维矿业软件的成果难以兼容，易形成信息孤岛。各个作业技术环节之间的数据需要靠人工逐级上报、整理、汇总、审批，技术协作效率低，造成摩擦成本较高，上级管理部门不能第一时间掌握基层技术环节执行情况，出现问题后无法追溯，可能导致相互推诿等问题。

因此需要一些新的技术手段解决上述问题，矿山生产技术协同平台应运而生，解决了矿山面临的缺少数据标准、数据难以共享、缺少流程规范和存在系统壁垒等问题，实现了矿山生产技术数据的高效流转和共享，提高了技术管理和团队协作效率，并作为桥梁实现了矿山各系统之间的无缝对接和深度集成。

10.1　露天采矿业务流程

10.1.1　露天采矿业务

露天采矿指的是从敞露地表的采矿场采出有用矿物的过程。露天采矿业务主要包括地质勘探、境界设计、开采规划及设计、采剥计划、穿孔、爆破、铲装、运输、破碎。结合矿山数字化转型的需求，在各个业务中，利用数字化、智能化手段需实现：①通过现代统计学方法科学评估地质资源分布情况，摸清资源信息；②通过最优化方法优化境界、规划和设计，充分利用资源；③自动化、精细化布孔、穿孔，提供精细化作业水平；④基于资源分布进行矿石搭配和铲装控制，满足品位波动和损失贫化指标要求；⑤精确计量，为生产管理和定量考核提供依据；⑥实时监控，把控矿山全业务生产工况，如图 10-1 所示。

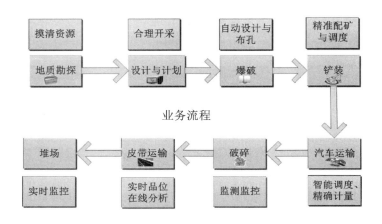

图 10-1　露天采矿业务

10.1.2　业务流程再造

露天矿山数字化生产作业链的目的是通过一个生产技术协同平台，实现数字化转型后的各个生产业务流程在一个统一的平台中高效运转。露天矿山数字化生产作业链的典型业务流程再造思路如图 10-2 所示。在矿山生产技术协同平台和矿山数据中心的支持下，在资源层面，构建三维地表现状模型和地质品位模型；在开采层面，实现生产计划优化编制、爆破设计与分析、自动化配矿、动态卡车调度；在管理层面，融合资源储量管理、设备能源物资管理、生产执行管理、安全管理、统计分析、在线监测、质检化验、视频监控等；在管控层面，实现即时办理事务和三维可视化虚拟现实及增强现实。

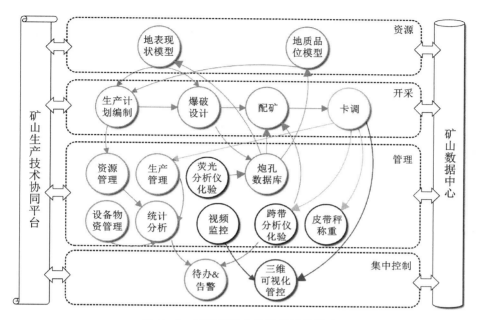

图 10-2　露天采矿业务流程再造思路

10.2　矿山生产技术协同平台概念及特性

　　矿山生产技术协同平台是指通过构建一个业务数据标准化、工作流程规范化的矿山开采全生命周期业务管理平台，为矿山生产技术和管理提供统一的数字化作业环境，业务数据严格按照工作流程在同一平台上自动流转。该平台主要实现流程流转、待办提醒、数据提交与更新、在线审批、成果快速检索与查看等功能。

　　矿山生产技术协同平台的建设旨在解决矿山面临的数据难以共享、缺少数据标准、缺少流程规范和存在系统壁垒等问题，实现矿山生产技术数据的高效流转和共享，提高技术管理和团队协作效率，并作为桥梁实现矿山各系统之间的无缝对接和深度集成。

10.2.1　数据共享

　　建立统一的矿山数据中心，所有的数据按标准、规范存储在矿山数据中心，利用数据库相关特性，对数据进行高效的组织和检索，所有系统数据的输入与输出，均直接关联矿山数据中心。

10.2.2　数据标准

制定行业数据标准与数据规范，并固化在矿山数据中心的入口和出口处，从而保证各个不同软件系统通过矿山数据中心流转的数据均是标准化的。

10.2.3　流程规范

矿山生产技术协同平台提供可定义、可配置、可扩展的矿山各类业务流程定义、配置方法，将各类生产技术活动纳入平台进行统一管控，实现权限配置、流程发起、待办提醒、业务办理、提交审批和流程归档的全流程、在线、可追踪功能。

10.2.4　矿山开采全生命周期

涵盖矿山开采全生命周期的技术工作内容，包括储量计算、勘探建模、生产管理、测量验收、采矿设计、通风优化、采掘计划等，实现矿山开采全生命周期的流程覆盖、数据共享、互联互通和高效运转。

10.2.5　统一数字化作业环境

集中存储工作内容，将矿山业务数据按照数据标准统一存放于数据中心，并且提供安全、共享、权限的访问机制；集中管理工作环境，对设计参数、约束条件、技术指标等环境参数进行集中、统一、分级管理；集中管控工作流程，矿山生产技术和管理工作流程化、规范化，实现从"做什么"到"怎么做""做成什么样"的转变，支持流程的追踪、考核。

10.2.6　深度集成

基于数据标准化存储，制定统一、多样的接口规范，实现多种标准 Web 服务、程序接口和中间库等对接方式，便于与矿山上下游系统无缝对接、深度集成，保证各个不同的软件系统能够认识和共享数据。

10.3 矿山生产技术协同平台架构

10.3.1 流程定义

按照制定的数据管理规范和业务流程,在系统中定义系业务流程的先后顺序,将各规范和业务流程进行标准化、规范化处理。系统在后期进行相关业务的功能操作时,严格按照定义的业务流程进行,避免人工操作时的随意性,保证业务流转的完整性。

10.3.2 数据流转

平台在流程固化过程中,其本质是数据的流转。数据流转是保障协同平台正常运行的关键。平台形成后数据根据流程定义自动流转到相应业务流程,专业技术人员通过下载数据,利用辅助软件直接进行相关技术工作,减少技术资料索取时间,避免技术资料索取错误问题的出现,提高技术工作效率。

10.3.3 业务审批

根据定义的流程进行相关业务操作和数据流转的过程中,需要领导在关键节点对相关数据、资料等信息进行审核,因此,需要在线进行相关的业务审批,保证流程顺利进行。利用线上审批既可保证信息数据流转功能的完整性,也保证了信息审批历史的可追溯性,对实现企业信息的管理具有重要作用。如图 10-3 所示。

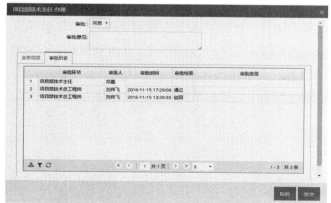

图 10-3 业务审批

10.3.4　业务流程集中管控

通过对工作流程(workflow)的集中控制,实现从"做什么"到"怎么做""做成什么样"的转变,实现技术工作流程的有效跟踪、管控、考核。

10.3.5　待办提示

在业务流程流转过程中,为防止个别人员因忘记而无法及时参与流程,平台自动将"中间"业务文件流转到相应专业技术人员后启动待办业务提示,提醒技术人员参与流程,以保证技术工作的顺利完成。

10.3.6　用户管理

用户管理是为了保证系统正常被相关使用者使用。其功能主要是为用户分配使用账号、分配角色和角色权限管理等。其中,为用户分配使用账号是为了保证用户顺利登录系统,分配角色和角色权限管理是为了保证每一个系统使用者具备与职位相对应的功能模块。

10.3.7　数据对接中间件

数据对接中间件是为了实现技术平台软件相关的数据与矿山生产技术协同平台之间的数据交换、流转,以及对接的接口、服务和软件体系。数字矿山智能管控平台建设中,需要与第三方技术平台软件进行数据交换和数据对接,如采矿软件,通过数据对接中间件,将该技术平台软件的数据按数据标准和数据规范导出,并接入数字矿山智能管控平台进行管理、分析和统计,同时将数字矿山智能管控平台反馈的信息导出,并接入技术平台软件,指导进一步的业务规划和设计,减少用户使用过程中不必要的数据整理、数据录入等工作。

10.4　矿山数据中心

10.4.1　数据中心架构

露天矿山数字化生产作业链数据中心架构如图 10-4 所示，首先，分析矿山数据来源，针对不同类型、不同尺度的矿山业务数据，通过相应的数据采集方法进行数据采集，包括矿山三维模型数据、开采设计数据、设备定位数据、监控监测数据、管理数据等；其次，建立矿山中心数据库，对不同来源的数据进行分类存储、组织和管理；最后，通过统一的应用接口共享数据。

10.4.2　数据库设计

露天矿山数字化生产作业链系统建设涉及的数据库表包括系统表、配置表、数据字典表、公共数据表、业务数据表和管理数据表等类型，下面对露天矿山数字化生产作业链相关的业务数据表进一步展开详细说明，如表 10-1～表 10-18 所示。

表 10-1　元素定义表

序号	字段名称	字段代码	字段类型	外键
1	元素 Uuid	Uuid	Uuid	
2	元素名称	Name	String	
3	元素单位	Unit	String	
4	作业地点 ID	PlaceID	Uuid	是
5	矿段模型对应的字段	BlockElement	String	

表 10-2　矿种定义表

序号	字段名称	字段代码	字段类型	外键
1	矿种 Uuid	Uuid	Uuid	
2	矿种名称	Name	String	
3	矿种单位	Unit	String	

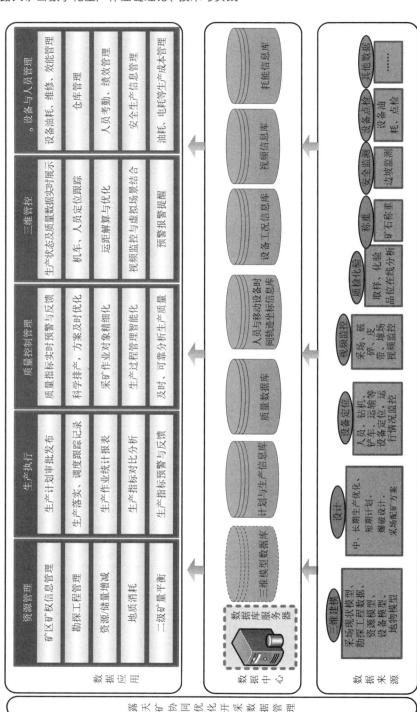

图10-4 矿山数据中心架构

续表10-2

序号	字段名称	字段代码	字段类型	外键
4	作业地点 ID	PlaceID	Uuid	是
5	矿段模型对应的字段	BlockElement	String	
6	矿种定义规则	Rule	String	

表 10-3　作业地点定义表

序号	字段名称	字段代码	字段类型	外键
1	作业地点 Uuid	Uuid	Uuid	
2	上一父节点 Uuid	Uuid	Uuid	是
3	作业地点名称	Name	String	
4	作业地点编码	Code	String	
5	作业地点类型	Type	Int	
6	作业地点级别	Level	Int	
7	作业地点状态	Status	String	
8	所有父节点 ID	AllParentItemID	String	
9	所有父节点名称	AllParentItemName	String	
10	是否加载显示	IsUpload	Bool	

表 10-4　元素品位表

序号	字段名称	字段代码	字段类型	外键
1	元素品位 Uuid	Uuid	Uuid	
2	要素 ID	FeatureID	Uuid	是
3	要素类型	FeatureType	Int	
4	元素 ID	ElementID	Uuid	是
5	元素品位值	ElementGrade	Decimal	
6	版本从	VerFrom	Long	
7	版本至	VerTo	Long	

表 10-5 矿种矿量表

序号	字段名称	字段代码	字段类型	外键
1	矿种矿量 Uuid	Uuid	Uuid	
2	要素 ID	FeatureID	Uuid	是
3	要素类型	FeatureType	Int	
4	矿种 ID	OreTypeID	Uuid	是
5	矿量	Weight	Decimal	
6	版本从	VerFrom	Long	
7	版本至	VerTo	Long	

表 10-6 最终境界表

序号	字段名称	字段代码	字段类型	外键
1	露天最终境界 Uuid	Uuid	Uuid	
2	境界名称	Name	String	
3	作业地点 ID	PlaceID	Uuid	是
4	工作帮坡角	Angle	Decimal	
5	剥采比	StripeRatio	Decimal	
6	露天矿境界设计体 ID	ShellID	Uuid	是
7	版本从	VerFrom	Long	
8	版本至	VerTo	Long	

表 10-7 现状模型表

序号	字段名称	字段代码	字段类型	外键
1	露天现状模型 Uuid	Uuid	Uuid	
2	现状名称	Name	Name	
3	作业地点 ID	PlaceID	Uuid	是
4	开采年份	MiningYear	String	
5	工作帮坡角	Angle	Decimal	
6	剥采比	StripeRatio	Decimal	
7	露天现状体 ID	ShellID	Uuid	是
8	版本从	VerFrom	Long	
9	版本至	VerTo	Long	

表 10-8　现状台阶线表

序号	字段名称	字段代码	字段类型	外键
1	露天现状台阶线 Uuid	Uuid	Uuid	
2	露天现状模型 ID	PresentModelID	Uuid	是
3	台阶线类型	BenchLineType	Int	
4	坡顶底线 ID	LineID	Uuid	是
5	版本从	VerFrom	Long	
6	版本至	VerTo	Long	

表 10-9　矿体模型表

序号	字段名称	字段代码	字段类型	外键
1	矿体模型 Uuid	Uuid	Uuid	
2	矿体名称	OreName	String	
3	作业地点 ID	PlaceID	Uuid	是
4	矿体模型体 ID	ShellID	Uuid	是
5	版本从	VerFrom	Long	
6	版本至	VerTo	Long	

表 10-10　采矿权界限表

序号	字段名称	字段代码	字段类型	外键
1	采矿权界限 Uuid	Uuid	Uuid	
2	采矿权界限名称	Name	String	
3	作业地点 ID	PlaceID	Uuid	是
4	采矿权界限 ID	LineID	Uuid	是
5	版本从	VerFrom	Long	
6	版本至	VerTo	Long	

表 10-11 道路表

序号	字段名称	字段代码	字段类型	外键
1	露天道路模型 Uuid	Uuid	Uuid	
2	道路名称	Name	String	
3	作业地点 ID	PlaceID	Uuid	是
4	露天道路线 ID	LineID	Uuid	是
5	版本从	VerFrom	Long	
6	版本至	VerTo	Long	

表 10-12 炮孔表

序号	字段名称	字段代码	字段类型	外键
1	炮孔 Uuid	Uuid	Uuid	
2	行号	RowNum	String	
3	列号	ColumnNum	String	
4	作业地点 ID	PlaceID	Uuid	是
5	X	X	Decimal	
6	Y	Y	Decimal	
7	Z	Z	Decimal	
8	孔径	Radius		
9	孔深	Deepth		
10	方位角	Azimuth		
11	倾角	Dip		
12	所属配矿单元名称	SubPileName	String	
13	所属化验分组 ID	AssayGroupID	Uuid	是
14	时间	UploadTime	DateTime	
15	版本从	VerFrom	Long	
16	版本至	VerTo	Long	

表 10-13　化验分组

序号	字段名称	字段代码	字段类型	外键
1	化验分组 Uuid	Uuid	Uuid	
2	编码	Name	String	
3	作业地点 ID	PlaceID	String	是
4	时间	BeginTime	DateTime	
5	版本从	VerFrom	Long	
6	版本至	VerTo	Long	

表 10-14　配矿单元表

序号	字段名称	字段代码	字段类型	外键
1	配矿单元 Uuid	Uuid	Uuid	
2	编码	Name	String	
3	作业地点 ID	PlaceID	Uuid	是
4	爆堆配矿单元状态	State	String	
5	爆堆配矿单元体	ShellID	Uuid	
6	装矿条件系数	LoadingCoefficient	Decimal	
7	版本从	VerFrom	Long	
8	版本至	VerTo	Long	

表 10-15　配矿表

序号	字段名称	字段代码	字段类型	外键
1	配矿 Uuid	Uuid	Uuid	
2	配矿日期	BlendDay	DateTime	
3	作业地点 ID	PlaceID	String	是
4	物料	Material	String	
5	版本从	VerFrom	Long	
6	版本至	VerTo	Long	

表 10-16 配矿成果表

序号	字段名称	字段代码	字段类型	外键
1	配矿成果 Uuid	Uuid	Uuid	
2	配矿 ID	BlendingHorizonID	Uuid	是
3	配矿单元 ID	SubPileID	Uuid	是
4	电铲 ID	ShovelID	Uuid	是
5	配矿卸点 ID	CrushID	Uuid	是
6	预计出矿量	Yield	Decimal	

表 10-17 计划表

序号	字段名称	字段代码	字段类型	外键
1	计划 Uuid	Uuid	Uuid	
2	计划名称	Name	String	
3	作业地点 ID	PlaceID	Uuid	是
4	计划类型	PlanType	Int	
5	计划开始时间	BeginTime	DateTime	
6	计划粒度	Unit	Int	
7	计划周期长度	HorizonLength	Int	
8	最小计划产量	MinCapacity	Decimal	
9	最大计划产量	MaxCapacity	Decimal	
10	最大同时开采台阶数	MaxPerBench	Int	
11	价值块开采约束数目	MaxConstraintNum	Int	
12	版本从	VerFrom	Long	
13	版本至	VerTo	Long	

表 10-18 计划成果表

序号	字段名称	字段代码	字段类型	外键
1	计划成果 ID	Uuid	Uuid	
2	计划名称	PlanName	String	
3	计划 ID	PlanID	Uuid	是
4	计划阶段	PlanStep	Int	
5	作业地点 ID	PlaceID	Uuid	是
6	计划成果体 ID	ShellID	Uuid	是

第 11 章　露天矿山数字化生产作业链案例分析

不同的露天矿山实际情况各有异同，但主体的业务流程基本一致，本章分别以一个露天金属矿山和一个露天石灰石矿山为例，深入分析露天矿山数字化生产作业链的应用，两个案例中相似的内容不再赘述，案例分析内容如表 11-1 所示。

表 11-1　露天矿山数字化生产作业链案例分析

	露天金属矿山	露天石灰石矿山
数字业务模型	基于台阶线和等高线开采现状建模、开采现状三维模型更新、矿山资源模型、矿山资源模型更新	开采现状无人机倾斜摄影测量建模、矿山资源模型、品位控制模型
境界与开采规划	几何约束模型、境界优化	略
生产计划编制	生产计划编制、计划审批与跟踪	生产计划编制、计划范围三维模型自动生成
爆破设计	复杂爆破区域内自动布孔、爆破设计模拟分析、基于唯一标识码的炮孔样取样登记方法	略
配矿	松动爆破配矿单元、松动爆破配矿数学模型	抛掷爆破配矿单元、抛掷爆破配矿数学模型、品位异常自动处理、堆场三维品位模型
卡车动态调度	矿山道路网模型、车流规划、动态调度	略

续表11-1

	露天金属矿山	露天石灰石矿山
生产管理	略	资源储量管理、 生产调度管理、 生产设备管理、 生产统计分析与预警
三维可视化 集中管控	资源与开采环境可视化、 自动化控制系统集成、 生产管理数据集成、 生产与安全预警	资源与开采环境可视化、 自动化控制系统集成、 生产管理数据集成、 生产与安全预警

11.1 露天金属矿山数字化生产作业链案例分析

11.1.1 矿山概况

某露天金属矿山矿床工业类型属于规模巨大的斑岩型钼矿，矿床赋存于花岗斑岩岩体内外接触带的花岗斑岩、角岩、矽卡岩、蚀变白云石大理岩及变辉长岩中。矿区内含矿体分布于垂直主矿体走向的勘探线9~14、沿走向的勘探线Ⅰ~Ⅸ，长1100余m，宽800余m，赋存标高430~1430m。矿区在整个勘探过程中共施工钻孔120多个，总进尺43000余m，坑道(井)进尺4100余m，探槽27000余m³，化学样品30000多个，其他样品9000余个(件)。

矿体顶部埋藏浅，几乎直接出露于地表。矿区共有钼工业矿体60余个，其中主矿体1个，其余为次要矿体。主矿体空间形态为向南西呈60°左右倾伏的倒空心环状体，水平截面上为一南东—北西向延伸的不对称空心椭圆环状体，中心无矿或为贫矿。经全国矿产储量委员会批准的钼表内B+C+D级矿石储量为5亿多吨，钼平均地质品位0.13%。钼矿石地质品位在立面上的分布规律是中间较富，上、下部位较贫。在矿山设计阶段，利用三维数字采矿软件建立完成矿山地质勘探模型。

矿山采用穿孔爆破—铲装—汽车运输开采工艺，矿石经汽车运输到破碎站，破碎站直接破碎后再由汽车外运到选厂，废石由汽车运输到排土场。矿区现有车辆30余台(含钻机、挖机、矿车、辅助车辆)，建设无人值守地磅3台，一台设在破碎口，计量出矿量，一台用于破碎后外运计量，一台用于废石外运计量。

11.1.2 数字业务模型建立

1）开采现状三维模型

矿山目前最低开采水平为 1060 m, 露天开采台阶高度 15 m, 矿山开采现状二维平面图如图 11-1 所示。

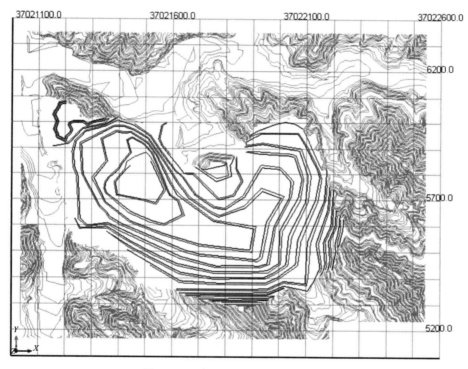

图 11-1 矿山开采现状二维平面图

通过坐标转换使整理好的矿山开采现状二维图纸与矿山三维模型空间坐标系一致, 在此基础上, 对台阶线、等高线赋高程, 如图 11-2 所示; 利用 2.1 节介绍的基于等高线及台阶线建模方法, 建立矿山开采现状三维模型, 如图 11-3 所示。

2）开采现状三维模型更新

矿山生产过程中, 在现场穿孔作业完成之后, 通过 RTK 实测炮孔坐标, 测量精度高。装药爆破后, 根据炮孔坐标位置, 结合爆破缓冲距离、安全距离等参数, 可较准确地推断更新后的开采现状三维模型。

矿山某次日常穿孔作业位于 1305 m 平台和 1320 m 平台, 1305 m 平台穿孔数

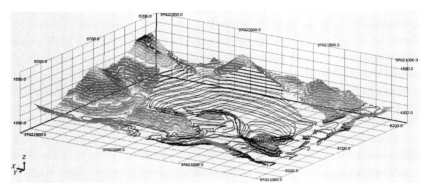

图 11-2 台阶线及等高线赋高程

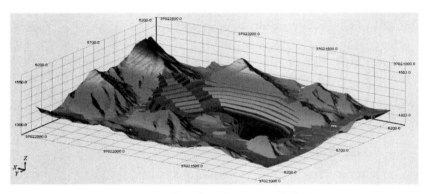

图 11-3 露天矿采剥场现状三维模型

36 个, 1320 m 平台穿孔数 51 个, 穿孔作业完成后, 通过实时动态载波相位差分技术(real-time kinematic, RTK)逐孔测量了孔口坐标, 如图 11-4 所示。

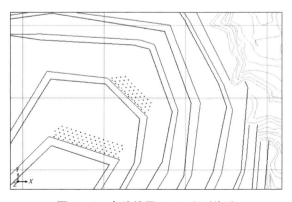

图 11-4 台阶线及 RTK 实测炮孔

利用 2.2 节所述的方法对矿山三维开采现状模型进行更新，如图 11-5 所示，更新后的三维开采模型如图 11-6 所示。

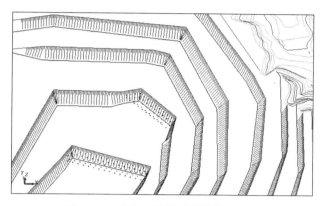

图 11-5　矿山三维开采现状模型更新

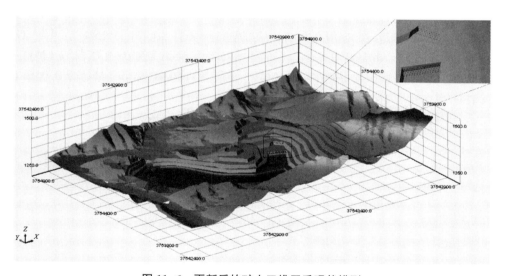

图 11-6　更新后的矿山三维开采现状模型

3）矿山资源模型

根据矿山资源储量核实报告提供的 100 余个钻孔数据、60 余个补勘工程和 10 余个坑探工程，整理和修改数据，包括钻孔的样品信息、岩性信息、测斜信息及孔口信息，利用数字采矿软件建立钻孔数据库，如图 11-7 所示。

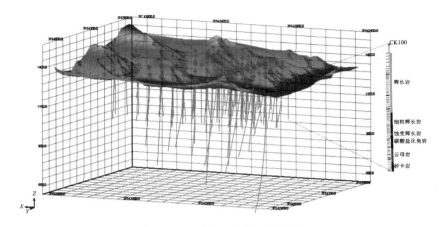

图 11-7 矿山三维钻孔数据库

结合矿山地质解译规则，Mo 边界品位矿段[$w(\text{Mo}) \geqslant 0.03\%$]、Mo 边界到工业品位矿段[$w(\text{Mo}) \geqslant 0.03\%$ 且 $w(\text{Mo}) < 0.06\%$]、Mo 工业品位矿段[$w(\text{Mo}) \geqslant 0.06\%$]、共生 TFe 边界品位矿段[$w(\text{Mo}) < 0.03\%$ 且 $w(\text{TFe}) \geqslant 8\%$]、共生 TFe 边界到工业品位矿段[$w(\text{Mo}) < 0.03\%$，$w(\text{TFe}) \geqslant 8\%$ 且 $w(\text{TFe}) < 15\%$]、共生 TFe 工业品位矿段[$w(\text{Mo}) < 0.03\%$ 且 $w(\text{TFe}) \geqslant 15\%$]、伴生 TFe 0~9 矿段[$w(\text{Mo}) \geqslant 0.03\%$，$w(\text{TFe}) \geqslant 0$ 且 $w(\text{TFe}) < 10\%$]、伴生 TFe10 矿段[$w(\text{Mo}) \geqslant 0.03\%$ 且 $w(\text{TFe}) \geqslant 10\%$]，生成解译线，如图 11-8 所示。

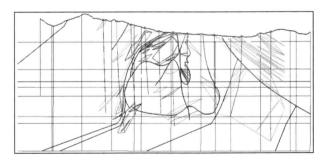

图 11-8 某剖面地质解译线

利用地质解译结果，审核调整横纵剖面空间位置关系、共面、相交及可能产生问题的情况，最终建立 5 组矿体（Mo 边界矿体、Mo 工业矿体、共生 TFe 边界矿体、共生 TFe 工业矿体、伴生 TFe10）、2 组夹石（工业 Mo 中低品位矿、整体夹石）、1 组构造（断层）、1 组地层（蚀变碳酸盐岩、花岗斑岩、角岩、辉长岩）的最终地质体模型成果，如图 11-9 所示。

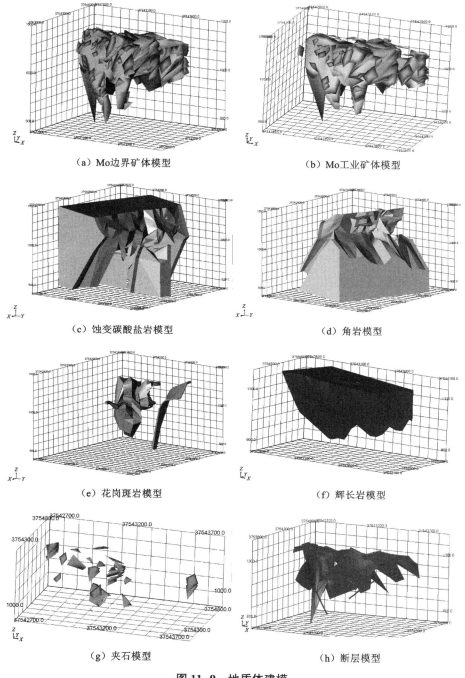

（a）Mo边界矿体模型　　　　　　（b）Mo工业矿体模型

（c）蚀变碳酸盐岩模型　　　　　　（d）角岩模型

（e）花岗斑岩模型　　　　　　（f）辉长岩模型

（g）夹石模型　　　　　　（h）断层模型

图 11-9　地质体建模

为了充分掌握和评估地质体内部的属性空间分布情况，采用距离幂次反比法或克里格法，利用已知的地质样品属性，插值估算未知区域的属性，矿山地质属性空间分布评估效果如图 11-10 所示。

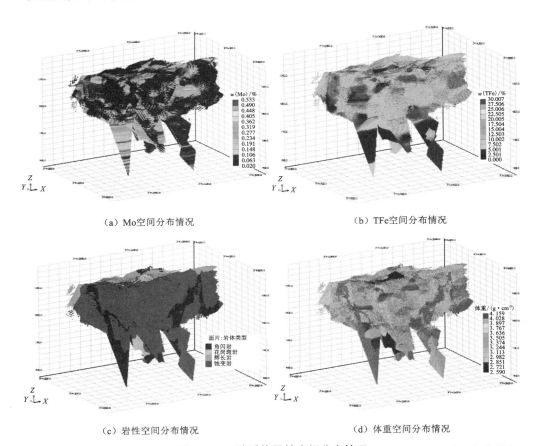

（a）Mo空间分布情况

（b）TFe空间分布情况

（c）岩性空间分布情况

（d）体重空间分布情况

图 11-10 地质体属性空间分布情况

扫一扫看彩图

以 1290 m 平台为例，进一步展示该平台范围内的地质属性空间分布情况，如图 11-11 所示。

4）矿山资源模型更新

上述地质资源模型是根据矿山地质勘探、补勘和坑探数据建立的，在矿山开采不断推进的过程中，取炮孔岩粉样及化验是矿山的日常工作，从而持续累积炮孔岩粉样化验信息。炮孔岩粉样化验数据的不断补充，使地质体空间属性信息的掌控更加精准。以该矿山 1290 m 平台为例，经过一段时间的开采，炮孔样化验数据覆盖情况如图 11-12 所示。

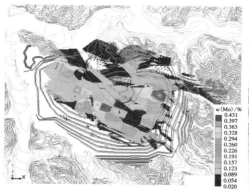

（a）1290 m平台Mo空间分布情况

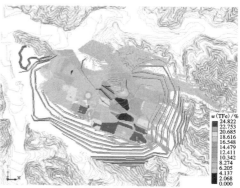

（b）1290 m平台TFe空间分布情况

（c）1290 m平台岩性空间分布情况

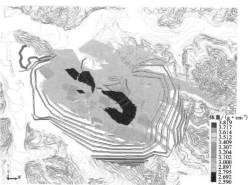

（d）1290 m平台体重空间分布情况

图 11-11　1290 m 平台地质体属性空间分布情况

扫一扫看彩图

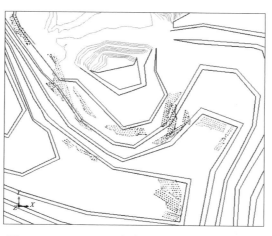

图 11-12　1290 m 平台炮孔样化验数据覆盖情况

利用 2.4 节所述的地下资源三维模型更新方法,对 1290 m 平台地质属性进行更新,更新后的属性分布如图 11-13 所示。

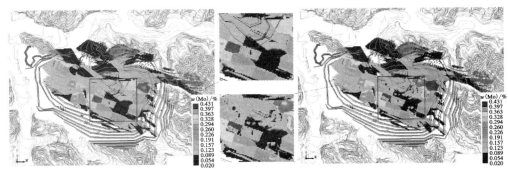

(a) 1290 m平台Mo属性更新对比

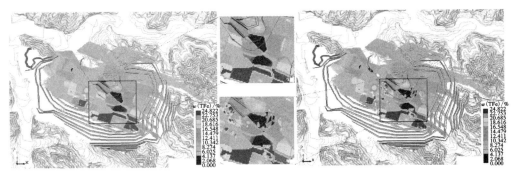

(b) 1290 m平台TFe属性更新对比

图 11-13　1290 m 平台属性更新前后对比

扫一扫看彩图

11.1.3　境界优化与开采规划

根据矿山岩石稳定性条件,利用 3.1 节所述的角度反比插值拟合方法,构建该矿山露天开采几何约束模型,进而结合各金属元素销售价值、选矿回收率、开采成本等经济因素,利用 3.2 节境界优化算法建立矿山最优境界模型,如图 11-14 所示。

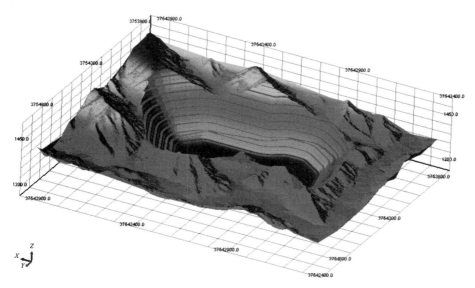

图 11-14　最优境界模型

11.1.4　生产计划编制

矿山年采矿量目标为 600 万 t，剥采比为 2.5~3.0，金属元素品位波动控制要求为 Mo 达到 0.135%±0.005%，TFe 达到 7.0%±0.2%，出矿的台阶为 1260 m 至 1365 m 共 8 个平台，利用 4.2 节所述的采剥计划优化方法，分 4 个季度编制矿山年度计划，各平台计划开采范围及开采范围内 Mo 品位分布情况如图 11-15 所示，对各季度的计划矿量、剥离量、品位及剥采比统计分析结果如图 11-16 所示。

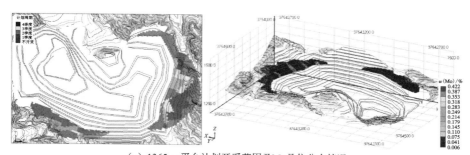

（a）1365 m平台计划开采范围及Mo品位分布情况

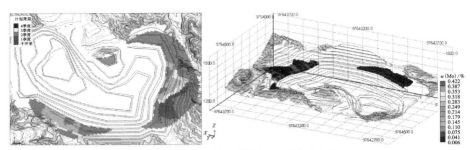

（b）1350 m平台计划开采范围及Mo品位分布情况

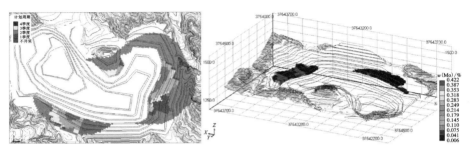

（c）1335 m平台计划开采范围及Mo品位分布情况

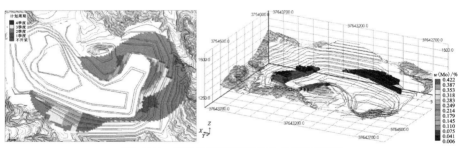

（d）1320 m平台计划开采范围及Mo品位分布情况

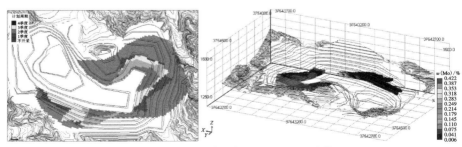

（e）1305 m平台计划开采范围及Mo品位分布情况

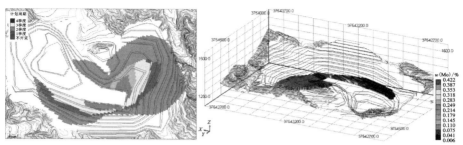

（f）1290 m平台计划开采范围及Mo品位分布情况

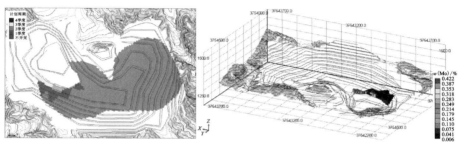

（g）1275 m平台计划开采范围及Mo品位分布情况

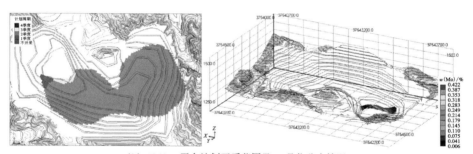

（h）1260 m平台计划开采范围及Mo品位分布情况

图 11-15　矿山年度各平台计划开采范围及 Mo 品位分布情况

扫一扫看彩图

　　计划编制完成后，通过矿山生产技术协同平台提交至矿山数据中心，根据业务审批中定义的计划审批流程进行逐级审批，审批通过后，可进行生产执行率统计跟踪及在三维可视化集中管控中监视计划执行情况。

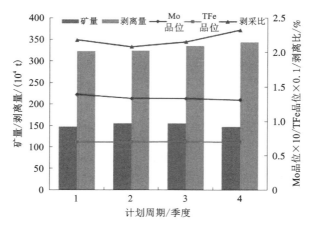

图 11-16 矿山年度生产计划统计分析

11.1.5 爆破设计

矿山某次台阶爆破位于 1290 m 平台,孔深 15 m,前排超深 2 m,其余排超深 1 m,孔网参数为 6 m×4.5 m,前排安全距离 4 m,左右侧冲及后排缓冲距离 2 m,爆破设计范围如图 11-17 所示。

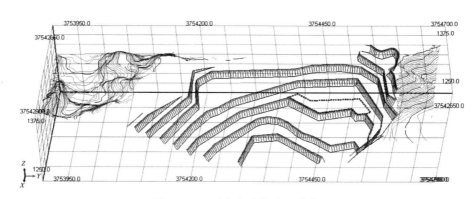

图 11-17 矿山台阶爆破设计范围

采用 5.2 节所述的复杂爆破区域内自动布孔方法,对上述爆破设计范围进行自动布孔设计,自动布孔结果如图 11-18 所示。

装药模式为间隔装药,V 形逐孔起爆网路连线,设计完成后的效果如图 11-19 所示。

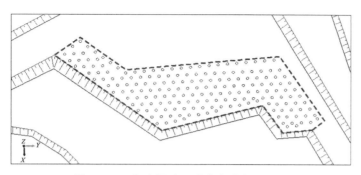

图 11-18　复杂爆破区域内自动布孔结果

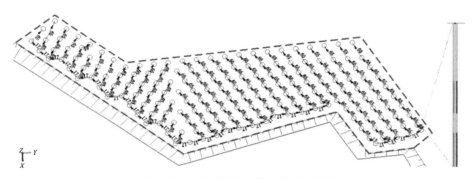

图 11-19　装药结构及爆破网路连接效果

采用 5.3 节所述爆破网路解算方法及爆破效果分析方法，进行爆破网路起爆模拟和爆破等时线分析，如图 11-20 及图 11-21 所示。

矿山取样登记采用逐孔取样方式，采用 8.5 节所述基于唯一标识码的取样登记方法，自动生成足量唯一标识码 UUID。将各唯一标识码生成二维码，并使用打印机打印输出。到达取样点后，取样登记手持设备根据炮孔所属的取样位置，加载相应的炮孔孔口坐标信息，炮孔孔口坐标以图形的形式显示其相对位置。根据取样规则，取岩粉样至取样袋，并随机放入一个二维码，取样登记手持设备以图形的形式显示炮孔孔口相对位置，以触摸屏幕的方式选择本次取了样的所有炮孔，选择完成后，扫描对应的二维码返回化验室制样，通过扫码枪扫描二维码获取唯一标识码，并自动输入质检化验设备，同时对样品进行化验。化验结束后，各化验结果也包含唯一标识码信息，各炮孔通过唯一标识码关联化验结果，如图 11-22 所示。

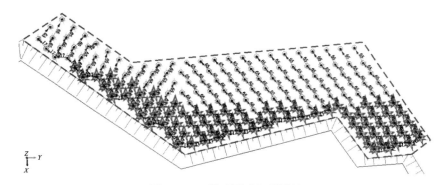

图 11-20　爆破网路起爆模拟

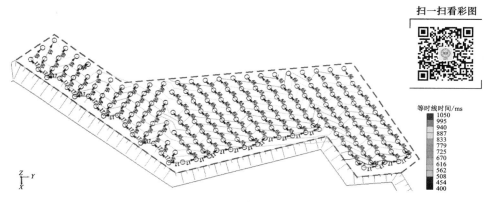

等时线时间/ms
1050
995
940
887
833
779
725
670
616
562
508
454
400

图 11-21　爆破等时线分析

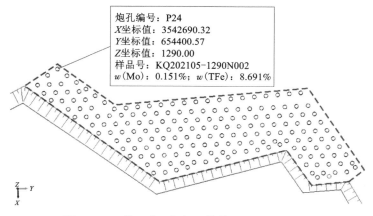

炮孔编号：P24
X坐标值：3542690.32
Y坐标值：654400.57
Z坐标值：1290.00
样品号：KQ202105-1290N002
w(Mo)：0.151%；w(TFe)：8.691%

图 11-22　基于唯一标识码的炮孔取样登记结果

11.1.6 松动爆破配矿

矿山爆破为原位松动爆破，爆破后形成的爆堆作为日配矿的基础，以基于唯一标识码的取样登记方法积累的炮孔样岩粉化验数据为样品，采用 6.1 节所述松动爆破配矿单元划分及估值方法，将备矿爆堆离散成配矿单元并估值，如图 11-23 及图 11-24 所示。

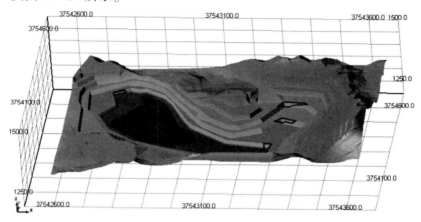

图 11-23 备矿爆堆范围

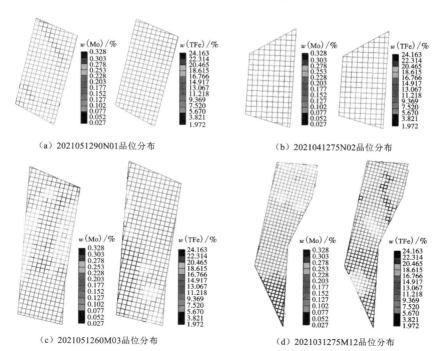

（a）2021051290N01品位分布　　　　　　　（b）2021041275N02品位分布

（c）2021051260M03品位分布　　　　　　　（d）2021031275M12品位分布

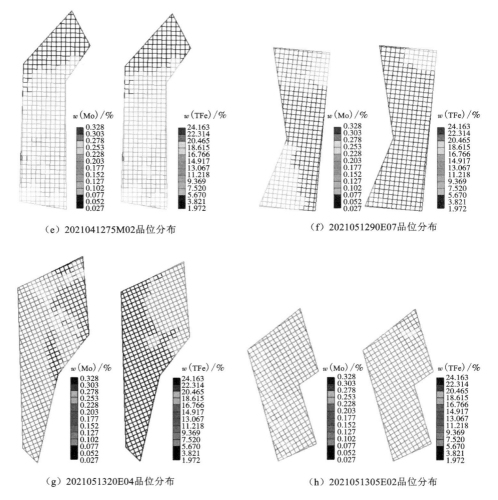

（e）2021041275M02品位分布   （f）2021051290E07品位分布

（g）2021051320E04品位分布   （h）2021051305E02品位分布

图 11-24 配矿单元品位空间分布

扫一扫看彩图

以某次日常配矿为例，供矿量为 2 万 t，供矿 Mo 品位波动范围为 0.135%±0.001%，供矿 TFe 品位波动范围为 7.00%±0.05%。矿山共有备矿爆堆 8 个，爆堆信息如表 11-2 所示，日供矿爆堆 6 个，各爆堆出矿量为 3000~4000 t。

表 11-2　备矿爆堆基本信息

爆堆	体积/m³	矿量/t	$w(\text{Mo})$/%	$w(\text{TFe})$/%
2021031275M12	12353	33351	0.152	14.734
2021041275M02	11498	31053	0.123	10.125
2021041275N02	3915	10565	0.152	10.589
2021051260M03	10530	28422	0.248	15.085
2021051290N01	6120	16519	0.076	11.724
2021051290E07	10395	28067	0.050	2.916
2021051305E02	9330	25194	0.126	8.703
2021051320E04	13725	37067	0.190	4.903

　　采用 6.3 节所述松动爆破方式下的配矿优化方法, 得到优选的供矿爆堆及各供矿爆堆的出矿范围, 如图 11-25 所示, 配矿指令如表 11-3 所示。

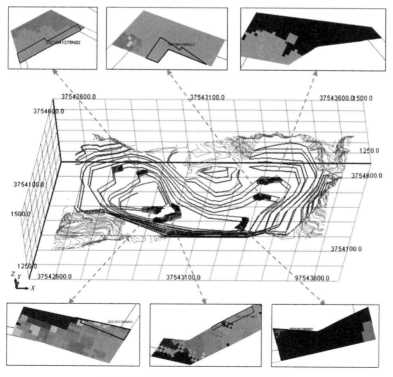

图 11-25　供矿位置及品位空间分布

表 11-3 日配矿方案

供矿位置	供矿品位/%		供矿量/t	金属量/t	
	Mo	TFe		Mo	TFe
2021041275M02	0.215	8.872	6000	12.895	532.344
2021041275N02	0.161	9.688	6100	9.805	590.980
2021051260M03	0.173	13.351	6000	10.379	801.078
2021051290E07	0.082	2.638	7600	6.220	200.460
2021051305E02	0.068	6.763	6900	4.691	466.658
2021051320E04	0.138	2.740	7400	10.233	202.760
平均(合计)	0.140	7.342	40000	54.223	2794.279

11.1.7 卡车动态调度决策

露天矿山道路网是卡车调度的基础，矿山卡车运输过程中，通过车载 GNSS 实时获取卡车的轨迹信息，采用 7.1 节所述露天矿山道路网自动构建方法，建立矿山当前路网，如图 11-26 所示。

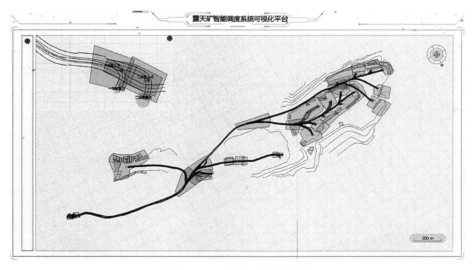

图 11-26 露天矿山道路网

在配矿计划的基础上，采用 7.3 节所述车流规划优化方法进行物料分配，并采用动态自适应调度算法进行实时调度，如图 11-27 所示。

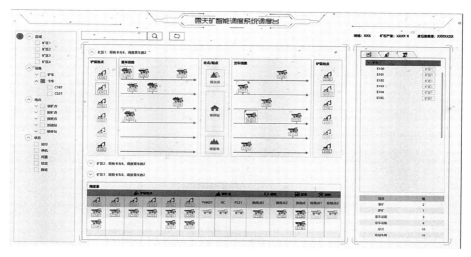

图 11-27　露天矿山实时调度控制台

车载终端信息显示如图 11-28 所示，具体显示信息如下：

(1)设备状态信息，如设备当前状态及原因信息。

(2)生产状态信息，如装载状态信息、重车运输状态信息、卸载状态信息、空车运输状态信息、排队／入换状态信息等。

(3)产量信息，如挖掘机已卸载车数。

(4)物料信息，如装载物料类型信息。

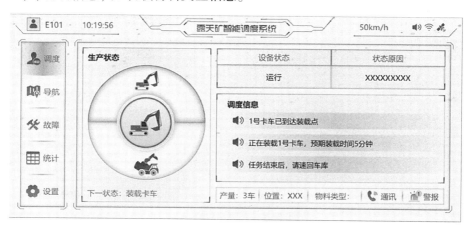

图 11-28　车载终端信息显示

（5）速度信息，如挖掘机移动速度信息。

（6）通信消息，如调度中心发送的通信消息。

（7）其他信息，如时间、通信信号状态、卫星定位信号状态。

11.1.8 三维可视化集中管控

矿山生产状态通过三维可视化管控进行集成，包括矿山开采现状、供矿爆堆位置及状态、移动设备位置、驾驶员信息、视频监控信息、告警信息等，集中管控效果如图 11-29~图 11-31 所示。

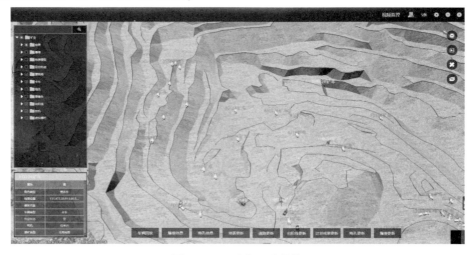

图 11-29　矿山开采现状

图 11-30　移动设备位置追踪

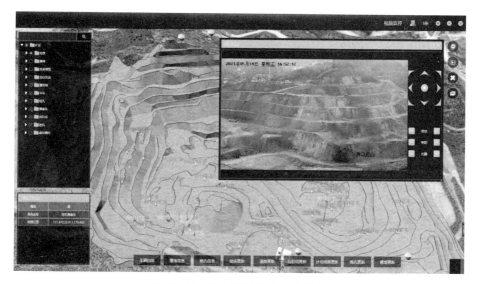

图 11-31　视频监控信息集中接入

11.2　露天石灰石矿山数字化生产作业链案例分析

11.2.1　矿山概况

某石灰石矿山矿区出露地层主要有震旦系上统灯影组($Zbdn$)；寒武系下统黄栗树组($\in_1 h$)，中统杨柳岗组($\in_2 y$)，上统龙蟠组($\in_3 l$)、车水桶组($\in_3 c$)；奥陶系下统上欧冲组($O_1 s$)、分乡组($O_1 f$)、红花园组($O_1 h$)；白垩系下统浦口组($K_1 p$)，上统赤山组($K_2 c$)和第四系(Q)。其中，奥陶系下统上欧冲组第五岩性段为本区水泥用石灰岩矿主要含矿层位。

矿体赋存于奥陶系下统上欧冲组第五岩性段，长 2400 余 m，宽 35～170 m，最大延深 130 余 m；总体呈单斜层状产出，总体走向 50°，倾向北西，倾角 72°～78°；赋存标高+35～+200 m；受 F27 断裂的影响，矿体的形态、规模及厚度变化较大。以 27 线为界，将矿体分为南、北两个矿段，其中，南矿段长 1500 余 m，宽 160～170 m，走向 36°～60°，倾向北西，倾角 74°～78°；北矿段长约 1000 m，宽 35 m，走向北东 40°，倾向北西，倾角 72°～78°。矿体大多出露于地表，地表覆盖物主要为厚 0~1.0 m 的残坡积黏土、砂土、碎石等。矿体顶板围岩主要为奥陶系下统上欧冲组第四岩性段含硅质条带状中厚层灰岩，矿体底板围岩主要为奥陶系下统分乡组下段中厚层灰岩夹页岩。

矿山保有资源储量约 5000 万 t，矿床规模为大型。依据采矿许可证，矿山可采标高范围为+200~+35 m，即矿层可采厚度为 160 余 m，截至目前，矿层最高平台+157 m，最低平台+87 m，因此尚可开采的厚度最大为 120 余 m，最小为 50 余 m。

矿石的矿物成分主要由方解石和少量生物碎屑、石英砂屑组成。矿石主要化学成分：CaO 质量分数 37.72%~54.02%，MgO 质量分数 0.79%~2.79%，SiO_2 质量分数 0.41%~5.86%，Al_2O_3 质量分数 0.17%~1.40%，Fe_2O_3 质量分数 0.11%~0.56%。

11.2.2　数字业务模型建立

1）开采现状三维模型

利用无人机倾斜摄影测量的方式建立矿山开采现状三维模型，如图 11-32 所示。

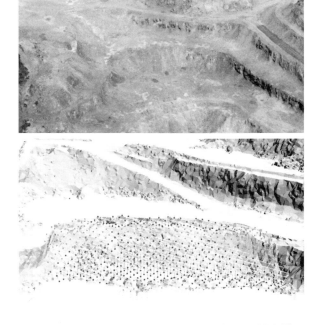

图 11-32　矿山开采现状无人机倾斜摄影测量建模

2）矿山资源模型

根据矿山资源储量核实报告提供的钻孔数据、补勘工程和坑探工程，整理和修改数据，包括钻孔的样品信息、岩性信息、测斜信息及孔口信息，利用数字采矿软件建立钻孔数据库，如图 11-33 所示。

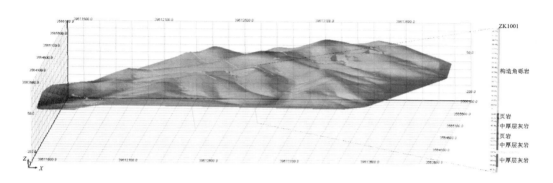

图 11-33　矿山三维钻孔数据库

结合矿山地质解译规则，进行地质解译，利用地质解译结果，建立地层模型、断层模型和矿体模型，如图 11-34~图 11-36 所示。

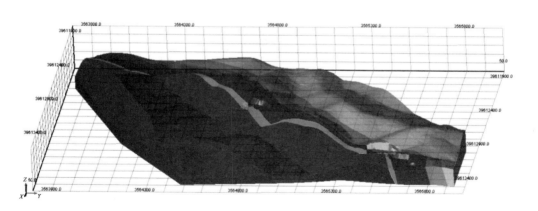

图 11-34　地层模型

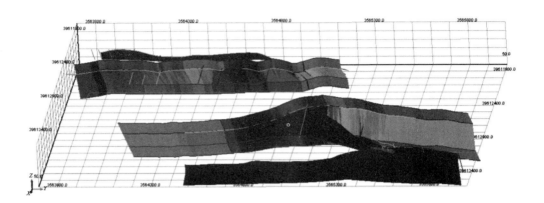

图 11-35　断层模型

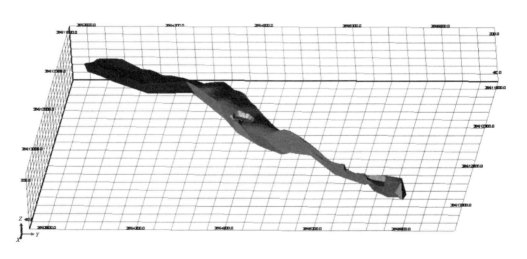

图 11-36　矿体模型

　　为了充分掌握和评估地质体内部的属性空间分布情况，采用距离幂次反比法或克里格法，利用已知的地质样品属性，插值估算未知区域的属性，矿山地质属性空间分布评估效果如图 11-37 所示。

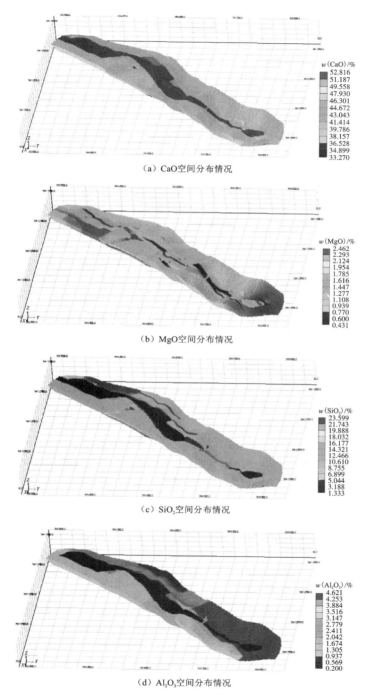

（a）CaO空间分布情况

（b）MgO空间分布情况

（c）SiO₂空间分布情况

（d）Al₂O₃空间分布情况

图 11-37　矿山地质属性空间分布评估效果

扫一扫看彩图

　　以 88 m 平台为例，进一步展示该平台范围内的地质属性空间分布情况，如图 11-38 所示。

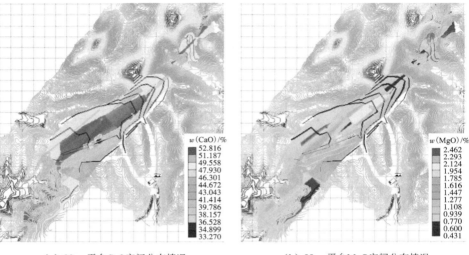

（a）88 m平台CaO空间分布情况　　　　　　（b）88 m平台MgO空间分布情况

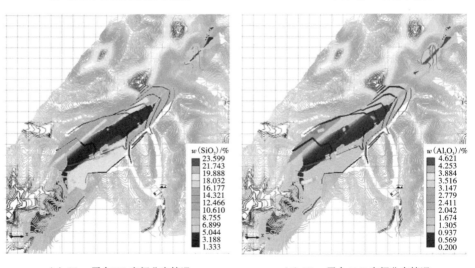

（c）88 m平台SiO₂空间分布情况　　　　　　（d）88 m平台Al₂O₃空间分布情况

图 11-38　88 m 平台地质属性空间分布情况

扫一扫看彩图

3）品位控制模型

上述地质资源模型是根据矿山地质勘探、补勘和坑探数据建立的，在矿山开采不断推进的过程中，取炮孔岩粉样及化验是矿山的日常工作，从而持续累积炮孔岩粉样化验信息，炮孔岩粉样化验数据的不断补充，使地质体空间属性信息的掌控更加精准。以该矿山 88 m 平台为例，利用 2.4 节所述地下资源三维模型更新方法，对 88 m 平台地质属性进行更新，并对 76 m 平台地质属性进行预测，更新和预测后的属性分布如图 11-39 所示。

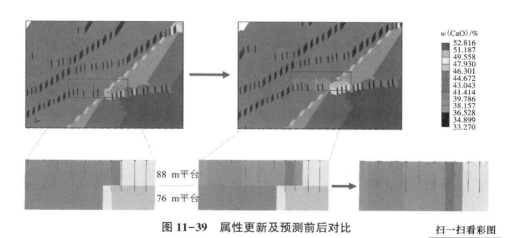

图 11-39　属性更新及预测前后对比

扫一扫看彩图

11.2.3　生产计划编制

矿山年开采量目标为 600 万 t，主要元素 CaO 品位波动控制要求为 46.30%±0.05%，次要元素 MgO 品位控制在 1.20%±0.10%，SM 品位（硅酸率）控制在 4.50%±0.20%，R_2O 品位（碱含量）控制在 0.25%±0.05%，出矿的台阶为 76 m 至 136 m 共 6 个平台，利用 4.2 节所述采剥计划优化方法，分 4 个季度编制矿山年度计划，各平台计划开采范围分布情况如图 11-40 所示，对各季度的采矿量及品位统计分析结果如图 11-41 所示。

计划编制完成后，通过矿山生产技术协同平台提交至矿山数据中心，根据业务审批中定义的计划审批流程进行逐级审批，审批通过后，可进行生产执行率统计跟踪及在三维可视化集中管控中监视计划执行情况，如图 11-42 所示。

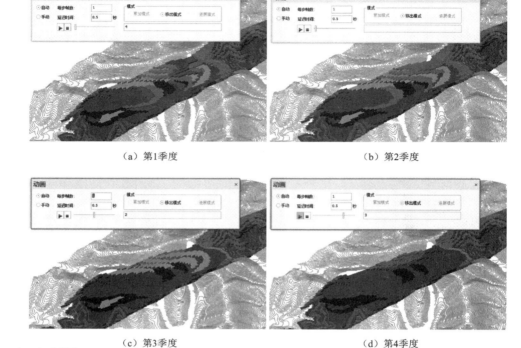

（a）第1季度   （b）第2季度

（c）第3季度   （d）第4季度

图 11-40　矿山年度各平台计划开采范围

扫一扫看彩图

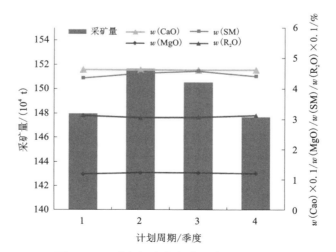

图 11-41　矿山年度生产计划统计分析结果

图 11-42　三维可视化集中管控中监视计划执行情况

11.2.4　抛掷爆破配矿与品位异常处理

矿山采用抛掷爆破的方式以爆代破，爆破后形成的爆堆作为日配矿的基础，以基于样品号的取样登记方法积累的炮孔样岩粉化验数据为样品，采用 6.1 节所述抛掷爆破配矿单元划分及估值方法，将备矿爆堆离散成配矿单元并估值，如图 11-43 所示。

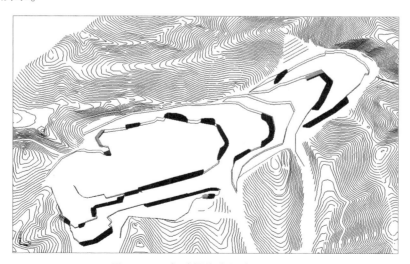

图 11-43　备矿爆堆离散成配矿单元

以某次日常配矿为例，班供矿量为 8000 t，主要元素 CaO 品位波动控制要求为 46.30%±0.05%，次要元素 MgO 品位控制在 1.20%±0.10%，SM 品位控制在 4.50%±0.20%，R_2O 品位控制在 0.25%±0.05%。矿山共有备矿爆堆 9 个，爆堆基本信息如表 11-4 所示，日供矿爆堆 4 个，各爆堆出矿量为 1600~2400 t。

表 11-4 备矿爆堆基本信息

爆堆	配矿单元	矿量/t	$w(CaO)/\%$	$w(MgO)/\%$	$w(SM)/\%$	$w(R_2O)/\%$
	1	5470	49.32	1.57	4.02	0.38
BD20210508802M	2	3984	48.95	1.48	4.11	0.38
	3	6541	46.65	1.98	4.58	0.35
…	…	…	…	…	…	…
	1	2198	43.21	1.87	5.68	0.54
BD20210510007N	2	5781	43.98	2.01	5.79	0.59
	3	5417	40.94	2.31	7.65	0.61
	4	4987	39.54	2.36	8.47	0.63

采用 6.4 节所述抛掷爆破方式下的配矿优化方法，得到优选的供矿爆堆及配矿方案，如表 11-5 所示。

表 11-5 班配矿方案

供矿位置	配矿单元	供矿品位/%				供矿量/t
		CaO	MgO	SM	R_2O	
BD20210308811S	02	43.08	0.80	4.65	0.28	1800
BD20210310001M	03	51.32	0.50	2.15	0.14	2100
BD20210411213M	01	39.65	2.70	8.69	0.59	1900
BD20210310016N	02	49.69	0.90	3.12	0.16	2200
平均(合计)		45.94	1.23	4.65	0.29	8000

矿山建设了品位在线分析仪实时监控品位信息，根据矿山开采管理需求设置质量检测开始时间为 2 h，质量检测频次为每 10 min 一次，质量纠偏周期为 4 h，自动处理结果下达缓冲时间为 1 min。

采用 6.5 节所述方法进行品位异常自动处理，以某段时间 CaO 为例，根据矿山生产开始时间至当前检测时间 2.5 h 范围内的 150 个 CaO 在线分析品位及对应的矿石量，计算 CaO 在线分析品位的加权平均结果为 45.21。

质量检测数据不在质量目标阈值范围内，即出现质量检测异常信息时，进行质量检测异常信息自动处理，自动处理方法具体过程如下：将质量平衡控制目标调整为 46.48。设自动处理后某次检测时间为 3.5 h，自动处理后某次检测得到的元素在线分析品位的加权平均结果为 45.74，调整后的质量检测数据与质量目标对比分析表明，质量检测数据在质量目标阈值范围内，不做处理。

11.2.5　堆场三维品位模型

矿山长形堆场长度为 300 m，堆场横截面为三角形，底边宽为 32 m，高为 12.2 m，在堆场长度方向上将堆场划分为 60 个分段，矿山堆料机一次往返的堆料为 1 个单层，5 个单层组合为 1 个分层，堆场堆满时共 50 个分层，即 250 个单层，长形堆场第 1 个分层横截面形态为一个等腰三角形，第 2 至第 50 个分层的横截面形态为倒"V"形。

选取矿山正常生产的四个班次 MgO 品位数据进行对比分析，以每小时取样化验结果为基准，对比整个班次的品位均值与基于矿石堆场品位模型的取料品位预测结果，四个班次的品位偏差如图 11-44 所示，将整个班次的品位均值 1.47 作为取料品位均值时，四个班次的每小时品位偏差最大值分别为 0.2、0.23、0.21 和 0.18，偏差率分别为 13.87%、17.04%、15.65% 和 12.54%，班品位偏差分别为 0.08、0.13、0.11 和 0.09，偏差率分别为 5.66%、9.41%、7.76% 和 6.63%；基于矿石堆场品位模型的取料品位预测结果，四个班次的每小时品位偏差最大值分别为 2.93、3.44、3.44 和 3.16，偏差率分别为 2.93%、3.44%、3.50% 和 3.16%，班品位偏差分别为 0.04、0.05、0.05 和 0.04，偏差率分别为 1.88%、1.98%、1.83% 和 1.73%。试验结果表明基于矿石堆场品位模型的取料品位估算结果准确、实时性高，极大提高了矿山生产品位控制的实时性和精度。

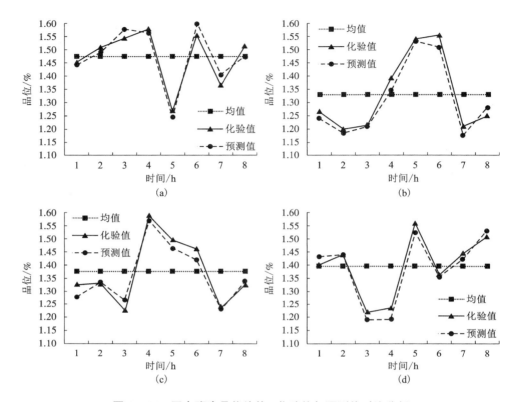

图 11-44　四个班次品位均值、化验值与预测值对比分析

11.2.6　生产管理

矿山资源储量管理所涉及的资源储量模型及信息来源于地下资源品位模型，在资源储量管理过程中，通过数据中心，将资源储量模型及信息接入资源储量管理模块。同理，资源储量管理模块中的储量增减、升级、消耗等信息，也通过数据中心接入技术平台软件，以指导更新资源储量模型，以及进一步统计计算资源储量信息。

矿山生产调度管理主要包括穿孔台账、爆破台账、铲装台账、运输台账、破碎台账、转运台账等各类台账的管理。

穿孔台账管理的内容主要包括：生产时间、班次、班组、人员、穿孔米数、设备运行情况和相关附件等。

爆破台账管理的内容主要包括：作业地点、生产日期、班次、爆破位置、爆破量、爆破参数、人员签到产量和火工器材消耗等。

铲装台账管理的内容主要包括：生产日期、班次、设备名称、运行时间、故障时间、停机时间、缺件情况、需协调的问题、设备运行状态、作业地点和铲装量等。

运输台账管理的内容主要包括：生产日期、班次、班组、生产人员、作业地点、产量、设备运行情况(运行时间和柴油消耗等)和相关附件等。

破碎台账管理的内容主要包括：生产日期、班次、班组、生产设备、产量和电量消耗等。

转运台账管理的内容主要包括生产日期、班次、员工姓名、作业地点、转场量、转场地点和设备名称等。

生产作业统计报表是对生产调度数据进行进一步加工和处理得到的结果，可根据用户的实际需求定制各类生产统计报表，形成生产管理所需的日报、周报、月报、季报和年报等。生产作业统计报表主要包括技术经济指标、产量、作业量、矿石质量和转运量等。

矿山生产管理人员按天，或按区队、施工设备、施工班组等条件进行查询。

根据设备生产量自动对月度的台时产量进行统计。

提供开采计划执行率、劳动生产率、成本指标等数据，自动生成月度矿山生产信息综合月报表及生产运行分析报告。结合月度生产计划和实际情况，对矿石计划执行率进行统计。

数据综合看板是指对采集或记录的生产过程信息进行汇总和加工处理，检索出生产管理最关心的指标，形成生产数据看板，并以图形和数据的方式展现，同时区分常态和非常态的展现效果，使管理者一目了然地对生产进行监控。

矿山设备保养管理包括设备保养标准、保养到期提醒、设备保养台账三部分。设备保养标准详情包括：部位、内容、保养标准、周期、实施程序和备注信息等。

设备预警信息包括设备专项检查预警、保养预警等一切有周期性的且可以根据周期预警的信息，预警信息分提醒信息和警告信息两类，设备预警模块具备推送功能，可以在系统中查看推送信息，并对照各项保养及周期性检查项目操作标准进行明确的录入，方便后期岗位人员操作。

设备保养记录详情对设备保养台账进行记录统计，包括保养部位、保养内容、保养时间、保养人、保养描述、保养结果、保养费用、保养工时和备注信息等。

系统可实现维修记录的申报、审核、保存、可查,支持单机维修台账的统计和汇总,支持导出表格数据。设备维修时间手动输入,为设备完好率提供故障时间来源。

矿山相关责任人依次对申请的设备维修计划进行审批,同意维修后按计划统一进行维修。

根据计划对设备进行维修,记录设备维修更换的零配件及材料。同时可对检修过程中的图像资料进行上传。对到期未进行维修的设备进行预警和提醒。

对已经损坏、需要及时进行维修的设备,可进行非计划维修,记录设备维修更换的零配件及材料。

设备大修施工结束后,需根据大修情况填写设备大修记录,包括大修部位、检修内容、原因分析、检修结果、验证情况和验证时间等。

对故障设备进行现场保修时,需记录设备名称、故障部位、故障来源、故障类型、故障描述,同时记录故障开始和结束时间。

对设备巡检过程中发现的隐患,进行隐患登记,并通知相关人员,建立设备隐患跟踪记录表功能,隐患来源可以是各级点检数据。

设备点检管理的内容包括设备点检标准、设备点检台账、设备点检记录、通报时间和通报人等。设备点检等级按权限分为分厂级、工段(班组)级、岗位级三级;并明确录入岗位人员点检标准,方便后期岗位人员操作。

设备消耗的管理内容包括柴油消耗、备件消耗、轮胎消耗和润滑油消耗。这些信息可以手动导入,也可由物资系统自动同步数据。设备消耗可设置异常报警阈值,报警信息可推送给相关管理人员,报警出现后,由工段和分厂依次审核后处理。

交接班检查内容可自动形成待检查项目明细,支持通过移动端 APP 处理(直接打√或×),对存在问题的地方,可备注文件并支持上传照片。

11.2.7　三维可视化集中管控

矿山生产状态通过三维可视化管控系统进行集成,包括矿山开采现状、供矿爆堆位置及状态、移动设备位置、驾驶员信息、视频监控信息、告警信息等,集中管控效果如图 11-45~图 11-48 所示。

图 11-45　基于无人机倾斜摄影测量的矿山开采现状集成

图 11-46　供矿爆堆位置及状态

图 11-47　视频监控信息集中接入

图 11-48　生产状态跟踪

参考文献

［1］ 王青, 史维祥. 采矿学[M]. 北京: 冶金工业出版社, 2001.

［2］ 高永涛, 吴顺川. 露天采矿学[M]. 长沙: 中南大学出版社, 2010.

［3］ 章林. 我国金属矿山露天采矿技术进展及发展趋势[J]. 金属矿山, 2016(7): 20-25.

［4］ 李德, 王李管, 毕林, 等. 我国数字采矿软件研究开发现状与发展[J]. 金属矿山, 2010 (12): 107-112.

［5］ Du P J, Guo D Z, Tian Y F. 3D GIS data structure and visualization based on mine properties [J]. Journal of China University of Mining & Technology, 2001(3): 238-243.

［6］ 吴立新, 史文中, Christopher Gold. 3D GIS 与 3D GMS 中的空间构模技术[J]. 地理与地理信息科学, 2003(1): 5-11.

［7］ Xu K K, Lei W W. Design and realization of 3D modeling and visualization of orebody based on GIS[C]. 2010.

［8］ Zhang G J, Cao J L, Yang K M, et al. Rapid visualization technology of 3D surface based on topographic map and GIS[J]. Modern Surveying & Mapping, 2015(1): 3-4, 8.

［9］ 毕林, 王李管, 陈建宏, 等. 基于八叉树的复杂地质体块段模型建模技术[J]. 中国矿业大学学报, 2008, 37(4): 532-537.

［10］ BI L, Wang L G, Chen J H, et al. Study of octree-based block model of complex geological bodies[J]. Journal of China University of Mining & Technology, 2008, 37(4): 532-537.

［11］ Tao J G. A new integrated data structure for 3D GIS based on CSG and TIN[C]. 2009.

［12］ Khalokakaie R, Dowd P A, Fowell R J. Lerchs-Grossmann algorithm with variable slope angles [J]. Transactions of the Institution of Mining & Metallurgy, 2013, 109(2): 77-85.

［13］ Shishvan M S, Niemann-Delius C, Sattarvand J. Application of nonlinear interpolation based methods in open pit mines planning and design[M]. Springer International Publishing, 2014.

［14］ Gilani S O, Sattarvand J. A new heuristic non-linear approach for modeling the variable slope angles in open pit mine planning algorithms[J]. Acta Montanistica Slovaca, 2015, 20(4): 251-259.

［15］ 黄俊歆, 王李管, 毕林, 等. 改进的露天矿境界优化几何约束模型及其应用[J]. 重庆大学学报, 2010, 33(12): 78-83.

［16］ Huang J X, Wang L G, Bi-Lin, et al. The improved geometrical constraint model of open-pit mine boundary optimum and its application[J]. Journal of Chongqing University, 2010, 33 (12): 78-83.

［17］赵刚．地下空区、巷道与露天采场激光测量系统［J］. 国外金属矿山，2000, 25(5)：25-26.

［18］赵龙，路世鹏．露天采场测量验收计算公式的应用［J］. 有色矿山，2000(3)：19-20.

［19］陈虎维．露天煤矿采场三维模型构建与应用研究［D］. 阜新：辽宁工程技术大学，2012.

［20］陈凯，杨小聪，张达．采空区三维激光扫描变形监测系统［J］. 矿冶，2012(1)：60-63.

［21］王青，王融清，鲍虎军，等．散乱数据点的增量快速曲面重建算法［J］. 软件学报，2000 (9)：1221-1227.

［22］廖鸿文．基于 Crust 图的散乱数据点集的曲面网格重建的算法研究［D］. 长沙：湖南大学，2005.

［23］Amenta N, Bern M, Kamvysselis M. A new voronoi-based surface reconstruction algorithm［C］. Orlando, USA：1998.

［24］Guo B, Menon J, Willette B. Surface reconstruction using Alpha shapes［J］. Computer Graphics Forum, 1997, 16(4)：177-190.

［25］Dey T K, Giesen J, Leekha N. Detecting boundaries for surface reconstruction using co-cones ［J］. Int J Comput graph CAD/CAM, 2001(16)：141-159.

［26］Steiner D C. A greedy Delaunay based surface reconstruction algorithm［J］. The Visual Computer. 2004, 20(1)：4-16.

［27］Bernardini F, Mittleman J, Rushmeier H H. The ball-pivoting algorithm for surface reconstruction［J］. IEEE Trans Vis Comput Graph, 1999, 5(4)：349-59.

［28］Hoppe H, Derose T, Duchamp T. Surface reconstruction from unorganized points［C］. 1992.

［29］谭建荣，李立新．基于曲面局平特性的散乱数据拓扑重建算法［J］. 软件学报，2002 (11)：2121-2126.

［30］郑顺义，苏国中，张祖勋．三维点集的自动表面重构算法［J］. 武汉大学学报(信息科学版)，2005(2)：154-157.

［31］张帆，黄先锋，李德仁．基于球面投影的单站地面激光扫描点云构网方法［J］. 测绘学报，2009(1)：48-54.

［32］褚春鑫．露天矿采矿车辆调度算法研究及系统设计［D］. 秦皇岛：燕山大学，2015.

［33］徐趁肖，朱衡君，齐红元．复杂边界单连通域共形映射解析建模研究［J］. 工程数学学报，2002(4)：135-138.

［34］靳彩娇．高分辨率遥感影像道路提取方法研究［D］. 郑州：中国人民解放军战略支援部队信息工程大学，2013.

［35］张莉婷，陈云波，左小清，等．出租车轨迹数据快速提取道路骨架线方法［J］. 测绘科学，2015, 40(1)：110-112.

［36］张占伟．城市公交 GPS 轨迹路线图制作研究［J］. 交通科技与经济，2015(3)：124-128.

［37］Costa G H R, Baldo F. Generation of road maps from trajectories collected with smartphone - A method based on Genetic Algorithm［J］. Applied Soft Computing, 2015, 37：799-808.

［38］Li J, Qin Q M, Xie C, et al. Integrated use of spatial and semantic relationships for extracting road networks from floating car data［J］. International Journal of Applied Earth Observation and Geoinformation, 2012, 19：238-247.

［39］ 徐玉军. 基于机载激光雷达点云数据的分层道路提取算法研究［D］. 长春：吉林大学，2013.

［40］ Pana M I. The simulation approach ti open pit desing［C］. 1965.

［41］ Marion J M, Slama J P. Ore reserve evalution and open pit planing［C］. 1972.

［42］ Phillips D A. Optimum design of an open pit［C］. 1972.

［43］ Lemieux M J. A computerized three dimensional optimum open pit design system［C］. 1979.

［44］ Grossman L. Optimal design of open-pit mines［J］. Transactions C. I. M, 1965, 58：47-54.

［45］ Robinson R H, Prenn N B. An open pit design model［C］. 1972.

［46］ Chen T. 3D pit design with variable wall slop capabilities［C］. 1976.

［47］ Meyer M. Applying linear programming to the design of ultimate pit limits［J］. Management Science, 1969, 16(2)：121-121.

［48］ Yegulalp T M. New development in ultimate pit limit problem solution methods［J］. Transaction of the Society for Mining, 1993, 294：1853-1857.

［49］ Khalokakaie R, Dowd P A, Fowell R J. Lerchs-Grossmann algorithm with variable slope angles ［J］. Transactions of the Institution of Mining & Metallurgy, 2013, 109(2)：77-85.

［50］ Khodayari A. A new algorithm for determining ultimate pit limits based on network optimization ［J］. Int. J. Min. & Geo-Eng, 2013, 47：129-137.

［51］ Shishvan M S, Niemann-Delius C, Sattarvand J. Application of nonlinear interpolation based methods in open pit mines planning and design［M］. Springer International Publishing, 2014：967-978.

［52］ Underwood R, Tolwinski B. A mathematical programming viewpoint for solving the ultimate pit problem［J］. European Journal of Operational Research, 1998, 107(1)：96-107.

［53］ 黄俊歆，郭小先，王李管，等. 一种新的用于编制露天矿生产计划开采模型［J］. 中南大学学报(自然科学版)，2011(9)：2819-2824.

［54］ Bley A, Boland N, Fricke C, et al. A strengthened formulation and cutting planes for the open pit mine production scheduling problem［J］. Computers & Operations Research, 2010, 37(9)：1641-1647.

［55］ Cullenbine C, Wood R, Newman A. A sliding time window heuristic for open pit mine block sequencing［J］. Optimization Letters, 2011, 5(3)：365~377.

［56］ Meagher C, Dimitrakopoulos R, Avis D. Optimized open pit mine design, pushbacks and the gap problem — a review［J］. Journal of Mining Science, 2014, 50(3)：508-526.

［57］ Amankwah H, Larsson T, Textorius B. A maximum flow formulation of a multi-period open-pit mining problem［J］. Operational Research, 2014, 14(1)：1-10.

［58］ Lamghari A, Dimitrakopoulos R, Ferland J A. A variable neighbourhood descent algorithm for the open-pit mine production scheduling problem with metal uncertainty［J］. Journal of the Operational Research Society, 2014, 65(9)：1305-1314.

［59］ Lamghari A, Dimitrakopoulos R. Network-flow based algorithms for scheduling production in multi-processor open-pit mines accounting for metal uncertainty［J］. European Journal of

Operational Research, 2016, 250(1): 273−290.

[60] Dantzig W. Decomposition principle for linear programs[J]. Operations Research, 1968, 8 (1): 101−111.

[61] Dagdelen K. Optimum multi−period open pit mine production scheduling by Lagrangian parameterization[D]. Colorado: Colorado School of Mines, 1985.

[62] Boland N, Dumitrescu I, Froyland G. LP−based disaggregation approaches to solving the open pit mining production scheduling problem with block processing selectivity[J]. Computers & Operations Research, 2009, 36(4): 1064−1089.

[63] 王青, 顾晓薇, 胥孝川, 等. 露天矿生产规划要素整体优化方法及其应用[J]. 东北大学学报(自然科学版), 2014(12): 1796−1800.

[64] Gaupp M. Methods for improving the tractability of the block sequencing problem for open pit mining[D]. Colorado: Colorado School of Mines, 2008.

[65] Chicoisne R, Espinoza D, Goycoolea M, et al. A new algorithm for the open−pit mine production scheduling problem[J]. Operations Research, 2009, 60(60): 517−528.

[66] Ramazan S, Dagdelen K, Johnson T B. Fundamental tree algorithm in optimising production scheduling for open pit mine design[J]. Transactions of the Institution of Mining & Metallurgy, 2005, 114(1): 45−54.

[67] Ramazan S. The new fundamental tree algorithm for production scheduling of open pit mines[J]. European Journal of Operational Research. 2007, 177(2): 1153−1166.

[68] Tabesh M, Askari−Nasab H. Two−stage clustering algorithm for block aggregation in open pit mines[J]. Mining Technology, 2013: 120−123.

[69] Khan A, Niemanndelius C. Production scheduling of open pit mines using particle swarm optimization algorithm[J]. Advances in Operations Research,2014,2014208502−1—208502−9.

[70] Khan A, Niemann−Delius C. Application of particle swarm optimization to the open pit mine scheduling problem[M]. 2015.

[71] 周寿中, 邱华华, 苏金禄. 浅谈露天开采损失与贫化的关系[J]. 黑龙江科技信息, 2010 (29): 29.

[72] 傅洪贤, 李克民. 露天煤矿高台阶抛掷爆破参数分析[J]. 煤炭学报, 2006(4): 442−445.

[73] 张虹, 刘东升. 爆破工艺对矿石损失与贫化的影响[J]. 矿业快报, 2007(6): 46−48.

[74] 张艳, 敖慧斌. 低品位露天金矿中损失与贫化率的控制[J]. 露天采矿技术, 2009(5): 29−41.

[75] 王鹏, 周传波, 耿雪峰. 多孔同段爆破漏斗形成机理的数组模拟研究[J]. 岩土力学, 2010, (3): 993−996.

[76] 胡贵如. 露天台阶爆破 CAD 开发模型的研究[J]. 有色金属(矿山部分), 2010(2): 60−62.

[77] 杨家全. 露天钼矿开采降低矿石损失贫化的技术措施[J]. 世界有色金属, 2013(S1): 251−253.

[78] 向阳. 急倾斜矿体露天开采的矿石损失与贫化浅析[J]. 工程建设, 2013(5): 16-19.

[79] 陈大伟, 裴浩宇. 某大型露天铁矿降低矿石损失与贫化的实践[C]//第九届中国钢铁年会论文集, 2013: 1-3.

[80] 范利军, 杨秀元. 分爆分采留矿法在某铀矿中的应用[J]. 有色冶金设计与研究, 2013(2): 4-6.

[81] 陈亚军, 吴志潮. 露天矿大区爆破安全起爆网路分析[J]. 中国煤炭, 2011(4): 102-104.

[82] 白润才, 邓超, 刘光伟. 露天矿爆破设计三维可视化系统[J]. 金属矿山, 2014(9): 116-120.

[83] 刘倩, 吕淑然. 露天台阶爆破毫秒延时间隔时间研究[J]. 工程爆破, 2014(1): 54-58.

[84] Favreau P, Andrieux P. BLASTCAD - Noranda's three dimensional computer - aided underground blast design sysem[J]. Computer application. 1993, 86(967): 62-69.

[85] Smith M, Hautala R L. A coupled expert system approach to optimal blast design[J]. Proc Int. Symp. on Mining Planning and Equipment Selection, 1990: 481-487.

[86] 周磊. 台阶爆破效果评价及爆破参数优化研究[D]. 武汉: 武汉理工大学, 2012.

[87] 璩世杰, 庞永军, 尚峰华, 等. 水厂铁矿地质地形数据库及其在爆破设计中的应用[J]. 金属矿山, 2001(2): 12-15.

[88] 舒航. 国内外配矿研究现状与发展趋向[J]. 冶金矿山设计与建设, 1994(3): 13-17.

[89] 袁怀雨, 刘保顺, 李克庆. 合理入选品位整体动态优化[J]. 北京科技大学学报, 2002(3): 239-242.

[90] Qinghua G, Caiwu L, Guo J. Dynamic management system of ore blending in an open pit mine based on GIS/GPS/GPRS[J]. Mining Science and Technology, 2010(1): 132-137.

[91] 姚旭龙, 胡乃联, 周立辉, 等. 基于免疫克隆选择优化算法的地下矿山配矿[J]. 北京科技大学学报, 2011(5): 526-531.

[92] 吴丽春, 王李管, 彭平安, 等. 露天矿配矿优化方法研究[J]. 矿冶工程, 2012(4): 8-12.

[93] 黄俊歆, 王李管, 熊书敏, 等. Circle geometric constraint model for open-pit mine ore-matching and its applications[J]. Journal of Central South University, 2012(9): 2598-2603.

[94] 李志国, 崔周全. 基于遗传算法的多目标优化配矿[J]. 广西大学学报(自然科学版), 2013(5): 1230-1238.

[95] 杨珊, 陈建宏, 杨海洋, 等. 基于 Xpress-MP 堆积型铝土矿堆场配矿优化研究[J]. 金属矿山, 2010(3): 9-11.

[96] 王克让, 陆厚华, 杜雅君. 利用 0-1 整数规划法进行原矿配矿[J]. 轻金属, 1997(12): 13-15.

[97] Xu T J, Yang P, Liu Z Q. Mine ore blending planning and management based on the fuzzy multi-objective optimization algorithm[C]. 2008.

[98] Li L, Xu T, Liu Z. A fuzzy multi-objective optimization algorithm in mine ore blending[C]. 2009.

[99] 郝全明, 邢万芳. 人工神经 BP 网络预测露天采场爆堆矿石质量的方法[J]. 中国矿业, 2003(7): 65-67.

[100] 任伍元, 王进强. 露天矿爆堆矿石质量重新分布的研究[J]. 化工矿山技术, 1994(6):

1-3.

[101] Chironis N P. Computer monitors and controls all truck-shovel operations[J]. Coal Age, 1985, 90: 3(3).

[102] Ethier J. Truck dispatching in an open pit mine[J]. International Journal of Surface Mining Reclamation & Environment, 1989, 3(2): 115-119.

[103] Li Z. A methodology for the optimum control of shovel and truck operations in open-pit mining [J]. Mining Sciences & stechnology, 1990, 10(3): 337-340.

[104] Forsman B, Rönnkvist E, Vagenas N. Truck dispatch computer simulation in Aitik open pit mine[J]. International Journal of Surface Mining Reclamation & Environment, 1993, 7(3): 117-120.

[105] Moore C. Performance improvement of the truck and shovel dispatch system at Alumbrera[J]. Mining — productivity, 2006.

[106] 付小雪. 露天矿卡车实时调度决策系统空间运算研究与应用[D]. 北京: 中国矿业大学（北京），2012.

[107] Radrigo M, Enrico Z, Fredy K, et al. Availability-based simulation and optimization modeling framework for open-pit mine truck allocation under dynamic constrains[J]. International Journal of Mining Science and Technology, 2013, 23: 113-119.

[108] Larissa S. Information system for designing effective ore-blending schemes for open-pit mine [J]. Geoinformatics, 2013.

[109] Bastos G S. Decision making applied to shift change in stochastic open-pit mining truck dispatching[J]. IFAC Proceedings Volumes, 2013, 46(16): 34-39.

[110] Qinghua G, Caiwu L, Faben L, et al. Monitoring dispatch information system of trucks and shovels in an open pit based on GIS/GPS/GPRS[J]. Journal of China University of Mining & Technology, 2008(2): 288-292.

[111] Ercelebi S G, Bascetin A. Optimization of shovel-truck system for surface mining[J]. Journal of the South African Institute of Mining & Metallurgy, 2009, 109(7): 433-439.

[112] Souza M J F, Coelho I M, Ribas S, et al. A hybrid heuristic algorithm for the open-pit-mining operational planning problem[J]. European Journal of Operational Research, 2010, 207: 1041-1051.

[113] 白润才. 露天矿卡车实时调度优化决策系统及应用效果预测研究[D]. 阜新: 辽宁工程技术大学，2005.

[114] 邢军，孙效玉. 基于产量完成度和车流饱和度的露天矿卡车调度方法[J]. 煤炭学报，2007, 32(5): 477-480.

[115] 毕林. 数字采矿软件平台关键技术研究[D]. 长沙: 中南大学，2010.

[116] Tripp J W, Ulitsky A, Hahn J F. Development of a compact high-resolution 3D laser range imaging system[J]. Proceedings of SPIE - The International Society for Optical Engineering, 2003, 5088: 112-122.

[117] Krause B, Gatt P, Buck J. High-resolution 3D coherent laser radar imaging[J]. Proceedings

of SPIE – The International Society for Optical Engineering, 2006, 6214：29.

[118] Kameyama S, Imaki M, Hirai A, et al. Development of long range, real–time, and high resolution 3D imaging ladar[J]. Proceedings of SPIE – The International Society for Optical Engineering, 2011, 8192(3)：819205.

[119] Yu W P, Wang X G, Yang J, et al. Stability analysis of surrounding rock of underground excavations and visualization of its results[J]. Yanshilixue Yu Gongcheng Xuebao/chinese Journal of Rock Mechanics & Engineering, 2005, 24(20)：3730–3736.

[120] Luo Z Q, Yang B, Liu X M, et al. Stability analysis for goaf group based on cms and coupling of midas–FLAC~(3D)[J]. Mining & Metallurgical Engineering, 2010, 30(6)：1–5.

[121] 罗周全, 杨彪, 刘晓明, 等. 基于 CMS 实测及 Midas-FLAC~(3D)耦合的复杂空区群稳定性分析[J]. 矿冶工程, 2010, 30(6)：1–5.

[122] Zhou K P. Study on stability of residual ore recovery based on coupling of 3DMINE–MIDAS/GTS–FLAC~(3D)[J]. China Safety Science Journal, 2011, 21(5)：17–22.

[123] Luo Z Q, Xie C Y, Zhou J M, et al. Numerical analysis of stability for mined–out area in multi–field coupling[J]. Journal of Central South University, 2015, 22(2)：669–675.

[124] 马海涛, 刘勇锋, 胡家国. 基于 C-ALS 采空区探测及三维模型可视化研究[J]. 中国安全生产科学技术, 2010, 6(3)：38–41.

[125] Zhang Y, Peng L, Liu Y. 3D Modeling technology of cavity based on C–ALS detection and its engineering application[J]. Mining Research & Development, 2012.

[126] 张耀平, 彭林, 刘圆. 基于 C—ALS 实测的采空区三维建模技术及工程应用研究[J]. 矿业研究与开发, 2012(1)：91–94.

[127] Ma Y T, Peng W. Study on cavity–autoscanning laser system（C–ALS）and its application in Anqing copper mine[J]. Nonferrous Metals, 2013.

[128] 马玉涛, 彭威. 采空区三维激光扫描系统 C-ALS 及其在安庆铜矿的应用[J]. 有色金属（矿山部分）, 2013, 65(3)：1–3.

[129] Jääskeläinen A. Faro focus 3D – laserskannerin käyttöönotto ja testaus [J]. Metropolia Ammattikorkeakoulu. 2011.

[130] 习晓环, 骆社周, 王方建, 等. 地面三维激光扫描系统现状及发展评述[J]. 地理空间信息, 2012(6)：13–15.

[131] Chew L P. Constrained delaunay triangulation[J]. Algorithmica, 1989, 4(1)：97–108.

[132] Aurenhammer F. Voronoi diagrams—a survey of a fundamental geometric data structure[J]. Acm Computing Surveys, 1991, 23(3)：345–405.

[133] Kolahdouzan M, Shahabi C. Voronoi–based K nearest neighbor search for spatial network databases[C]. 2004.

[134] Su T, Wang W, Lv Z, et al. Rapid delaunay triangulation for randomly distributed point cloud data using adaptive Hilbert curve[J]. Computers & Graphics, 2016, 54(C)：65–74.

[135] 周培德. 计算几何-算法分析与设计[M]. 北京：清华出版社, 2011.

[136] Bradford B, David P D, Hannu H. The quickhull algorithm for convex hull [J]. ACM

Transactions on Mathematical Software, 1996, 22: 469-483.

[137] 刘健, 刘高峰. 高斯-克吕格投影下的坐标变换算法研究[J]. 计算机仿真, 2005(10): 126-128.

[138] 邵正伟, 席平. 基于八叉树编码的点云数据精简方法[J]. 工程图学学报, 2010(4): 73-76.

[139] Yin M, Narita S. High-speed thinning algorithm for character recognition[J]. Proceedings of SPIE - The International Society for Optical Engineering, 2002, 4875(1): 599-603.

[140] 李四明. 工程图纸输入与自动识别的改进细化算法[J]. 计算机工程, 2003, 29(16): 37-38.

[141] Thawonmas R, Hirano M, Kurashige M. Cellular automata and Hilditch thinning for extraction of user paths in online games[C]. 2006.

[142] Yu J, Li Y. Improving hilditch thinning algorithms for text image[C]. 2009.

[143] Gareym R, Johnsond S, Preparata F P. Triangular a simple polygon [J]. Information Proceeding Letters, 1978, 7(4): 175-179.

[144] Seidel R. A simple and fast incremental randomized algorithm for computing trapezoidal decompositions and for triangulating polygons[J]. Comput Geom Theory Appl, 1991, 1(1): 51-64.

[145] Chazelle B. Triangulating a simple polygon in linear time[J]. Discrete Comp Geom, 1991, 6 (5): 485-524.

[146] 杜永强, 李清玲. 多连通域 Voronoi 图的算法及数据存储[J]. 计算机工程与设计, 2006 (8): 1468-1471.

[147] 毕林, 王李管, 陈建宏, 等. 快速多边形区域三角化算法与实现[J]. 计算机应用研究, 2008(10): 3030-3033.

[148] Cheriyan J, Maheshwari S N. Analysis of preflow push algorithms for maximum network flow [M]. Springer Berlin Heidelberg, 1988.

[149] Mueller-Merbach H. An improved starting algorithm for the Ford-Fulkerson approach to the transportation problem[J]. Management Science, 1966, 13(1): 97-104.

[150] Zwick U. The smallest networks on which the Ford-Fulkerson maximum flow procedure may fail to terminate[J]. Theoretical Computer Science, 1995, 148(1): 165-170.

[151] Greenberg H J. Ford-Fulkerson max flow labeling algorithm[J]. Child Development, 1998, 34(1): 141-150.

[152] Lee G. Correctnesss of Ford-Fulkerson's maximum flow algorithml[J]. Russian, 2005.

[153] Takahashi T. The simplest and smallest network on which the Ford-Fulkerson maximum flow procedure may fail to terminate[J]. Technical Report of Ieice Cst, 2016, 24(2): 390-394.

[154] Derigs U. The shortest augmenting path method for solving assignment problems — Motivation and computational experience[J]. Annals of Operations Research, 1985, 4(1): 57-102.

[155] Jonker R, Volgenant T. A shortest augmenting path algorithm for dense and sparse linear assignment problems[M]. Springer Berlin Heidelberg, 1988.

[156] Buzdalov M, Shalyto A. Hard test generation for augmenting path maximum flow algorithms using genetic algorithms: Revisited[C]. 2015.

[157] Huo B F, Diao Q Q, Ge Y P, et al. Shortest augmenting paths algorithm improve the running time of the maximum flow problem corrected proof [J] . Journal of Qinghai Normal University, 2016.

[158] Zadeh N. Theoretical efficiency of the Edmonds-Karp algorithm for computing maximal flows [J]. Journal of the Acm, 1972, 19(1): 184-192.

[159] Gitta M C. Edmonds-Karp algorithm[M]. Sent publishing, 2012.

[160] Mallick K K, Khan A R, Ahmed M M, et al. On augmentation algorithms for linear and integer-linear programming: from edmonds-karp to bland and beyond[J]. Siam Journal on Optimization, 2015, 25(4): 2494-2511.

[161] Even S. The max flow of dinic and karzanov: an exposition[C]. 1978.

[162] Goldfarb D, Grigoriadis M D. A computational comparison of the dinic and network simplex methods for maximum flow[J]. Annals of Operations Research, 1988, 13(1): 81-123.

[163] Waissi G R. Worst case behavior of the dinic algorithm[J]. Applied Mathematics Letters, 1991, 4(5): 57-60.

[164] Yuehua B U. On the shortest path of maximum capacity[J]. Journal of mathematics for technology, 2000, 45(2): 239-260.

[165] Chao Y, Chen x. An inverse maximum capacity path problem with lower bound constraints[J]. Acta Mathematica Scientia, 2002, 22(2): 207-212.

[166] Ramaswamy R, Orlin J B, Chakravarti N. Sensitivity analysis for shortest path problems and maximum capacity path problems in undirected graphs[J]. Mathematical Programming, 2005, 102(2): 355-369.

[167] Liu J, Li W D, Li L P. Maximum constrained capacity path problem in networks with double weights[J]. Journal of Yunnan University, 2007.

[168] Ahuja R K, Orlin J B. A capacity scaling algorithm for the constrained maximum flow problem [J]. Networks, 1995, 25(2): 89-98.

[169] Çalışkan C. On a capacity scaling algorithm for the constrained maximum flow problem[M]. 2009.

[170] Çalışkan C. On a capacity scaling algorithm for the constrained maximum flow problem[J]. Networks, 2009, 53(3): 229-230.

[171] Kan C. A computational study of the capacity scaling algorithm for the maximum flow problem [J]. Computers & Operations Research, 2012, 39(11): 2742-2747.

[172] 郭显光. 熵值法及其在综合评价中的应用[J]. 财贸研究, 1994(6): 56-60.

[173] Li X, Wang K, Liu L, et al. Application of the entropy weight and topsis method in safety evaluation of coal mines[J]. Procedia Engineering. 2011, 26(4): 2085-2091.

[174] Hartigan J A, Wong M A. A k-means clustering algorithm[J]. Applied Statistics, 1979, 28(1): 100-108.

[175] Huang Z. Extensions to the k-means algorithm for clustering large data sets with categorical values[J]. Data Mining and Knowledge Discovery, 1998, 2(3): 283-304.

[176] Wagstaff K, Cardie C, Rogers S, et al. Constrained k-means clustering with background knowledge[C]. 2001.

[177] Kanungo T, Mount D M, Netanyahu N S, et al. An efficient k-means clustering algorithm: analysis and implementation [J]. IEEE Transactions on Pattern Analysis & Machine Intelligence, 2002, 24(7): 881-892.

[178] Miller F P, Vandome A F, Mcbrewster J. Geometric brownian motion[M]. 2002.

[179] Yoshimoto A. Stochastic control modeling for forest stand management under uncertain price dynamics through geometric brownian motion[J]. Journal of Forest Research, 2002, 7(2): 81-90.

[180] Postali F, Picchetti P. Geometric brownian motion and structural breaks in oil prices: a quantitative analysis[J]. Energy Economics, 2006, 28(4): 506-522.

[181] Ang A, Chen J, Xing Y. Downside risk[J]. Review of Financial Studies, 2005, 19(4): 1191-1239.

[182] Koziorowska K. Conditional value at risk[J]. IEEE. 2009.

[183] 戴艾德里安. 资源投资: 如何规避风险, 从巨大的潜力中获利[M]. 上海: 上海财经大学出版社, 2012.

[184] 吴和平, 詹进, 杨珊. 基于蒙特卡洛随机模拟法的矿业投资风险分析研究[J]. 有色矿冶, 2007, 23(3): 102-104.

[185] 金胜, 胡福祥. 基于蒙特卡洛模拟的矿山投资风险分析[J]. 现代矿业, 2013, 29(5): 148-151.

[186] Binder K, Heermann D W. Monte carlo simulation in statistical physics[M]. 北京: 世界图书出版公司, 2014.

[187] Herman M W, Koczkodaj W W. A Monte Carlo study of pairwise comparison[J]. Information Processing Letters, 2015, 57(1): 25-29.

[188] 何巍. 蒙特卡洛模拟在矿业投资风险分析中的应用研究[D]. 昆明: 昆明理工大学, 2015.

[189] 龙辉平, 习胜丰, 侯新华. 实验数据的最小二乘拟合算法与分析[J]. 计算技术与自动化, 2008(3): 20-23.

[190] 程平. 爆破起爆网络设计中的点燃阵面[J]. 金属矿山, 2008(11): 31-32.

[191] 何亚坤, 艾廷华, 禹文豪. 等时线模型支持下的路网可达性分析[J]. 测绘学报, 2014 (11): 1190-1196.

[192] 张海波, 张晓云, 陶文伟. 基于广度优先搜索的配电网故障恢复算法[J]. 电网技术, 2010(7): 103-108.

[193] Watson D F. A refinement of inverse distance weighted interpolation[J]. Geo-Processing, 1985, 2(2): 315-327.

[194] Chen J, Luo M, Zhang B, et al. Effects of interpolation parameters in inverse distance

weighted method on DEM accuracy in dry-hot valleys of Yuanmou[J]. Science of Soil & Water Conservation, 2015.

[195] 汪志明, 徐亚明, 汪志良, 等. GPS RTK 技术在武钢堆料场矿料体积测量中的应用[J]. 测绘信息与工程, 2003, 1: 13-14.

[196] 孔祥元, 邹进贵, 徐亚明, 等. GPS-RTK 及其同地质雷达 GPR 集成技术用于大型企业矿料资产测算的研究[J]. 勘察科学技术, 2003, 1: 46-48.

[197] 周晓卫, 杜琨, 谭奇峰, 等. 三维激光扫描仪在不规则实体表面积计算中的应用[J]. 矿山测量, 2020, 48(3): 17-19+32.

[198] 刘波. 数字化煤场的料堆三维重建算法研究与应用[D]. 北京: 华北电力大学, 2019.

[199] 张博文, 苏志祁, 杨柳斌, 等. 基于单目多视图三维重建方法的料堆体积测算[J]. 烧结球团, 2020, 45(3): 44-48.

[200] 段平, 李佳, 李海昆, 等. 无人机影像点云与地面激光点云配准的三维建模方法[J]. 测绘工程, 2020, 29(4): 44-47.

[201] 罗瑶, 莫文波, 颜紫科. 倾斜摄影测量与 BIM 三维建模集成技术的研究与应用[J]. 测绘地理信息, 2020(4): 40-45.

[202] 谭金石, 速云中, 祖为国. 多旋翼无人机在露天矿区测绘中的应用[J]. 矿山测量, 2020, 48(3): 101-104+109.

[203] 刘占宁, 宋宇辰, 孟海东, 等. 块体尺寸和估值方法对矿石品位估值的影响[J]. 矿业研究与开发, 2018, 38(6): 89-93.

[204] 柯丽华, 何扬扬, 张光权, 等. 乌龙泉矿距离幂次反比法品位估值参数优化[J]. 金属矿山, 2018, 47(7): 147-151.

[205] 谭期仁, 董文明, 毕林, 等. 露天铀矿山爆区品位估算方法优选研究[J]. 黄金科学技术, 2019, 27(4): 573-580.

[206] 周洪军, 陈树军, 林洪征, 等. X 荧光在线品位分析仪在鹿鸣选矿厂中的应用[J]. 有色冶金设计与研究, 2015, 36(3): 45-47.

[207] 周坤, 张伟明, 朱秋飞. 智能化矿山基础建设-荧光分析仪在线检测[J]. 铜业工程, 2020(1): 99-100+104.

[208] 陈国利. 中加矿业公司矿石品位动态检测及质量控制系统试验研究[D]. 西安: 西安建筑科技大学, 2009.

[209] 李林. 堆料机自动控制系统设计与实现[D]. 大连: 大连海事大学, 2019.

[210] 阮国强. 矿石码头堆取料机控制系统的研究与实现[D]. 唐山: 华北理工大学, 2019.

[211] 谢伟. 三维软件常用品位估值方法介绍[J]. 科技视界. 2016(10): 225.

[212] Kleiman H. The Floyd-Warshall algorithm, the AP and the TSP[J]. Journal of Pure & Applied Logic, 2001, 86(51): 244-245.

[213] Hougardy S. The Floyd-Warshall algorithm on graphs with negative cycles[J]. Information Processing Letters, 2010, 110(8-9): 279-281.

图书在版编目（CIP）数据

露天矿山数字化生产作业链理论、技术与实践／陈鑫
等著. —长沙：中南大学出版社，2023.6
　　ISBN 978-7-5487-5375-9

Ⅰ. ①露… Ⅱ. ①陈… Ⅲ. ①露天开采 Ⅳ. ①TD804

中国国家版本馆 CIP 数据核字（2023）第 086920 号

露天矿山数字化生产作业链理论、技术与实践
LUTIAN KUANGSHAN SHUZIHUA SHENGCHAN ZUOYELIAN LILUN、JISHU YU SHIJIAN

陈鑫　王李管　毕林　李宁　著

□出 版 人　吴湘华
□责任编辑　刘小沛
□责任印制　唐　曦
□出版发行　中南大学出版社
　　　　　　社址：长沙市麓山南路　　　　邮编：410083
　　　　　　发行科电话：0731-88876770　　传真：0731-88710482
□印　　装　长沙市宏发印刷有限公司

□开　　本　710 mm×1000 mm 1/16　□印张 19.75　□字数 393 千字
□互联网+图书　二维码内容　字数 1 千字　图片 23 张
□版　　次　2023 年 6 月第 1 版　　□印次 2023 年 6 月第 1 次印刷
□书　　号　ISBN 978-7-5487-5375-9
□定　　价　118.00 元